# ダム湖・ダム河川の生態系と管理

## 日本における特性・動態・評価


Kazumi Tanida
谷田一三
村上哲生
Tetuo Murakami
編

名古屋大学出版会

本書を　故西條八束先生に捧げる

本書は財団法人日本生命財団の助成を得て刊行された

**口絵 1**　様々なダム

1-1；アーチ式コンクリートダム（土師ダム；江の川・広島県），1-2；重力式コンクリートダム（富郷ダム；銅山川・愛媛県），1-3；フィルダム（アースダム；清願寺ダム；免田川・熊本県），1-4；フィルダム（ロックフィルダム；岩屋ダム；馬瀬川・岐阜県）

堤体の材料で，コンクリートダムとフィルダムに区別される．フィルダムは，更に土で作られたアースダムと岩を積んだロックフィルダムに分けられる．コンクリートダムにも様々な形式がみられる．1-2 のダムの天辺の放水口は，満水時に水を流す「洪水吐け」，通常は写真左にある「選択取水施設」で，中層または底層の水が下流に流される．

**口絵 2**　貯水池（市房ダム；球磨川・熊本県）

堤体の近くを網場（あば；浮きロープで囲まれた部分）と呼ぶなど，管理上，独特の用語が使われることもある．

**口絵 3**　湛水前の貯水池予定地（苫田ダム；吉井川・岡山県）

運用直後，水没した樹木や土壌から多量の栄養塩が溶出し（トロフィック・アップサージ現象），特殊な栄養状態になる場合もある．

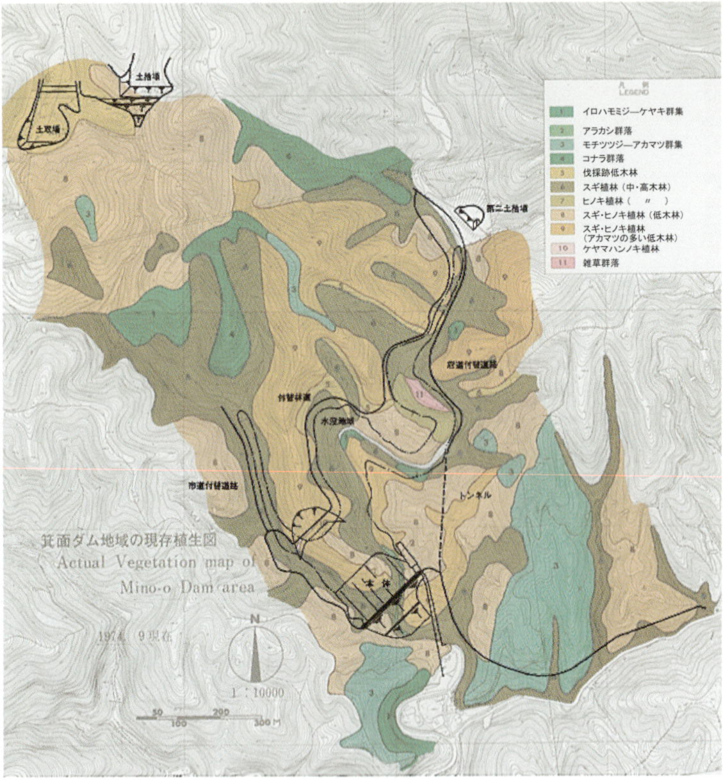


**口絵 4**　箕面川ダム地域の現存植生図とダム事業の概要（梅原，1977）（第 6 章）

**口絵 5**　箕面の滝と紅葉（第 6 章）

**口絵 6**　箕面渓谷斜面上部の照葉樹林（第 6 章）

**口絵 7**　調査用の糸張りが終わった表土撒きだし実験区（1977 年 6 月 1 日）（第 6 章）

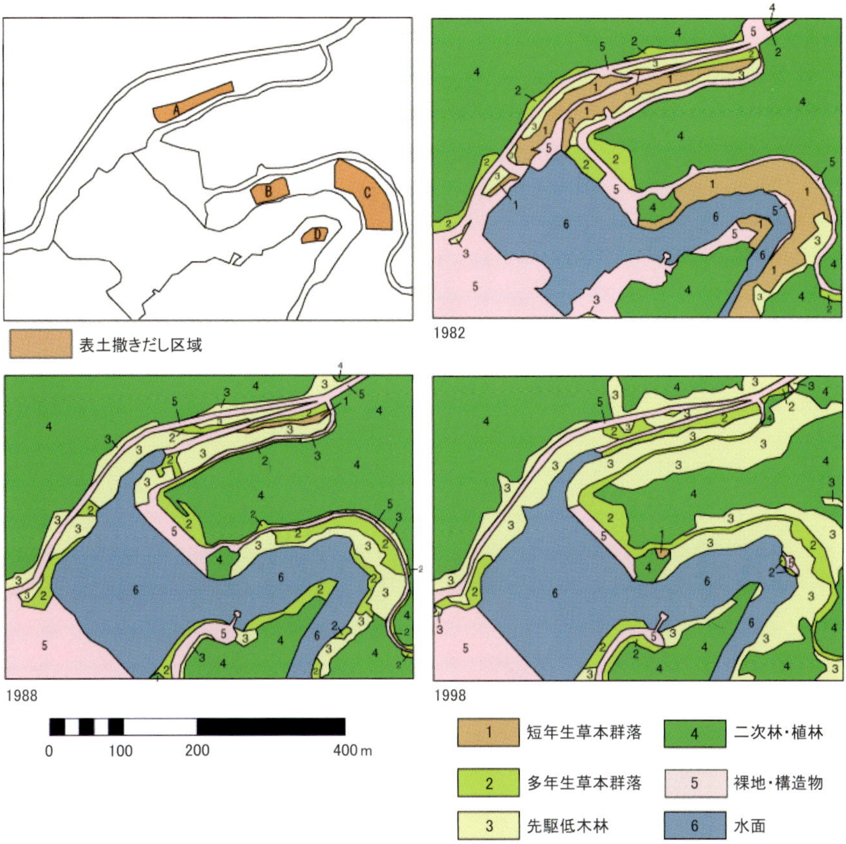


**口絵 8**　貯水池の表土撒きだし区域，撒きだし直前の 1982 年，5 年後の 1988 年と 15 年後の 1998 年の植生図（山崎ほか，2000）（第 6 章）

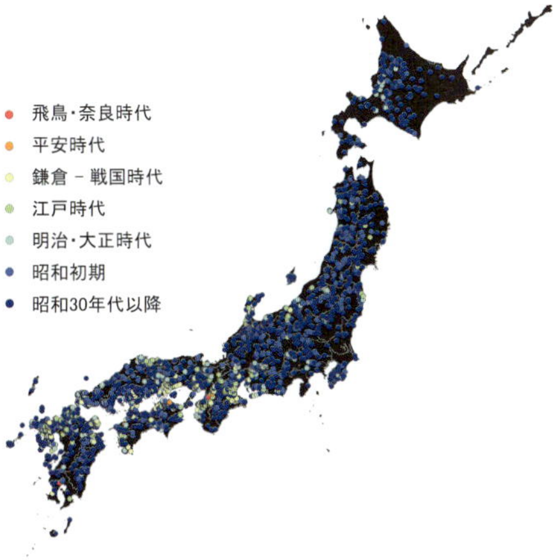


**口絵 9**　日本のダム（第 8 章）

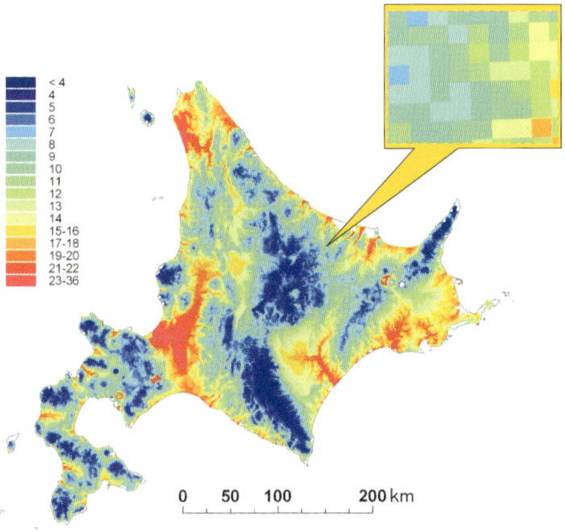


**口絵 10**　推定された淡水魚の種数分布（第 8 章）

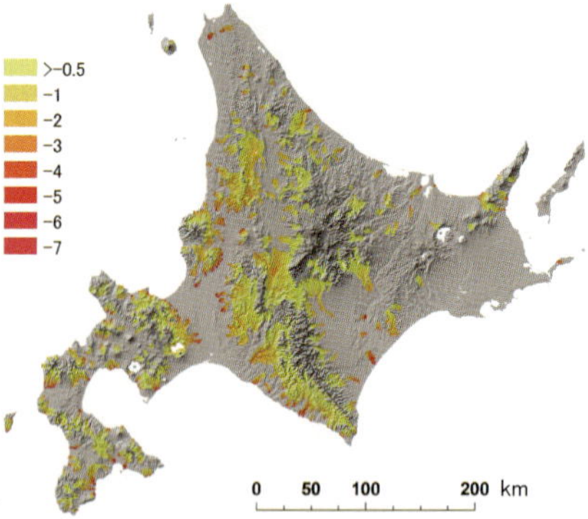


**口絵 11**　ダムによる魚種数の減少量（第 8 章）

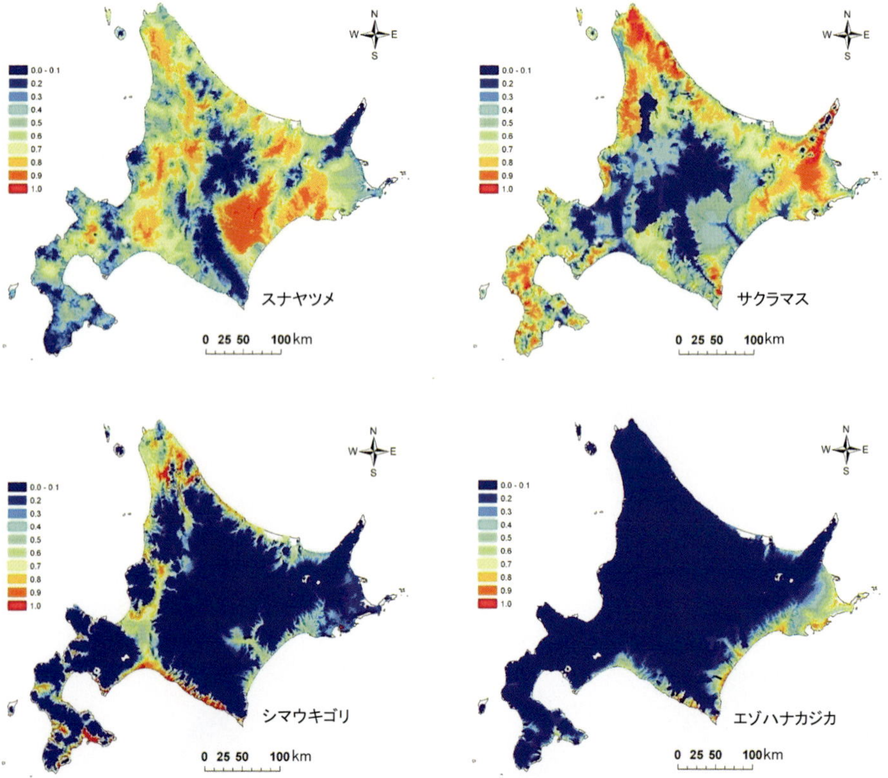


**口絵 12**　生息確率の空間分布（Fukushima ほか（2007）を改変）（第 8 章）

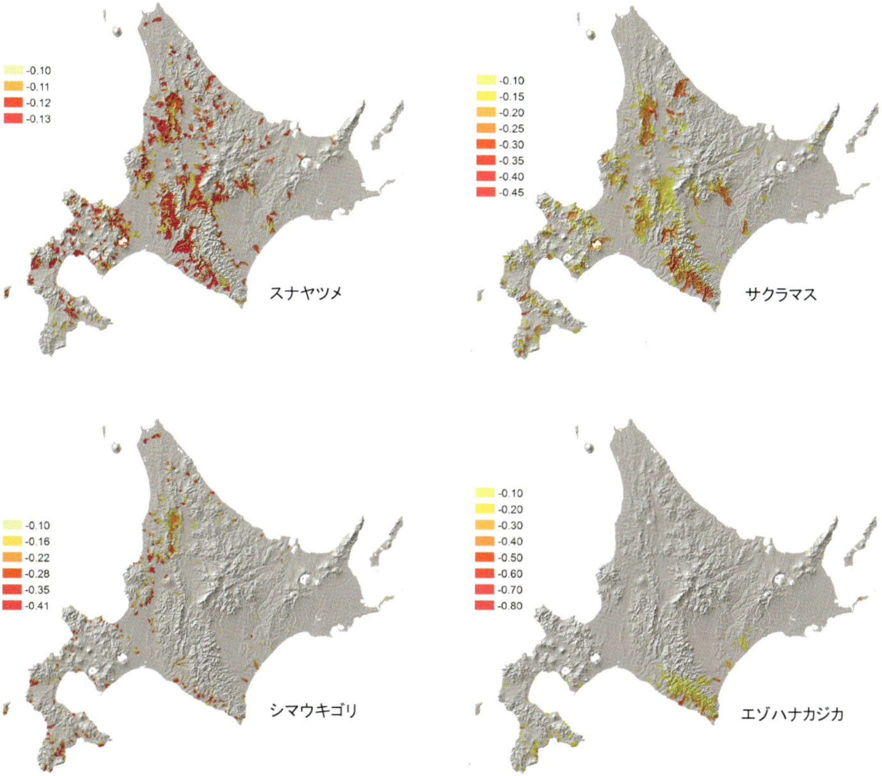


**口絵 13**　ダムによる生息確率の低下量（Fukushima ほか（2007）を改変）（第 8 章）

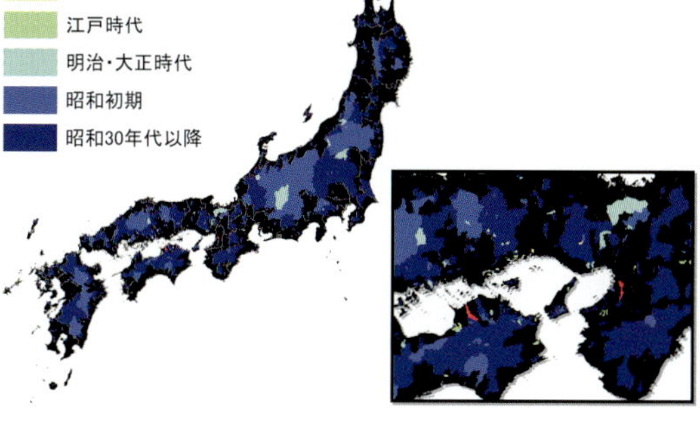


**口絵 14**　ダムによる分断流域図（第 8 章）

**口絵 15**　益田川ダム堤体直上（第 9 章）

ダムの底面にゲートレスの水門が 2 門ある．開口部の保護網が見える．上流にあるのは仮締切（転流工）で今は流木防止に利用．

**口絵 18**　ダム堤体直上（第 9 章）

小粒径の砂が堆積しており，まるで土砂水理学の教科書のようである．

**口絵 16**　試験湛水による樹木の枯死（第 9 章）

ダム湖内の樹木の伐採は行わなかった．針葉樹は枯死したが，広葉樹の生残は多かったという．今後のダムと河畔林管理への示唆を与える．

**口絵 19**　イワナ（手前）とヤマメ（奥）（第 10 章）

**口絵 17**　穴（ゲート）の直下流（第 9 章）

水路はステンレス板で補強されている．

**口絵 20**　イワナ，ヤマメの人工産卵場（第 10 章）

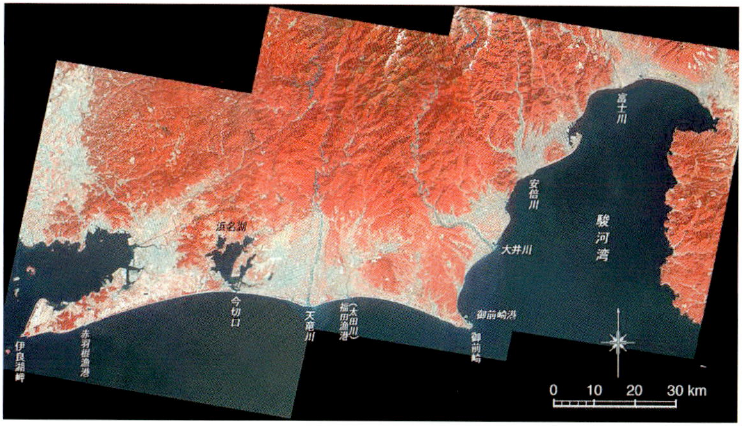


**口絵 21**　遠州灘と天竜川（JERS-1 衛星画像より宇多が作成）(第 11 章)

A.　倒流木

B.　小川に堆積する落葉

C.　河岸に堆積する落葉

D.　瀬に堆積する落葉

**口絵 22**　河川に堆積する倒流木や落葉（第 12 章）

**口絵 23**　ダム下流の河道景観の変化（第 15 章）

1999 年 5 月（洪水の 3 ヶ月前）　　1999 年 8 月（洪水に伴う放流中）

**口絵 24**　二瀬ダム下流の大久保地点の河道景観（第 15 章）

**口絵 25**　二瀬ダム下流の河道景観と林床（第 15 章）

# ダム湖・ダム河川の生態系と管理

目　　次

## 第I部　ダム湖内の物質循環

## 第 IV 部　ダムの下流への影響

# 序　章

# 日本のダム湖とダム河川

## 1　ダム湖と天然湖との相違

### 1.1　ダムとダム湖

「ダム」とは，川（流水域）を横断するコンクリートや岩石で造られた堤であり（口絵 1），その上流部に流れが止まった「ダム湖」（止水域）と呼ばれる人工湖（man-made lake）を生み出す施設である．日本では，法（河川管理施設等構造令）の上では，堤の高さが 15 m 以上のものをダム（dam）と呼び，それ以下の高さのものは「堰（barrage, weir）」，「頭首工（headwater works）」などに分類される（図序.1）．ダムは水を貯めることを目的として造られるため，その止水域は「貯水池」（reservoir）と呼ばれることもある（口絵 2，3）．貯水池には，小規模な溜池（irrigation pond, “Tameike” pond）も含まれるため，大規模な構造物により造られた貯水池はやはりダム湖（dam impoundment）という言葉で特に区別することが多いようである．景色の良い所や，行楽にも使われるダム湖は，天然の湖のような名前が付けられることがある．例えば，バス釣りで有名な奥只見ダム湖（福島県）は銀山湖と呼ばれることが多い．また，浦山ダム湖（埼玉県）は秩父さくら湖との愛称が付けられている．

### 1.2　ダム湖と天然湖

天然湖とダム湖は，地図上でも明らかに区別することができる．火山の噴火

**図序.1**　ダム，堰，頭首工，溜池

ダムとは堤の高さが 15 m 以上の河川横断的な構築物を指し，貯水機能を持つ（1-1；ロックフィルダム，九頭竜川・九頭竜ダム，福井県）．一方，堰は堤の高さが 15 m 以下の構築物であり，主として，取水のために，河川の水位を一定に保つために造られる．伝統的な石積みの堰（1-2；固定堰・潜り堰，吉野川・第十堰，徳島県）もあれば，コンクリート造りで機械的に扉門を開閉する装置を備えた施設もある（1-3；可動堰，紀ノ川・岩出堰，和歌山県）．取水堰・頭首工の厳密な区別はされておらず同一の施設を二つの名前で呼ぶこともある．例えば，木曽川大堰（木曽川，愛知県）は馬飼頭首工と呼ばれることもある．古くからある溜池（1-4；満濃池，香川県）もダム湖の一種である．

口や，断層などによる地面の陥没，また侵食などにその起源を持つ天然湖は，比較的単純な形をしているが，川を堰き止めたダム湖では，元の河川の形に添って樹枝状の湖になることが多い．湖岸は複雑に入り組み，深い湾や入り江がみられる（図序.2）．

しかし，ダム湖と天然湖の陸水学的な相違，つまり，湖中の水環境や生物，またそれら相互の応答などが，本質的に同じなのか，異なった環境と考えるべきかという問に答えるのは厄介なことである．どの程度の時間的な，または空間的な尺度を想定するかにより，その答えは異なる．例えば，植物プランクトン（浮遊藻類）などの微小な生物と栄養塩（窒素，リン，珪酸など）の関係は，

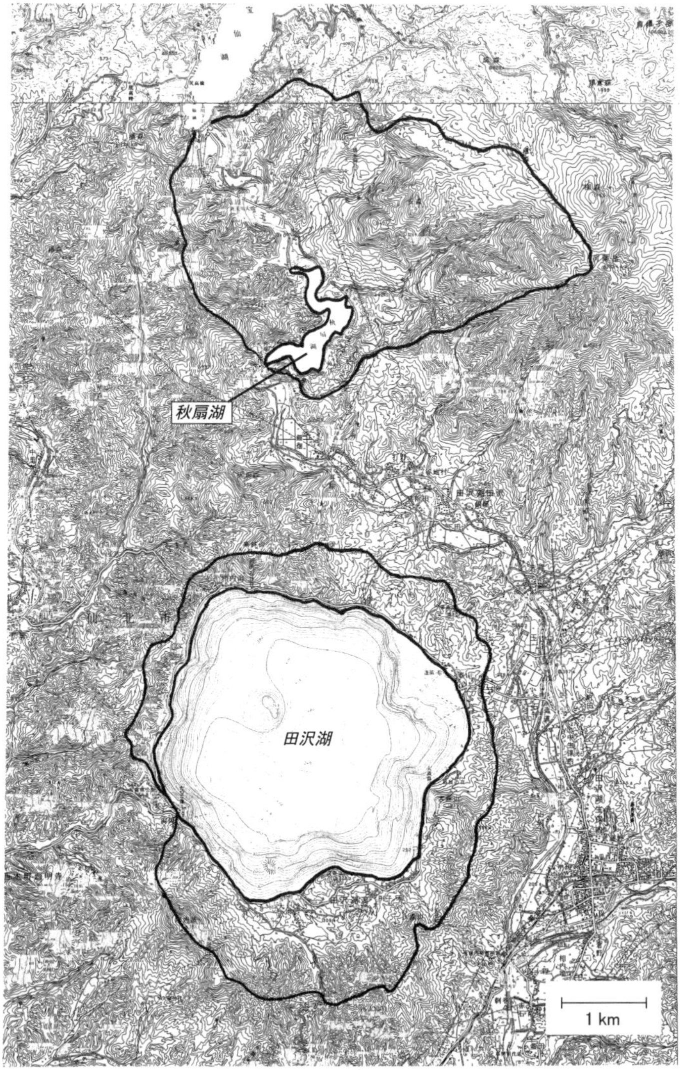


**図序. 2**　天然湖とダム湖

5 万分の 1 地形図（田沢湖，森吉山）にみられる天然湖（田沢湖）とダム湖（鎧畑ダム湖（秋扇湖））．図中の太い線で囲んだ範囲が湖と集水域を示す．田沢湖よりもはるかに湖面積の小さい鎧畑ダム湖でも田沢湖に匹敵する集水域面積を持つ．湖岸線も田沢湖が単純な形であるのに対して，鎧畑ダム湖は，旧河道に沿った細長い形をしている．小縮尺の地図では，さらに湾や入り江が複雑に入り組んだ形をしていることがわかる．

微視的には，ダム湖でも天然湖でも同様な過程がみられるものの，栄養塩の供給量やその変動などを，集水域も含め，巨視的に扱おうとすれば，同じ気候帯に分布していてもダム湖と天然湖との違いは大きい．

チェコのストラスクラバ教授は，1997年のダム湖陸水学の国際シンポジウムの主催者の一人であったが，基調講演で次の七つの点を挙げ，ダム湖と天然湖の違いを要領良く説明している（Straskraba，1998）．もっとも，気候帯や地形が異なる日本のダム湖については，当てはまらない特徴もあるが，ダム湖内の一次生産や下流への影響を考える際の参考にはなる．

**1）集水域面積／湖容積（面積）比が大きい**

集水域面積とは，湖に流れ込む流域の広さを指すが（図序.2），ダム湖では同じ大きさの天然湖に比べて，集水域面積が広く，より多くの量の水が流れ込むことになり，湖内の水の交換はダム湖の方が速くなる．例えば，わが国最大の天然湖である琵琶湖（滋賀県）では，集水域面積／湖面積比は約5に過ぎないが，日本では最大級のダム湖である奥只見ダム湖では35を越える．水とともに，溶け込んだり懸濁したりしている栄養塩も多量にもたらされる．山奥の天然湖では，大量の植物プランクトンの発生やそれによる水質障害（いわゆる「富栄養化」障害）は稀であるが，周囲に汚染源のないダム湖でも，そのような障害がしばしば報告されるのは，この集水域面積／湖面積の比の違いで説明することができる．

**2）水深が浅い**

ダム湖は天然湖に比べて平均水深が浅く，したがって，光合成が可能な生産層が湖容積の大部分を占めることが多い．そのため植物プランクトンなどによる生産活動がより活発である．これも，ダム湖で富栄養化障害が深刻になる理由の一つである．しかし，堤の高さが100 m以上の水深の大きいダムも，日本には60以上もあり（日本ダム協会，2002），必ずしもすべてのダムにこの定義が当てはまるわけではない．

**3）ダム湖の水は底から抜かれる**

天然湖の水は表層から河川として流れ出すが，ダム湖の水は底から抜かれる．通常，夏季になると，天然湖，ダム湖に限らず，湖水の鉛直方向の循環がなくなって，表層と底層の水温差は大きくなり，ある水深（水温躍層：thermocline）から急速に水温が低下する．これを水温成層（thermal stratification）現象と呼ぶ（図序.3）．通常，初夏のダム湖の表層の水温は日中20℃を越えるほどになるが，湖底には雪解け時に流れ込んだ5℃以下の水が残っていることもある．底から水を抜くダム湖では，躍層以下の水深から冷たい水が流れ出す．ダム湖の冷水障害の原因はこれである．しかし，日本では例外もあり，北海道のダムでは，表層から取水される例が多い．また，新しいダムでは，放水口の深さを自由に変えることができる仕掛け（選択取水装置，口絵1-2）が付けられることが多くなっている．

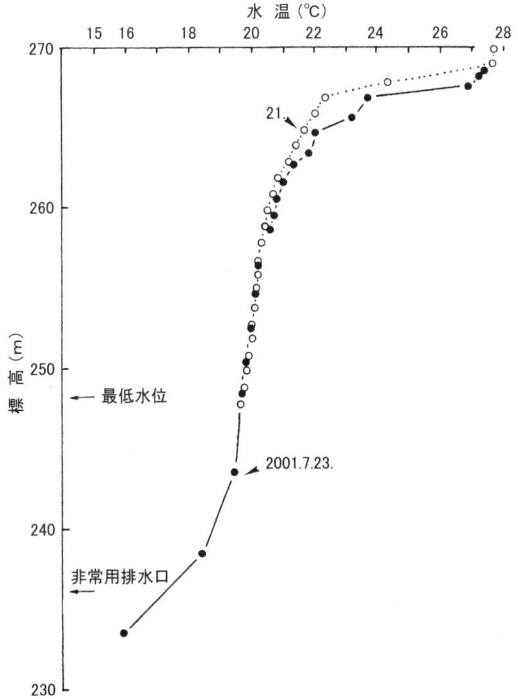


**図序.3**　ダム湖にみられる水温の鉛直分布

球磨川・市房ダム（熊本県），2001年7月の観測例，表層と底層付近の2箇所に水温が急変する層（躍層）がみられる．表層の躍層は，強風や降水により解消されることもあるが，底層の躍層は，秋になり，湖水全体の水が循環を始めるまで維持される．村上ほか（2003）を基に作成．

#### 4）滞留時間により，ダム湖の成層の様子が大きく変化する

「滞留時間（water residence time）」とは貯水容量を単位時間（多くは1日）当りの流入水量で除した値であり，ダム湖に流れ込んだ水が平均何日間，長い場合には何年間，湖に留まるかを示す数値である．その逆数の「回転率（flushing rate, renewal rate）」，つまり計算上，単位時間内に何回水が入れ替わるかを示す値も使われることもある．3）に示した水温成層が発達するか否か

は，水質や生物の分布に大きな影響を及ぼす．例えば，ダム湖底の貧酸素は，水温成層が発達し，水の鉛直循環が阻害され，底層に酸素が供給されないダム湖に特有の現象である．日本のダム湖では，回転率が10回/年以下のダム湖では，水温成層が発達しやすいといわれている（安芸，1978）．夏に発達した成層は，冬に向かい湖の表層の水温が低下するに従い，次第に鉛直方向の水温差がなくなり，成層は解消され，湖水全体が循環するようになる．また，洪水により，大量の水が一時にダム湖に流れ込むと，成層状態が弱まったり全く破壊されたりする．

**5）川から流れ込むリンなどの栄養塩が湖内に留まる比率が大きい**

植物プランクトンが利用する栄養塩は，流入する量とともに，湖内に留まる比率も重要である．多量に栄養塩が供給されても，利用されずに流れ去れば，プランクトンの発生は少なく，長期にわたり留まれば発生量は多くなる．栄養塩が湖内に留まる比率は，ダム湖の方が天然湖より高いとされている．リンは，粘土などに吸着されてダム湖に運ばれる．大規模なダム湖では，流入した懸濁態のリンや，発生したプランクトンに取り込まれたリンは，湖底に沈降し，嫌気的な条件で溶出し，プランクトンに再利用される可能性がある．しかし，日本では，リンなどの栄養塩の収支を厳密に計算し，栄養塩が湖に捕捉される比率が，ダム湖と天然湖では異なることを実証した研究はない．ダム湖への年間の栄養塩の大部分は，洪水時にもたらされるものと思われるが，その時期の負荷量把握が非常に難しいことも一因であろう．

湛水初期のダム湖の栄養状態を考える際，集水域からの供給以外に，水没した土壌や植生（口絵3）から湖水への栄養塩回帰（トロフィック・アップサージ；trophic upsurge）が重要になる場合もある．ダムの運用直後の一時的な多量のプランクトン発生はこれが原因である．

**6）ダム湖の水深は著しく変化する**

ダムは造られるやいなや短期間に水が貯められ，また使っているうちに急速に土砂が溜まり浅くなってしまう．水深は成層の発達にも影響し，深く，風による撹乱のない地形の湖ほど成層しやすい．天然湖は，長期間にわたりその水位やそれに伴う諸条件が徐々に変化していくが，ダム湖では変化の速度が非常に速くなる．日本でも，堆砂により，ダム湖内や上流の河床が数十年ほどの短期間に上昇することはよく知られている．

また，季節ごと，日ごとの水深変化も激しい．洪水調整用のダムでは，増水した水を貯めるために，降水の多い時期には，水位があらかじめ下げられることが多い．また，水力発電用のダム湖では，水位が高いほど位置エネルギーが大きくなるために，水位を高く保った後に放水する発電方式が効率的であり，数日おきに貯水と放水が繰り返されることもある（ハイドロ・ピーキング；hydro-peaking）．標高の異なる二つのダム湖間で水を動かし発電を行う揚水発電ダム湖では，時間ごとに著しく水位が変化する．

**7）ダム湖内の環境は一様ではない**

ダム湖では，風によって生じる湖水の振動や水位調整により，流れに沿った水域ごとの環境の差が生じる．複雑な形のダム湖では，沖帯と入り組んだ湾奥，流入口付近と堤の近くでは，水質やプランクトンの密度が全く異なることもある．

このように，ダム湖は，天然湖と大きく異なった性質を持っている．天然湖でも，その外形や水深の特徴がダム湖のそれと似ていたり，発電や取水などにより人為的に水位が調整されたりする例も少なくはないが，部分的な共通性に基づき，天然湖とダム湖を同一の環境と見なすことは現実的ではないように思われる．ダムが計画されている現場で，川がなくなっても新たな湖が創造され，地域の自然や水域の生物の多様性は維持されるとの意見を聞くこともあるが，景観や魚類の生息種数などでは測れない異質の，天然湖とは異なる性質の止水域が川の途中に挿入されたと理解すべきである．

## 1.3　日本のダム湖とダム河川

東アジアモンスーン地帯に位置する日本においては，梅雨や台風の季節の大量の降水や，特に西南日本での冬季の少雨は，ダム湖やダム河川（dammed river，ダムのある河川）の水質や生物相の季節変動を独特なものにしている可能性があるが，貯水の規模や運用によりその様相は異なる．例えば，貯水容量が小さい河口堰の湛水域や溜池では，冬季の渇水により滞留日数が長期化するために，低水温にもかかわらず植物プランクトンの現存量が多くなることがあるが（土山，1994；村上ほか，2000），大型のダム湖においては，滞留日数は十分に長いため律速条件とはならず，天然湖と同様に，光，温度，および栄養塩の供給量に応じたプランクトン量の季節変動が観測されることが多い．

一方，季節的な降水量の変化に応じた本来の出水パターンが，ダム貯水により平均化され，河床の撹乱などが抑制されることもある．日本の釣魚として最も親しまれているアユ（*Plecoglossus altivelis*）は，梅雨による増水で古い付着藻類被膜が一掃された後の，新鮮な藻類を喰って生長すると，釣人に信じられており，ダム貯水による流量の平均化が，あか腐れ（死んだ付着藻類の残存）を引き起こし，不漁の原因とみなされる場合も多い．

ダム計画の現場では，モンスーン域特有の集中的な降水が河況係数を著しく大きくし，ダムに頼る治水，利水を必然とする考え方もみられるが，日本における多数のダム建設には政策的な側面もあることを重視すべきであり，高橋（1990）の説くように，単純な「宿命論的環境論」に偏しないことが必要であろう．

運用面も含めた日本のダムの概要については本書第5章も参照されたい．

## 2　ダム湖の分類

### 2.1　river-lake hybrid

ダム湖は川を堰き止めて造られた止水域であるから，本来の川の性質と新たに付け加わった湖のそれを合わせ持っている．このような川と湖の性質が混在している水域を，“river-lake hybrid”（川と湖のハイブリッド（混生体）；Kimmel ほか，1990）と呼ぶ．たいていのダムの堤の付近では，水の流れはまったく止まり，湖のようである．しかし，ダム湖を遡るにつれ，次第に流れが生じ，やがては本来の川の状態に至る．このような流れの連続的な変化に基づき，ダム湖の中を上流から下流にかけて流水帯（riverine zone），遷移帯（transitional zone)，止水帯 (lacustrine zone) と区分する (図序.4)．この三帯の水質やプランクトンの分布などは，互いに異なっている．例えば，流水帯では，水深が浅く光条件が良く，また栄養塩も豊富に供給されるが，流れがあるため，発生したプランクトンは留まることができず，現存量は小さい．一方止水帯では，プランクトンは留まることができるが，利用可能な栄養塩は，先行して発生したプランクトンにより利用しつくされ，すでに枯渇している場合が多く，また，流速の低下により沈降も促進され，ここでも現存量が小さくなる．現存量が一番大きくなるのは，水深 (光条件)，流速，栄養塩が適当な遷移帯である．三帯の区分は固定したものではなく，流量によってその境目は上流または下流に移動する．渇水期には長距離にわたって流れの停滞がみられ，増水期にはダム湖全体で川のような流れが生じる．通常の流量であっても，ダム湖の規模，つまり貯水容量が小さければ，止水帯が発達しない場合もある．

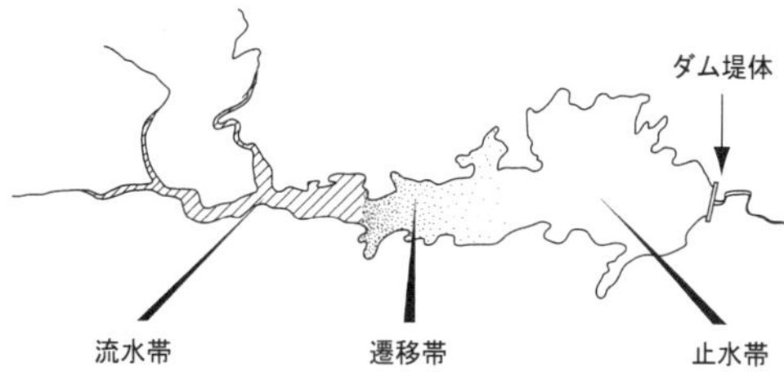


**図序.4**　ダム湖の水域区分
Kimmel ほか (1990) を基に作成．初出は，村上ほか (2004)．

## 2.2　大規模貯水ダムと流れダム

湖的な性質は大規模なダムで強く現れ，小規模なダムでは流れが維持された川に近い環境となる．後者のダム湖は，「調整池型ダム湖」(新井，1980)，「流れダム湖」(津田，1974) などと呼ばれる．前者のダム湖には，特に慣用された呼び方はないが，大規模ダムによって造られた容量の大きな貯水池は，たいていこの型である．

大規模ダムと流れダムでは滞留日数が異なり，そのため成層の発達の有無が生じる．成層の発達次第で，湖底の貧酸素やプランクトンの発生状況などが異なることは，すでに前節で示した通りである．

### 2.3　ダム湖・溜池・河口堰湛水域

大型の貯水池と流れダムでは，水温の成層の発達の有無を始めとし，酸素濃度の鉛直分布や植物プランクトンの発生量，底泥の粒度組成とそれに伴う底生動物の種類組成の変化など，様々な違いが生じる．また，ダム湖の運用によっても，成層状態などは異なる．取水口の位置が異なれば，水の動きも変わり，成層の深度や安定性が違ってくる．天然湖では躍層は一層だけであるが，条件によっては，ダム湖内に水深の異なる複数の躍層ができることもある．

溜池もダム湖の一種であるが，たいていは堤が低く 15 m 以下であるため，法的にはダムとはみなされない．また，流入河川が貯水容量に比べ小規模であるか，ときには流入河川を欠くために，小型の溜池でも滞留日数が非常に長くなるなど，大型のダム湖とは異なる性質もある．大規模な河口堰の湛水域も，貯水機能はないものの，形態と水交換の特徴からは流れダム湖の一種とみなすことができるが，塩分の流入を認める運用がされている河口堰（例えば，利根川河口堰，千葉県・茨城県）では，水温成層に加え，塩分成層が発達することもあり，植物プランクトンの一次生産や貧酸素などの環境影響は，ダム湖とは異質になることもある．

溜池や河口堰湛水については本書では扱わないが，ダム湖と共通する現象も多い．前者の陸水学的な特徴については，Mizuno（1961），後者は，村上ほか（2000）に詳しい．

## 3　日本のダム陸水学研究の歴史<br>―特に，世間の注目を集めた話題を中心に―

1950 年代以降，ダムからの冷濁水放流などにより，河川への環境影響が社会的に問題とされるようになった背景には，戦前の満洲・朝鮮での大ダム建設の技術が，スケールダウンした形で戦後の日本の国土に政策的に持ち込まれ（河村，2006；谷川，2008），さらに 1952 年の電源開発法や 1960 年の多目的ダム法の制定により，大規模ダムの建設件数が増えたことがあることは言うまでもない（森田，1968）．続々と造られたダム湖の冷濁水の放流機構の解明と対策が，初期のダム陸水学を発展させてきたものと考えられる．また，1960 年代以降，天然湖・ダム湖を水源とする水道事業で，植物プランクトン発生による水質障害の対策として，植物プランクトン発生の実態と制御に関わる研究が，自治体の水道事業者を中心に進められてきた．

**1）冷水問題**

水温躍層以下の水深の水が放水されたり，上流の低水温の水が暗渠を通り日射で暖められないままに下流に到達したりする問題は，アユなどの内水面漁業資源や水稲の生長の遅れに繋がるため，既に 1950 年代に，河川水温調査会が設立され（三谷，1957），同会の発行する『水温の研究』誌上において，ダム下流の河川の水温変化の実態や水温形成の機構が明らかにされてきた．新井・西沢（1974），新井（1980）の著書は，それらの知識を集大成したものであり，ダム湖の水温構造を明らかにし，さらに，それを人為的に制御する方法が検討された．取水位置により複数の水温躍層が観察されるなど，ダム湖独特の現象が，多くの観測例に基づき紹介されている．

**2）濁水長期化現象**

一方，濁りについても，1970 年代に，安芸（1971）がダム下流での濁水長期化現象に着目し，濁りの発生機構を説明しており，野口（1979）も濁りの発生予測についての数値シミュレーションを試みている．これらの研究により，ダム湖から濁りが長期間放流される原因の一つは，底層放流型のダム湖では，粒子の沈降速度が水温成層により低下し，長期間ダム湖水中に浮遊するためであり，また，もう一つは秋季に始まる全層循環による底泥の巻上げであることが明らかにされた（九州電力株式会社土木部，1974）．

濁水長期化現象の対策としては，選択取水やバイパス水路などが検討されているが，前者は，全層が濁る循環期には効果を発揮することができず（一ツ瀬川濁水対策検討委員会，1999），また後者も一河川の濁り対策には有効であるものの（森本，1999），全水系を対象とした濁水管理には程遠い状態にある．

### 3) 富栄養化障害

植物プランクトンの発生による水質障害，例えば，浄水場の砂濾過池の閉塞や藻類による着臭問題についても，1950年代から注目されていたが（上野，1951），ダム湖を水道水源とする自治体の水道部局の調査が本格化したのは，1960年代からであった．中でも，東京都水道局の小島貞男博士は，都水道局水源の村山，山口貯水池の現場観測に基づき，ダム湖でのプランクトンの発生と制御について，広範な研究を展開した．小島（1957）は，プランクトンの鉛直分布の観測に基づき，取水位置を変える工夫，つまり現在の選択取水の考え方を提案するなど先駆的な研究を発表していった．小島の研究の主要な部分は，博士論文として印刷されたが（小島，1964），限定された範囲に配布されただけであったため，水道関係者以外に引用されることは稀であった．その研究の一端は，小島（1980，1985），中西・小島（1988）に窺うことができる．小島以降，東京都を始めとし，横浜市，川崎市，神奈川県広域水道企業団，名古屋市，京都市，大阪市，神戸市などの自治体水道部局が，水源となるダム湖の研究を充実させていったが，その成果の大部分は，行政内の年報などに報告されるに留まり，ほとんど利用されずに終わっている．

一方，1980年代より，陸水学，水産学の分野でも，ダム湖の富栄養化現象が注目されるようになってきた．小林（1977）は，ダム湖のプランクトン相の特徴を記載し，中本（1980），中本ほか（1981）は，ダム湖の一次生産に着目し，潜在的な藻類増殖量を測定するバイオアッセイ法（生物検定法）を提案した．また，畑（1991）は，淡水赤潮の原因となる渦鞭毛藻類が，ダム湖流入口付近に集積する過程を，ダム独特の水の動きと関連させて説明した．

ダム建設の際の，プランクトン発生予測に使われるVollenweiderの経験的なモデルについては，環境庁水質保全局水質管理課（1980）が経済開発機構（OECD）の報告書の和訳を紹介し，予測の効果と限界を明らかにした．数値モデルについては，岩佐（1990）に詳しく解説されている．同モデルの，日本のダム・堰湛水への適用例を検討すると，物理的な要因で決まる水温などについては，予測精度は満足できる水準に達しているものの，生物的な過程が解明されていない植物プランクトンの発生量や栄養塩の挙動については，必ずしも，十分な精度を保証しているわけではないと判断される（村上ほか，2000；程木ほか，2003）．1980 年代に，坂本（1986）が指摘した数値モデルの不備とその安易な適用の危険性は，現在も解消されたとは言えない．

#### 4）河川生物への影響

ダムが内水面漁業，とくにアユ漁に及ぼす影響の研究についても，1950 年代に遡ることができる．大島（1956）は，球磨川（熊本県）の荒瀬堰構築により，アユ稚魚の遡上が阻害され，堰下流に集まった稚魚が餌不足に至った事例を報告している．しかし，議論の初期には，水産資源とみなされる魚類以外への影響はほとんど話題に上ることはなく，資源保護を目的とした養殖と放流のみに議論が集中していたように思われる（例えば，渡辺ほか，1960）．

ダムが魚類に及ぼす影響としては，降下・遡上の阻害，水温・水質・底質の変化，またそれらの河川環境への影響による付着藻類などの餌資源の質と量の変化などが挙げられる．魚類相の経年的な変化については，地域の河川ごとの詳しい観察，採集記録が残されている例があるが，それを河川構築物の具体的な影響と関連付けて解析した研究はいまだにない．

立川（2000）は，四国の 4 河川について，ウナギの漁獲量とダムの設置状況とをそれぞれ指標化し，両者に明瞭な関係が認められることを明らかにしたが，ダムが引き起こす可能性のある河川の物理的，化学的環境の変化を列記するに留まり，今後の定量的な解析の必要性を強調することで終わっている．ダム・堰などの運用後，事業者や河川管理者のモニタリングも大規模に行われるようになってきたが（例えば，国土交通省中部整備局・水資源機構中部支社，2007），当該水域の魚類の生存の問題を，魚道の効果のみに限定した調査に留まる例も少なくない．ダムによる漁業被害は，河川だけではなく，沿岸漁業にも深刻な影響を及ぼす．アスワン・ハイ・ダムの地中海漁業への影響は，井出（1994）により紹介されている．また，2007 年，出し平ダムの排砂が，ワカメの漁場を荒らしているとの公調委裁定（公調委平成 16 年（ゲ）第 3 号　富山県黒部川河口海域における出し平ダム排砂漁業被害原因裁定嘱託事件　裁定）が出されている．ダム・堰などの河川事業の沿岸環境への影響については，宇野木（2005）に詳しい．

水生昆虫などの底生生物については，津田（1962）が，発電導水路に発生する造網型トビケラの発生による通水障害を紹介して以来，ダム下流でのシマトビケラ科（Hydropsychidae）やヒゲナガカワトビケラ科（Stenopsychidae）などの造網型トビケラの優占が，様々な河川で報告されている（例えば，御勢，1966；古屋，1998）．岩館ほか（2007）は，ダム下流のヒゲナガカワトビケラの密度を調査し，ダム湖からプランクトンの形で供給される懸濁態有機物の増加と，ダム下流の河床の礫間の砂が抜けることによる生息空間の増加のために，同種の密度が高くなると推論しているが，餌供給について，量的に把握するには至っていない．ダム下流の底生生物が研究者の興味を強く引いてきた反面，ダム湖内の底生生物についての研究は低調であるが，森下（1973）が，成層状態や底層酸素濃度と底生生物相との関連について論じている．

### 5）日本のダム陸水学の流れの特徴と本書で扱えなかった課題

概観してきたように，日本のダムの環境影響に関する研究は，主として，ダム湖そのものの陸水学的な研究よりも，ダム下流の河川への影響を扱ったものが多い．これは，ダム研究が，ダム湖という特殊な場への興味から始まったものではなく，ダムの環境影響という切実な要求により進められてきた事情による．また，見かけ上，論文数は少ないものの，ダム湖内の水温や濁度の分布，栄養塩やプランクトンの挙動などについては，水道や電源開発事業による優れた調査の蓄積を論文の形として公開したものが，それらの成果のごく一部に過ぎないという理由も考慮されなければならない．

本章では，土砂移動や堆砂，海岸侵食などの土木工学的な側面，ダムを造る理由としての治水や利水計画，ダム建設によって生じる地域社会の変化には，ほとんど触れることができなかった．堆砂や海岸侵食については，高杉（1980）のルポルタージュや砂村（1996）に詳しい．また，利水，治水の面からは，それぞれ，嶋津（1981），大熊（1988）がダムを論じている．ダムが地域社会に及ぼす影響については，樺山（1973）が，早くも1970年代から注目していることは興味深い．

## 4　本書の構成

本書の執筆の動機の一つは，筆者らがThorntonほか（1990）のダム湖陸水学の教科書“Reservoir Limnology”を翻訳した際の，同書の明らかにした陸水学的な知識が，気候帯，地形，またダムの規模が異なる日本においても応用できるのかという疑問にある．ダムの建設や撤去の現場での，諸外国のダムによる被害を計画中の事業に単純に敷衍したり，一方，川とダムの規模の違いだけを強調して，日本ではあり得ないと断言する議論は，ダム建設の促進，反対の立場の双方が，ダムの環境影響の認識を共有するのを妨げるものである．序章の段階で，結論を出すのは早計かもしれないが，ダム湖内の多くの現象は共通しているとみなすことができそうだし，また共通性を認めることにより，それでは説明のできない地域独特の新たな課題が明確になってくるように思える．

本書は，Ⅰ部：ダム湖内の物質循環，Ⅱ部：ダム湖周辺の生態系，Ⅲ部：ダムによる生物の移動分断，Ⅳ部：ダムの下流への影響から成る．既に述べたように，わが国のダム研究は，ダム湖という，特殊な，研究対象としては面白い止水域への興味から始まったものではなく，ダムが下流の水利用や河川や内湾での漁業に及ぼす環境影響の実態と機構の解明を目的としたものであった．勢い本書でも，ダム湖内で起きている現象の解説よりも，ダム湖が周辺の環境や河川，内湾に及ぼす影響の話題に偏ったかもしれない．Ⅰ部で扱われた内容は，いずれもダムの水質管理や水利用に直結する話題のみであり，ダム湖での魚類，底生生物，水草などの研究は全く欠けている．これは，編集方針によるものではなく，上述のような日本のダム研究の経緯が背景にあり，十分な資料が未だ蓄積されていないためであることをご理解いただきたい．資料不足の一因は，河川や天然湖沼と比べ，管理者以外の調査の手が届きにくいという独特の事情にあることも，ダム問題に携わったことのある研究者なら承知のことであろう．一方，Ⅱ，Ⅲ，Ⅳ部で扱ったダム湖周辺や下流域への影響は，物質移動，植生，魚類，また治水専用の底面穴あきダム（無調整ダム）の評価など，現在争点となっている話題を網羅したものとなっている．前掲のThorntonほか（1990）の教科書が，それらの視点を欠き，ダム湖内の現象に限定したものであることと対比しても，本書が“Reservoir Limnology”の焼き直しではなく，日本のダム問題を扱った独自のものになったと自負している．

**文献**

安芸周一（1971）：貯水池の流動形態と水質．大ダム，71：1-13.

安芸周一（1978）：貯水池水質の挙動と予測．大ダム，83：64-82.

新井　正（1980）：日本の水．三省堂，東京.

新井　正・西沢利栄（1974）：水温論．共立出版，東京.

古屋八重子（1998）：吉野川における造網型トビケラの流呈分布と密度の変化，とくにオオシマトビケラ（昆虫，毛翅目）の生息域拡大と密度増加について．陸水学雑誌，59：429-441.

御勢久右衛門（1966）：旭川の水生昆虫の研究―とくにダム湖との関連において―．日本生態学会誌，16：176-182.

畑　幸彦（1991）：永瀬ダム湖（高知県）の淡水赤潮．水質汚濁研究，14：293-297.

一ツ瀬川濁水対策検討委員会（1999）：一ツ瀬川濁水軽減対策計画書．一ツ瀬川濁水対策検討委員会.

程木義邦・佐々木克之・宇野木早苗（2003）：川辺川ダムにおける水質予測とその問題．吉田正人・大野正人（編）川辺川ダム計画と球磨川水系の既設ダムがその流域と八代海に与える影響（自然保護協会報告書No. 94），pp. 31-46.

井出慎司（1994）：Entz, B. アスワンハイダム湖（その建設が及ぼした影響）；抄訳．土木学会誌，79（50）：50-52.

岩舘知寛・程木義邦ほか（2007）：天塩川水系岩尾内ダム直下流におけるヒゲナガカワトビケラ（*Stenopsyche marmorata* Navas）の優占．陸水学雑誌，68：41-49.

岩佐義朗（編）（1990）：湖沼工学．山海堂，東京.

樺山　謙（1973）：ダム建設が貯水池予定地および貯水池周辺の住民に与える影響．大ダム，64：1-7.

環境庁水質保全局水質管理課（1980）：OECD「浅水湖および貯水池」プロジェクト最終報告（Ⅰ）～（Ⅵ）．公害と対策，16：465-472，682-691，731-741，974-983，1078-1085，1160-1167.

河村雅美（2006）：ダム建設という「開発パッケージ」．町村敬志（編）『開発の時間　開発の空間』，pp. 73-92．東京大学出版会，東京.

Kimmel, B. L., O. T. Lind, and L. J. Paelson（1990）: Reservoir primary production. In K. W. Thornton, B. L. Kimmel, F. E. Payne（eds.）Reservoir Limnology: Ecological Perspec-

tives, pp. 133-193. Wiley, New York.
小林艶子（1977）：ダム湖のプランクトンについて．横浜市立大学論叢，28，自然科学系列（1.2）：1-48.
小島貞男（1957）：上水道と水温．水温の研究，1：215-225.
小島貞男（1964）：上水道の浄水作業を対象とした貯水池 Plankton の Control に関する研究．小島貞男，東京.
小島貞男（1980）：陸水学と水道．半谷高久（編）『陸水学への招待』，pp. 167-202．東海大学出版会，東京.
小島貞男（1985）：おいしい水の探求．日本放送出版協会，東京.
九州電力株式会社土木部（1974）：一ツ瀬貯水池における濁水長期化現象とその軽減対策について．大ダム，70：32-34.
国土交通省中部整備局・水資源機構中部支社（2007）：長良川河口堰環境調査誌．国土交通省中部整備局・水資源機構中部支社.
三谷憲二（1957）：河川水温調査会の設立総会までの経緯．水温の研究，（創刊別冊）：32-34.
Mizuno, T.（1961）: Hydrobiological studies on the artificially constructed ponds（“Tame-ike” ponds）of Japan. Japanese Journal of Limnology, 22: 67-192.
森本　浩（1999）：旭ダムバイパス排砂システムの運用実績と効用について．大ダム，167：46-51.
森下郁子（1973）：ダム湖の底生動物による類別．陸水学雑誌，34：192-201.
森田　浩（1968）：日本における河川水温の科学史的背景と特徴．水温の研究，11：1343-1351.
村上哲生・服部典子・程木義邦（2003）：球磨川水系に見られる河川の水温異常の観測．吉田正人・大野正人（編）川辺川ダム計画と球磨川水系の既設ダムがその流域と八代海に与える影響（自然保護協会報告書 No. 94），pp. 3-10.
村上哲生・西條八束・奥田節夫（2000）：河口堰．講談社，東京.
中本信忠（1980）：ダム湖と河川水質．水温の研究，23：5062-5067.
中本信忠・長島英二ほか（1981）：萱平ダム湖における植物プランクトンブルームの発生機構について．水温の研究，25：5489-5498.
中西準子・小島貞男（1988）：日本の水道はよくなりますか．亜紀書房，東京.
日本ダム協会（2002）：ダム年鑑．日本ダム協会，東京.
野口正人（1979）：ダム貯水池における水温・濁度の予測法．水温の研究，22：4650-4661.
大熊　孝（1988）：洪水と治水の河川史．平凡社，東京.
大島正満（1956）：球磨川荒瀬堰堤が鮎の生態に及ぼしたる影響．魚類学雑誌，5：1-11.
坂本　充（1986）：湖沼生態系の生態的研究におけるモデル．水質汚濁研究，9：618-622.
嶋津暉之（1981）：水問題原論．北斗出版，東京.
Straskraba, M.（1998）: Limnological difference between deep valley reservoirs and deep lakes. International Review of Hydrobiology, 83: 1-12.

砂村継夫（1996）：土木工事による海岸の地形変化．小池一之・太田陽子（編）『変化する日本の海岸』，pp. 137-156．古今書院，東京．

高橋　裕（1990）：現代日本土木史．彰国社，東京．

高杉晋吾（1980）：日本のダム．三省堂，東京．

立川賢一（2000）：河川の人工構築物が魚資源に及ぼす影響．月刊海洋，32：174-178．

Thornton, K. W., B. L. Kimmel and F. E. Payne（1990）: Reservoir Limnology : Ecological Perspectives. Wiley, New York.（村上哲生・林裕美子・奥田節夫・西條八束監訳（2004）：ダム湖の陸水学．生物研究社，東京．）

土山ふみ（1994）：ため池の水環境・栄養塩類．ため池の自然談話会（編）『ため池の自然学入門』，pp. 22-32．合同出版，東京．

津田松苗（1962）：水生昆虫学．北隆館，東京．

津田松苗（1974）：陸水生態学．共立出版，東京．

谷川竜一（2008）：流転する人々，転生する建造物―朝鮮半島北部における水豊ダムの建設とその再生―．思想，1005：61-81．

上野益三（1951）：人工湖におけるプランクトンの発生とその変移．水道協会誌，198：10-19．

宇野木早苗（2005）：河川事業は海をどう変えたか．生物研究社，東京．

渡辺正雄・松尾文夫ほか（1960）：ダムと水産（座談会記録）．水温の研究，4：153-167．

（村上哲生）

# 第Ⅰ部

# ダム湖内の物質循環

# 第1章

# ダム湖における温室効果気体の生成・循環過程

## 1　はじめに

湖沼や河川などの陸水域が，二酸化炭素（$CO_2$）やメタン（$CH_4$）の放出源となっていることが明らかとなってきた．このことは，陸水生態系における有機物分解が，温室効果気体（greenhouse gas: GHG）の動態や流域の炭素循環に深く関わっている可能性を示唆している．とくに，河川を塞き止めて作るダム湖には大量の有機物が流入・蓄積するため，湖内における温室効果気体の挙動に注目が集まっている．本章では，ダム湖における $CO_2$ と $CH_4$ の生成・循環過程について，これまで明らかとなっている知見をまとめる．前半では，最近注目されている自然湖沼・河川およびダム湖の炭素循環について，教科書的に紹介する．後半では，筆者自身の研究成果を用いながらダム湖内における $CO_2$ と $CH_4$ の挙動について述べる．これらをもとに，ダムが流域の炭素循環におよぼす影響について考察していきたい．

## 2　陸水域の炭素循環

### 2.1　炭素循環における陸水域の役割

湖沼や河川における炭素循環は，地球規模の炭素収支を考える上では，これまでほとんど無視されてきた．すなわち，森林などの陸上生態系と海洋，大気

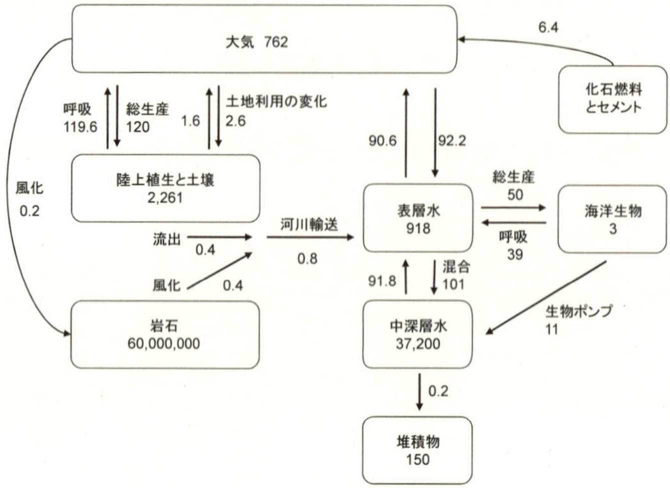


**図 1.1**　1990 年代の地球規模における炭素循環

大気，陸上，海洋および岩石圏における炭素存在量（GtC）と炭素移動量（GtC/年）を示している．（Denman ほか，2007）

および岩石圏を研究対象としていれば，地球表層の炭素の収支と動態が明らかになると考えられてきたのである．しかし最近になって，湖沼や河川などの陸水域が，炭素循環において意外に大きな役割を果たしていることが知られるようになってきた．陸上植物の光合成により生産された有機物の一部は，陸水域に流入して湖沼や河川内の生物に代謝されている．この陸域から水域食物網へ入力する炭素量が，少なくないことが明らかとなってきた．

IPCC（気候変動に関する政府間パネル）の第四次評価報告書によると，陸上生態系の光合成による有機物生産速度は 120 GtC/年であり，そのうち 119.6 GtC/年が主に植物による呼吸と土壌呼吸によって無機化され，$CO_2$ として大気に戻ると推定されている（図 1.1）．つまり，1 年間に正味 0.4 GtC の有機炭素が純生態系生産として陸域に蓄積していることになる．ところが，陸域からは年間約 0.4 GtC の有機炭素が河川や湖沼に流出している．このフラックスは，陸上生物による生産や呼吸と比較するとオーダーが 3 桁ほど小さい．しかし，流出した有機炭素が沿岸域に輸送されるか，または水系内で無機化されるかによって，流域の炭素収支や動態が変化しうるのである（図1.1）．このため，河川や湖沼における陸上炭素の代謝が，流域スケールの炭素循環の視点で注目されはじめてきた．

これまで行われてきた研究により，陸水域は炭素循環において大きく二つの機能的役割を担っていることが明らかとなってきた．一つめは，水系が陸上から集積した有機物を海洋へ輸送する導管の役割を担っている点である（Richey，2004；Mayorga ほか，2005）．河川を経由した有機炭素のフラックスは，沿岸域や外洋表層における生物群集の炭素代謝に影響する可能性が指摘されており（Duarte and Agustí，1998；del Giorgio and Duarte，2002），陸域と海洋をつなぐ水系網の重要性が指摘されている．もう一つの機能は，陸上生態系から集めた有機物を河川や湖沼が無機化して大気に戻す生態過程である（Cole and Caraco，2001；Richey ほか，2002）．湖沼や河川生物による陸起源有機物の無機化量は予想以上に大きく，炭素の回転時間に大きく関わっているとみられている（del Giorgio and Williams，2005；Cole ほか，2007）．また，陸水域における有機物分解が，多くの湖沼や河川が $CO_2$ や $CH_4$ を放出する主な原因にもなっている．

## 2.2　河川の溶存二酸化炭素とその起源

海外での研究結果によると，ほとんどの河川は温室効果気体を放出しているようである．例えば，Richey ほか（2002）はアマゾン川の溶存 $CO_2$ 分圧を計測し，本流で 4,000 μatm 以上（最大で約 8,000 μatm）に達していることを示している．大気中の $CO_2$ 分圧は約 380 μatm であるため，アマゾン川は過飽和の $CO_2$ を大気へ放出していることになる．Richey ほか（2002）は，アマゾン川流域全体で年間約 0.5 GtC の $CO_2$ が河川から脱ガスしていると試算している．また，Jones ほか（2003）はアメリカの主要流域における河川の溶存 $CO_2$ 分圧をまとめ，ほとんどの河川で $CO_2$ 分圧は大気より1桁高いことを報告している．同様に，Cole and Caraco（2001）は，文献調査や実測データをもとに世界中の主要大河川の $CO_2$ 分圧を整理した．その結果，マッケンジー川，アマ

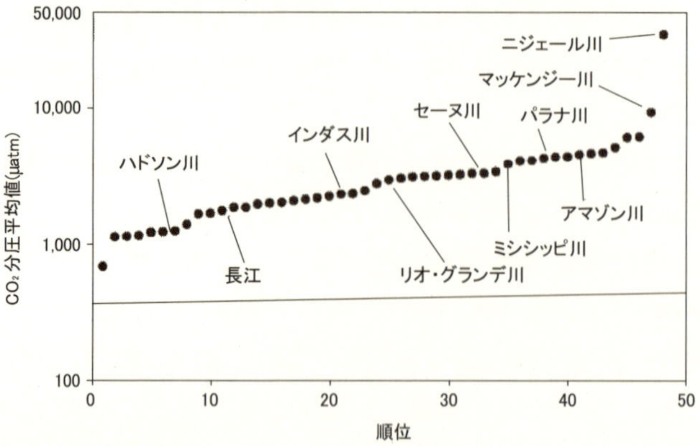


**図 1.2**　世界の主要 47 河川における $CO_2$ 分圧（μatm）の平均値
ハドソン川では実測した $CO_2$ 分圧の値を，他の河川では pH，アルカリ度および水温から算出した $CO_2$ 分圧の値を示している．図の横線は大気中の $CO_2$ 分圧を示す．（Cole and Caraco, 2001）

ゾン川，インダス川など，対象河川の全てで溶存 $CO_2$ は過飽和であり，大気に $CO_2$ を放出していることを明らかにした（図 1.2）．また，$CO_2$ 分圧の平均値は 3,230 μatm と非常に高く，ニジェール川では約 30,000 μatm にも達していた．これらの成果をもとに，ほとんどの河川が $CO_2$ の放出源になっていると考えられるようになってきた．

河川中の過飽和 $CO_2$ は，主に陸上起源の有機物が分解して生成したものであると考えられている．アマゾン川の溶存 $CO_2$ の炭素安定同位体比を測定した研究によると，流域の C3 植物や C4 植物に近い値を示すことが明らかとなった（Mayorga ほか，2005）．また，放射性炭素同位体比のデータから，河川中の溶存 $CO_2$ の多くはおよそ 5 年以内に大気から固定された炭素で構成されていることが示された．これらの結果をまとめて考えると，ごく最近に陸上植物によって生産された有機物が河川内や河川近傍で分解され，$CO_2$ となって水系を流下しているのだろうと原著者らは結論づけている．一方，北米を流れるハドソン川での研究では，河川を流下する粒状有機炭素はおよそ 1,000–5,000 年前に生産された古い陸上有機物が主体であるものの，河川内に流入すると $CO_2$ へと素早く分解されていると報告している（Cole and Caraco,

2001).

国内では，河川の溶存 $CO_2$ 分圧やその起源を報告している研究例は非常に少ない．筆者は，2007-2008年にかけて山梨県の富士川水系全域で溶存 $CO_2$ 分圧を測定した（図1.3）．その結果，流域面積が $6\,km^2$ 以下の小河川では，$CO_2$ は大気に対して常に過飽和であった．おそらく，陸上有機物の分解産物として生成した $CO_2$ が，小河川内を流下しているものと思われる．一方，流域面積が $6\,km^2$ 以上の中流・下流河川では $CO_2$ が未飽和の河川が多くみられるようになり，なかには分圧が 10 μatm 以下の河川もあった（図1.3）．これらの河川は，大気から $CO_2$ を吸収しているのである．また，全体的に海外の研究者が報告しているほど溶存 $CO_2$ は高くなく，分圧が 1,000 μatm を超えるような川は多くはない．富士川の中下流域は光合成活性が高く，水中の $CO_2$ が底生藻類などによって活発に同化されているようである．このように，国内の河川は海外とは様相が大きく異なっている可能性が高く，溶存 $CO_2$ に関する知見をさらに蓄積していく必要があるだろう．

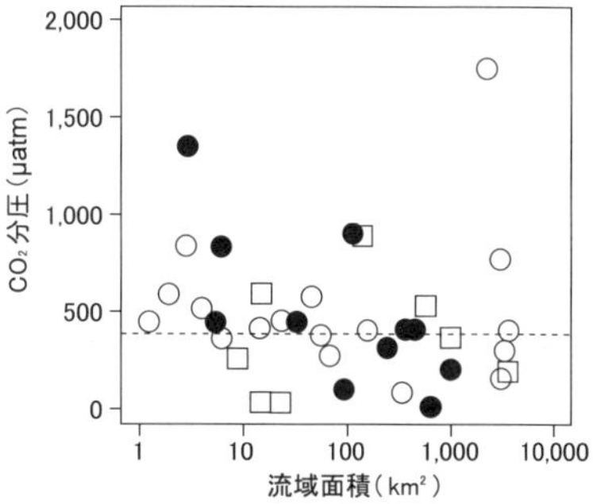


**図1.3**　富士川水系で測定した河川中の $CO_2$ 分圧（μatm）

図の横線は大気中の $CO_2$ 分圧（380 μatm）を示し，これより高い河川は大気に $CO_2$ を放出していることを意味している．○：森林河川，●：農地河川，□：都市河川．

## 2.3　湖沼の溶存二酸化炭素とその起源

河川と同様に，ほとんどの湖沼も $CO_2$ を放出していると考えられている．世界中の1,835湖沼で測定された表層の $CO_2$ 分圧をまとめた研究によると，溶存 $CO_2$ 分圧の平均値は 1,036 μatm であり，湖の 87% は $CO_2$ が過飽和であると報告している（図1.4）．一方，国内の湖沼については，河川と同じく溶存 $CO_2$ のデータは非常に少ない．東北大学との共同研究により筆者らが測定した山岳湖沼のデータによると，とくに水体サイズが小さく，有機物濃度の高い腐植栄

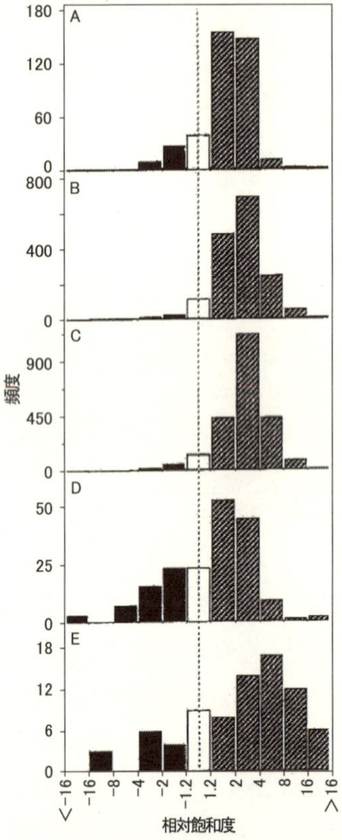


**図 1.4**　湖の表層における $CO_2$ 分圧の相対飽和度

相対飽和度（RS）は，大気の $CO_2$ 分圧（$pCO_2$[air]）と表層水の溶存 $CO_2$ 分圧（$pCO_2$[water]）の比と定義し，次の式で求めている．

過飽和の湖沼：$RS = pCO_2[water]/pCO_2[air]$

未飽和の湖沼：$RS = -pCO_2[air]/pCO_2[water]$

（A）$pCO_2$ を実測した 37 湖沼（390 サンプル）の頻度分布．（B）DIC やアルカリ度から $pCO_2$ を算出した 1,612 湖沼（1,612 サンプル）（秋季）の頻度分布．（C）全季節を通して $pCO_2$ を算出することができた 69 湖沼（2,395 サンプル）の頻度分布．（D）夏季（成層期）にのみ $pCO_2$ を算出することができた 60 湖沼（179 サンプル）の分布．（E）アフリカ熱帯地域の 59 湖沼（79 サンプル）の頻度分布．（Cole ほか，1994）

養湖で溶存 $CO_2$ 分圧は高くなるようである（岩田・占部，未発表データ）．また，溶存 $CO_2$ の炭素安定同位体比をみると，$CO_2$ 分圧の高い湖沼では典型的な陸上植物に近い値を示していた．海外河川の事例と同様に，腐植栄養湖における過飽和 $CO_2$ の起源は主に陸上有機物であると考えている．一方，大きな湖沼ほど溶存 $CO_2$ は減少し，その炭素安定同位体比も大気 $CO_2$ の値（約 −8 パーミル）に近づく傾向がみられた．湖表層の植物プランクトンによる光合成で，大気から湖沼内へ $CO_2$ が吸収されているのだろう．このように湖沼の溶存 $CO_2$ の量と起源は，湖の大きさや栄養状態によって変化すると考えられる（Kling ほか，1991）．

## 2.4　陸水域が二酸化炭素を放出する機構

これまで述べてきたように，河川や湖沼からの $CO_2$ の放出には水生生物の炭素代謝が大きく関係している．とくに，光合成（有機物生産）に伴う $CO_2$ 吸収と，生物群集全体の呼吸による $CO_2$ 放出のバランスは重要である（占部・吉岡，2006）．呼吸が生産を上回れば川や湖は $CO_2$ を放出し，反対に生産が呼吸を上回れば $CO_2$ を吸収することになるからである．この代謝バランスのパターンをみると，外来性有機物が多く流入する生態系で呼吸が卓越する傾向がある（岩田，2008）．陸水域で $CO_2$ が過飽和状態となりやすいのは，陸上生態系から大量に流入する有機物を水域の従属栄養生物が代謝しているからだろう．実際，微生物の呼吸基質となる溶存態有機炭素濃度が高い湖沼ほど，$CO_2$ 分圧も高くなることが知られている（Jonsson ほか，2003）．また，生産速度の低い貧栄養な水域ほど呼吸（respiration：R）が生産（production：P）を上回り（P/R 比＜1），$CO_2$ 分圧が高くなる（Duarte and Agustí，1998）．貧栄養湖沼では，外来性の有機物に対し生物群集が高い依存度を示すためと考えられている．このように陸水域の溶存 $CO_2$ 分圧を変化させる要因については，解明が進んできた．すなわち，外来性有機物が多く流入し，かつ光合成活性の低い貧栄養な水域が，$CO_2$ の放出源になりやすいと言えるだろう．

## 2.5　湖沼の溶存メタン

陸水域は，$CO_2$ だけでなくメタン（$CH_4$）も放出している．また，$CH_4$ は $CO_2$ のおよそ 21 倍の温室効果を持つことから，その放出・吸収源が長年注目されてきた．$CH_4$ は，主に酸素のない嫌気環境でメタン生成菌による $CO_2$ の還元あるいは有機物の嫌気分解によって生成する．メタンは沼気とも呼ばれるように，湖や沼で多く生成することが古くから知られていた．湖沼内では，酸素が欠乏しやすい堆積物中で $CH_4$ が多く生成し，おもに三つの経路のいずれかを経由して大気に放出されると言われている（図 1.5）．一つめは，溶存した $CH_4$ 分子が水体中を拡散によって移動し，湖面から大気に放出していく経路で

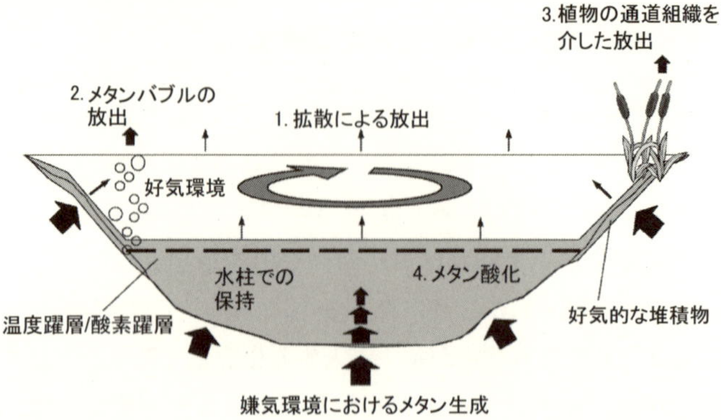


**図 1.5**　湖沼における $CH_4$ の生成・消費と大気への放出過程を示した模式図
(Bastviken ほか，2004)

ある．二つめは，気泡となって大気に脱ガスしていくメタンバブルであり，汚濁の進んだ都市河川でもその気泡をよくみることができる．三つめは，抽水植物の通道組織を経由して湖底から大気に放出していく過程である．いずれの経路も重要であると考えられているが，それぞれの寄与についてはよくわかっていない．以上の三つの経路のほかに，湖内には溶存 $CH_4$ の動態に大きな影響を及ぼす過程が存在する．それは，水中に存在するメタン酸化細菌による $CH_4$ の消費である（図 1.5）．このプロセスにより $CH_4$ は $CO_2$ へと酸化されるため，メタン酸化細菌の分布と活性は湖沼から大気への $CH_4$ 放出に大きな影響を及ぼしていると考えられる（Kojima ほか，2009）．

このように，湖沼内では $CH_4$ を生成する過程と消費する過程の双方が存在しているが，湖面での収支をみると多くの湖は大気にメタンを放出しているようである．北米とユーラシア大陸の観測データ（73 湖沼）と全球レベルの湖沼面積をもとに湖からの全球フラックスを試算すると，8-48 $TgCH_4$/年（0.006-0.036 GtC/年）の放出になるとの試算結果が報告されている（Bastviken ほか，2004）．これは，自然界からの $CH_4$ 放出量の約 6-16%に相当しており，湖沼が $CH_4$ の大きな放出源になっていることを示唆している．しかし，$CO_2$ と同様に，国内湖沼における $CH_4$ フラックスについてはよく知られていないし，まして河川における溶存 $CH_4$ の動態については国内外ともに不明な点が多い．筆者の国内河川における測定データによると，平野部を流れる下流河川や都市河川で溶存 $CH_4$ 濃度は上昇するようである．

## 3　ダム湖の温室効果気体（GHG）

これまで紹介してきた内容は，自然湖沼・河川における温室効果気体（GHG）の生成・放出のパターンである．一方で，人工の貯水池における $CO_2$ や $CH_4$ の挙動については，海外でもよくわかっていないのが現状である．貯水池のなかでも，河川から大量の有機物が流入するダム湖は自然湖沼より $CO_2$ や $CH_4$ の放出量が多い可能性がある．このような背景から，ダム湖における炭素循環研究の必要性が重視されてきた．2000 年に発表された St. Louis ほか（2000）が，ダム湖からの GHG 放出量について包括的にレビューした最初の論文だろう．この論文では，様々なダム湖の溶存 $CO_2$ と溶存 $CH_4$ 濃度が文献から集められており，ほぼすべてのダム湖が $CO_2$ と $CH_4$ を放出していることを示している．

### 3.1　ダム湖からの GHG 放出パターン

St. Louis ほか（2000）は，ダム湖からの GHG 放出を増減させる要因について，有機物量とダム年齢および温度の効果が重要であると述べている．それによると，もともと有機物が多く堆積している場所（湿地など）に作られた貯水池で，湖面からの GHG 放出量が多くなるようである．これは，大量の有機物が湖内で分解されるためであろう．また，ダム年齢（湛水後の経過年数）も GHG 放出量に深く関わっており，年齢の若いダム湖ほど $CO_2$ を多く放出する傾向があると報告している（図 1.6）．湛水直後は，湖内には易分解性の有機物が豊富に存在するため，分解が活発に進む．ところが，時間経過とともに難分解性の画分が残存していき，$CO_2$ 生成速度が低下するためと解釈されている．

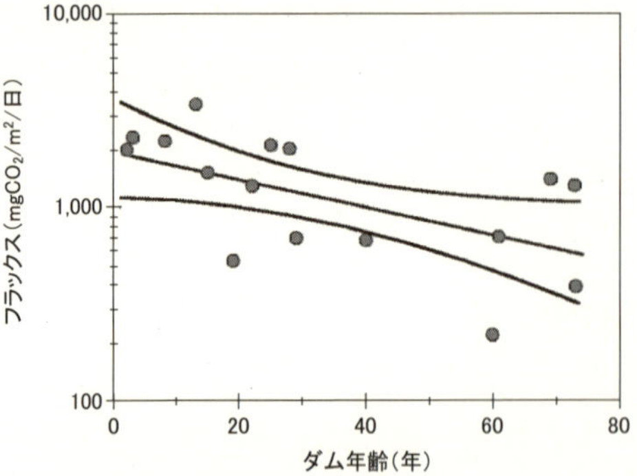


**図 1.6**　ダム年齢（湛水後の経過時間）と湖面からの $CO_2$ 放出量の関係

温帯地域のダム湖をもとに作成している．新しいダム湖ほど $CO_2$ 放出量が多い．（St. Louis ほか，2000）

また，微生物の呼吸活性は水温とともに上昇することから，温帯より熱帯の貯水池で有機物分解速度が速く，湖面からの GHG 放出量も多くなると予測されている．このほかにも，自然湖沼と同様に，河川を通じた外来性炭素の流入や湖内における光合成活性も，GHG フラックスに関わる重要な要因であると述べられている．しかし，彼らが調査した文献データのなかには，日本のダム湖は含まれていない．

## 3.2　ダム湖からのグローバル GHG 放出量

ダム湖からの $CO_2$ 放出速度の平均値は，温帯で 32 mmol/m$^2$/日，熱帯で 80 mmol/m$^2$/日と推定されている．また，$CH_4$ 放出速度の平均値は，温帯で 1.2 mmol/m$^2$/日，熱帯で 20 mmol/m$^2$/日との推定結果であった．水温の高い熱帯の方が，放出速度が速い．自然湖沼からの GHG 放出速度（世界平均）は，$CO_2$ で 15 mmol/m$^2$/日，$CH_4$ で 0.6 mmol/m$^2$/日と推定されているため（Cole ほか，1994；Schlesinger，1997），ダム湖は自然湖沼より多少多く $CO_2$ を放出し，$CH_4$ については 1-2 桁多く放出しているという試算結果であった．ここで注意すべき点は，湖沼では突発的に噴出するメタンバブルの測定が困難なことである（Walter ほか，2007）．多くの研究ではメタンバブルによる湖面からの放出量を測定できていないため，$CH_4$ 放出量についてはかなり過小推定となっているだろう．

次に St. Louis ほか（2000）は，GHG 放出速度に各国の貯水池面積を乗じて，全球レベルでダム湖からの GHG 放出量を推定した．国際大ダム会議（International Commission of Large Dams：ICOLD）のデータベースには，計 110 カ国，2 万 5,410 ダム（表面積：39 万 4,000 km$^2$）のダム湖の諸元が登録されている．ただし，堤高 30 m 以上の大ダムのみしか登録されておらず，そもそもほとんど登録を行っていない国も多い．そこで様々な状況証拠をもとに，ICOLD に登録されている貯水池面積の少なくとも 3 倍（$1.5 \times 10^6$ km$^2$）の湛水部が全世界に存在していると考え，グローバルな試算を行った．この結果，ダム湖からのグローバルフラックスは $CO_2$ で $1.0 \times 10^{15}$ g/年（または 0.27 GtC/年），$CH_4$ で $0.7 \times 10^{14}$ g/年（0.05 GtC/年）と推定された．化石燃料の燃焼による $CO_2$ の放出が年間約 7 GtC であるから，その約 4%に匹敵する炭素が $CO_2$ として湖面から放出されていることになる．また，$CH_4$ については，人為起源の $CH_4$ 放出量の約 20%に相当する量がダム湖から放出されていることになる．ただし，ここに紹介した数値は限られた地域のデータをもとにした大雑把な見積もりであるため，様々なダム湖でより精度の高い推定値を得ていく必要があるだろう．筆者の知る限り，ここで紹介した論文以降にダム湖からの GHG フラックスを全球スケールで推定した研究はないようである．

### 3.3　ダム湖とカーボンシンク／ソース

データの不確実性の問題のほかに，考慮しなくてはならない重要な事柄がある．それは，湖面から $CO_2$ や $CH_4$ が放出されていることだけを取り上げて，大きな問題とすべきではないということである．そもそも GHG は，多くの自然湖沼や河川からも放出されているものである．むしろ，ダム建設による GHG 放出量の変化に注目すべきだろう．そのためには，湛水前の同じ場所（河川や陸域）におけるガスフラックスや炭素収支を知っておく必要があるだろう．しかし，当然ながらそのようなデータはほとんどのダムで得られていない．今後建設されるダムについては，湛水前後で GHG 放出量を比較することが重要となるだろう．

もう一つの重要な事柄は，ダムは河川を通じて流入する外来性有機物や湖内で生産された自生性有機物を堆積物中に隔離する炭素貯留機能を有している点にある（Vörösmarty ほか，2003）．つまり，湖面から GHG が放出されているとしても，トータルとしてダム湖は炭素のシンクとなっているかもしれないのである．このダムによる炭素貯留能を評価するには，やはりダム建設前後の変化を比較する必要があると St. Louis ほか（2000）は主張している．すなわち，水系を流下する有機炭素の分解速度がダムに流入・堆積することで著しく低下する場合には，ダムによる炭素隔離が機能しているとみることができるだろう．一方，ダムができたことで流下有機物の分解速度が加速しているならば，炭素のシンクとしての機能は低下していることになる．ダムが水系内における有機炭素の平均回転時間（分解されるまでに要する時間）を早めているのか，あるいは延ばしているのか，今後の調査により明らかにしてゆく必要がある．

## 4　ダム湖における GHG 生成・循環過程

これまで紹介してきたように，ダム湖面における $CO_2$ や $CH_4$ のフラックスについては，いくつかの研究事例がある．しかし，湖内における GHG の生成プロセスや循環経路についてはほとんどわかっていない．とくに，国内のダム湖は山間部の急峻な谷間に作られることが多く，湖盆形状や水の滞留時間が自然湖沼とは異なっている．そのため，従来知られている過程とは異なる経路で GHG が生成・循環しているかもしれない．そこで，筆者の研究で得られた結果を簡単に紹介しながら，ダム湖内における GHG の動態についてみていきたい．

### 4.1　調査内容

調査を行ったのは，山梨県北杜市にある塩川ダムとその流出入河川である．塩川ダムは山間部の渓谷に建設された重力式ダム（1998 年完成）であり，湖の最大水深は約 60 m，有効貯水容量は $8.9 \times 10^6$ $m^3$，湛水部の面積はおよそ $3.3 \times 10^5$ $m^2$ となっている．調査では，ダム湖と流出入河川の無機炭素および有機炭素の濃度とその炭素安定同位体比（$\delta^{13}C$，単位：パーミル）を測定し，湖における GHG の起源や生成・循環過程を追跡した．炭素安定同位体比とは，試料中の $^{13}C/^{12}C$ 比を標準物質の $^{13}C/^{12}C$ 比に対する千分偏差（‰）で示したものである．この値から，物質の起源や生成するまでに経て来た反応経路に関する情報を得ることができる．

まず，流出入河川の炭素収支をみるために，有機炭素と無機炭素のフラックスを継続的に観測した．その結果，ダム湖には河川を通じて多くの有機物が流入していることが判明した．流入と流出を比較すると，粗粒状有機物（coarse particulate organic matter：CPOM）（粒径＞1 mm）のような大きな懸濁態有機物は湖に多く流入するものの，ほとんど流出していなかった．すなわち，流入した粗粒状有機物は湖内に保持されていると考えられる．また，粗粒状有機物の炭素安定同位体比は約 −25〜−29 パーミルと C3 植物に近い値を示しており，主に陸起源の有機物で構成されていることが示唆された．一方，細粒状有機物（fine particulate organic matter：FPOM）（0.7 μm–1.0 mm）や溶存態有機物（dissolved organic matter：DOM）（＜ 0.7 μm）は流入量と流出量に大きな差はみられない．ダム湖は，河川を流下する粗粒状の陸上有機物を貯留する機能を有しているようだ．では，湖に保持された有機炭素は，どうなるのだろうか．

## 4.2　ダム湖内における溶存態無機炭素の分布と生成過程

塩川ダムでは，春から秋にかけて水深 10–20 m 付近に顕著な水温躍層が発達し，11 月頃に湖水の鉛直混合により成層構造が破壊される．冬期の 1–3 月初旬には湖面が氷で覆われるが，結氷・開氷時期は年によって異なり，ほとんど凍らない年もある．筆者は，ダム管理事務所の協力を得て，湖面が開いている 4–12 月の期間に調査を実施した．

ダム湖内に流入した有機物が分解されると，分解産物として $CO_2$ が生成すると考えられる．$CO_2$ は，水中ではその一部が炭酸（$H_2CO_3$）となる．また，炭酸の一部は水素イオンを解離して炭酸水素イオン（$HCO_3^-$）となり，炭酸水素イオンの一部はさらに水素イオンを解離して炭酸イオン（$CO_3^{2-}$）となる．

**表 1.1**　ダム湖内における DIC および溶存 $CH_4$ 濃度

| 水深（m） | DIC（μmol/L） | $CH_4$（μmol/L） |
|---|---|---|
| 0 | 536±161 | 0.38±0.33 |
| 10 | 562±176 | 0.24±0.30 |
| 25 | 1,200±433 | 9.65±15.4 |
| 40 | 2,405±232 | 128±34.3 |

2004-2005 年の 4-12 月に塩川ダム（水深 40 m）で測定した 15 回のデータ（平均値と標準偏差）を示した.

そこで，これら無機炭素をすべて含めて溶存態無機炭素（dissolved inorganic carbon：DIC）とし，その濃度分布を調べた．その結果，多少の季節変化はみられるものの，水温躍層下部の水深 25 m 以深で急激に DIC 濃度が上昇することが明らかとなった（表 1.1）．ダム湖の深水層で，無機態炭素が生成しているようである．この無機態炭素の起源を追跡するため，DIC の炭素安定同位体比を測定した．その結果，水深が深くなるほど DIC の $\delta^{13}$C が低下することを明らかにした（図 1.7）．低い $\delta^{13}$C をもった無機炭素が，深水層で生成していることを示している．陸上有機物や植物プランクトンは通常低い $\delta^{13}$C を示すため（およそ −20〜−35 パーミル），これらが分解して $CO_2$ が生成すると DIC の同位体比も低下する．また，メタン酸化によって生成する $CO_2$ も低い同位体比をもつことが知られている（永田・宮島，2008）．湖の深水層では，有機物分解やメタン酸化に伴う $CO_2$ の生成が，無機態炭素の増加に寄与しているものと考えられる．

湖水のイオン成分や溶存酸素の濃度分布と合わせて考えると，$CO_2$ 生成経路に関するヒントがさらに得られそうだ．水温躍層が発達する時期には，躍層下部で溶存酸素濃度が著しく低下し，湖底付近でほぼゼロ（無酸素）となっていた．有機物の分解に伴って酸素が消費されるものの，湖水が成層しているために深水層へ酸素が補給されないためである．溶存酸素が枯渇した嫌気環境では，酸素以外の電子受容体（硝酸イオンや硫酸イオンなど）を用いる嫌気呼吸が有機物分解を担う．ここでイオン成分の濃度分布をみると，硫酸イオンが水深とともに減少していく傾向がみてとれたことから，硫酸還元細菌による硫酸塩呼吸で湖底付近の有機物が分解されているものと考えられた．これらは，北海道大学の小島久弥博士との共同研究で明らかとなった事実である．

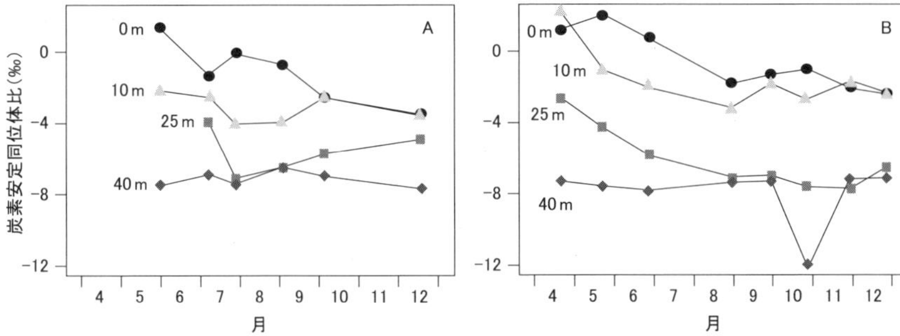


**図 1.7**　DIC の炭素安定同位体比の季節変化
四つの深度から採水した試料のデータを示す．（A）2004 年，（B）2005 年．

## 4.3　ダム湖内におけるメタンの分布と生成過程

メタン（$CH_4$）も，主にダム湖の底泥付近で生成しているようである．湖内の $CH_4$ 濃度についてみると，DIC と同様に水温躍層下の深水層で上昇し，とくに湖底直上の水深 40 m で急激に増加していた（表 1.1）．自然界では，主に嫌気環境において $CO_2$ の還元や酢酸の分解によって $CH_4$ が生成する．湖底直上で採取した $CH_4$ の炭素安定同位体比を測定した結果，季節を通じて −60〜−66 パーミルと非常に低い値を示していた．この値は $CO_2$ の還元で生成した $CH_4$ が示す値とも，酢酸を基質として生成した $CH_4$ が示す値ともとれる．そこで，分子生態学的手法による微生物群集の解析を小島博士に行っていただいた．その結果，堆積物中からは酢酸を資化するメタン生成菌が検出された．堆積物中で有機物が酢酸（$CH_3COOH$）にまで分解され，さらにその酢酸を利用するメタン生成が進行しているのだろう．一方で，$CO_2$ と $H_2$ によるメタン生成は，さほど大きな貢献をしていないと考えられた．

湖内では，$CH_4$ 生成のみならず，$CH_4$ の消費も活発に起きていることが明らかとなってきた．溶存 $CH_4$ 濃度は湖底付近できわめて高いものの，それより上の層では濃度はずっと低くなる．表 1.1 に示したデータは複数観測データの平均値であるためわかりにくいが，湖水が成層する季節には，水温躍層付近で $CH_4$ はほぼなくなっている．また，濃度の低下とともに，$CH_4$ の炭素安定同位体比も上昇する傾向がみられた（岩田，未発表データ）．拡散によって濃度が薄まっているのではなく，何者かが $CH_4$ を消費しており，その過程で $^{13}CH_4$ より軽い $^{12}CH_4$ が選択的に減少しているようである．おそらくメタン酸化細菌が $CH_4$ を $CO_2$ へと酸化することで，水柱から $CH_4$ が消えているのだろう．その証拠に，湖水からは全層にわたってメタン酸化細菌が検出されている（Kojima ほか，2009）．

以上を簡単にまとめると，筆者らが調査を行ったダム湖における GHG の生成・循環過程は次のようになる．まず，ダム湖にはさまざまな有機物が流入しているが，とくに陸上起源の粗粒状有機物が湖内に保持されていた．湖の深水層に蓄積した有機物は硫酸還元を主体とする嫌気呼吸によって分解し，それによって $CO_2$ が生成していると考えられた．また，底泥付近では主に酢酸を基質としたメタン生成が進行している．この底泥で生成した $CH_4$ は，水柱を拡散していく際にメタン酸化細菌にほぼ消費しつくされ，$CO_2$ へと酸化されているようである．この一連の GHG の生成・循環は，主に水深 25 m 以深の深水層で生じていた．その理由は，ダム湖特有の地形によるものだろう．湖内には，ダム建設以前に谷底であった場所が今でも急峻な狭窄地形として残っている．そのため，湖水の混合はかつての川筋にあたる湖底付近にまでは達しないようである．このことが原因で，深水層には季節を通じて貧酸素環境が維持されている．このように，急峻な地形が深水層を恒常的に嫌気的に維持することで，メタン生成や硫酸塩呼吸による有機物分解が卓越する環境が形成されているものと思われる．

## 4.4　ダム湖表層の温室効果気体の起源

しかしながら，これまで解説してきたダム湖深水層の炭素動態は，ダム湖面と大気の間の GHG 交換にあまり関係していないようである．湖面直下の溶存 $CO_2$ と溶存 $CH_4$ 濃度は，顕著な季節変化を示していた（図 1.8）．調査を行った湖では，表層の $CO_2$ は春から夏頃まで低く推移し，大気平衡濃度を下回っている．大気から二酸化炭素を吸収しているのである．先行研究では，ほとんど

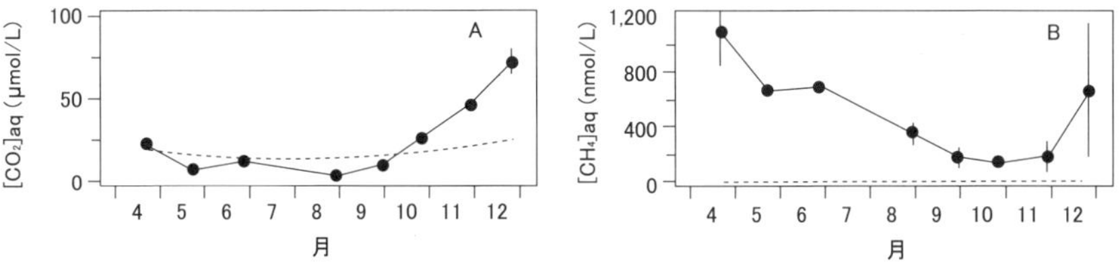


**図 1.8**　湖面直下の（A）溶存 $CO_2$ および（B）溶存 $CH_4$ 濃度の季節変化

2005 年の観測データ（平均 ± 1 SD）を示す．破線は大気平衡時の溶存濃度を示しており，大気中の $CO_2$ と $CH_4$ の分圧をそれぞれ 380 μatm および 1.7 μatm として算出している．

の自然湖沼やダム湖は $CO_2$ が過飽和であると言われて来たが，今回得られた結果はそれとは異なっている．いっぽう，秋以降に表層の $CO_2$ 濃度は高くなっていた．このような季節消長は，表水層における植物プランクトンの光合成活性とよく一致している．すなわち，光合成活性が高くなる春から夏に湖は $CO_2$ を吸収し，植物プランクトンが減少する秋以降に $CO_2$ を放出しているのである．また，水温の低下とともに $CO_2$ を多く含んだ中深層の湖水が表層水と上下混合することも，11–12 月にかけて表水層の溶存 $CO_2$ 上昇をもたらす要因の一つになっているだろう．

一方，$CH_4$ は常に大気平衡濃度を上回っていた（図 1.8B）．また，その季節変化は $CO_2$ と大きく異なっており，春から夏に $CH_4$ 濃度は高く，秋から冬にかけて減少している．生物活性の高い季節に，$CH_4$ が増加しているのである．ただし，12 月にも $CH_4$ 濃度は上昇しており，これには湖水の混合による影響が関わっているかもしれない．このように大きな季節消長を示す表層の $CH_4$ であるが，その多くは深水層で生成したものではないだろう．湖水の成層期には，堆積物中で生成した $CH_4$ 分子は水温躍層付近にまで運ばれてくる間に，メタン酸化によってほとんど消費されているからである．さらに詳しく $CH_4$ 濃度の分布をみると，表水層の $CH_4$ は，河川やダム湖の沿岸部，あるいは大気から流入してきたものではないことが明らかとなった．

これらの状況証拠から，筆者らは湖の表層で $CH_4$ が生成しているのではないかと考えている．とくに，表水層の溶存 $CH_4$ 濃度が植物プランクトン量や光合成速度の増減によく一致していることから，植物プランクトンの近傍にメタン生成に関わる何らかの機構が存在していると考えている．従来，湖沼中の溶存 $CH_4$ はメタン生成菌によってつくられると考えられてきた．しかし，メタン生成菌は偏性嫌気性であり，酸素に触れると活性を失う．従って，酸素が豊富な表水層ではこのメタン生成経路は駆動しにくいだろう．海洋でも，好気的な表層付近に $CH_4$ 極大層がみられることが古くから知られており，メタンのパラドックスと呼ばれてきた（Karl and Tilbrook, 1994）．この海洋表層に出現する謎の $CH_4$ は，動物プランクトンの腸内やデトリタス（生物遺骸）中の微視的嫌気環境で生成していると考えられてきた．しかし，2008 年にメタン生成菌を介さない新たなメタン生成経路が発見され，にわかに脚光を浴びている（Karl ほか, 2008）．海洋表層の好気性微生物が有機リン化合物（メチルホスホン酸）を分解すると，分解産物として $CH_4$ が生成するのである．このメチルホスホン酸の分解は，無機態リンが枯渇した環境で駆動するリン代謝のようである．すなわち，植物プランクトンの増殖によって栄養塩である無機態リンが減少すると，表層の好気性微生物がメチルホスホン酸を分解して $CH_4$ を生成し始める可能性がでてきたのである．このような機構は湖ではまだ報告されていないが，類似のメタン生成経路が駆動しているのかもしれない．

## 5　今後の課題と展望

これまで行ってきた研究により，ダム湖内で生じている炭素の流れが少しずつ明らかとなってきた（図 1.9）．まず，ダムは水系を流下する粗粒状有機物（主に陸起源）を貯留し，深水層における有機物の嫌気分解によって $CO_2$ や $CH_4$ を生成していることを明らかにした．しかし，生成した $CH_4$ の多くは拡散していく途中で酸化されており，メタンバブルを除いては，大気にそのまま脱ガスしていくわけではなさそうである．一方，湖と大気の GHG 交換速度は，主に表層の好気性生物の代謝によって調節されていた．すなわち，植物プランクトンの光合成活性によって，$CO_2$ フラックスも季節的に変化している．さらには，植物プランクトンによる栄養塩（リン酸塩）の吸収は，間接的に表

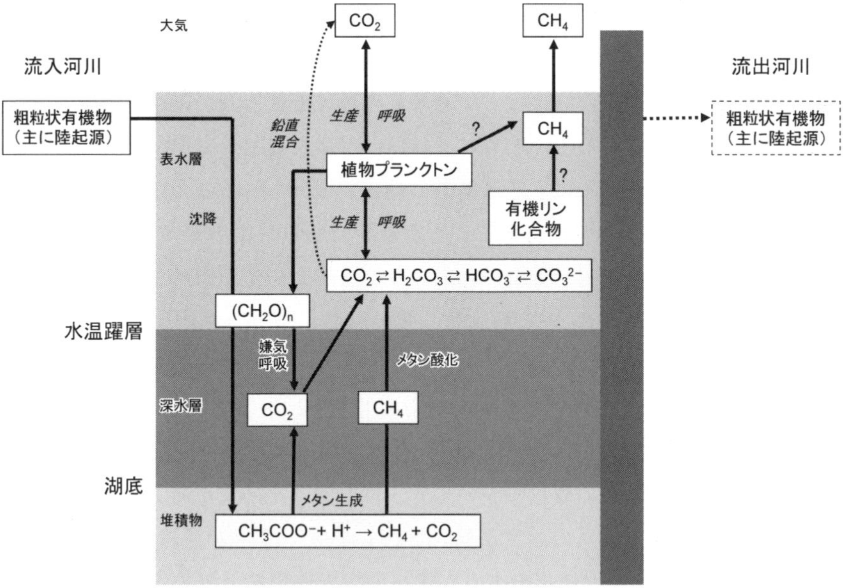


**図 1.9**　ダム湖における $CO_2$ と $CH_4$ の生成・循環過程

調査を行った塩川ダムのデータをもとに作成している．本文で紹介した主要な炭素循環経路のみを示した．

層のメタン生成にも関わっているかもしれない．自然湖沼と同様に，好気性生物の代謝活性が湖面のガス収支を大きく支配していることを具体的に明らかにした点が，従来の知見からの大きな前進だろう．好気性の水生生物の炭素代謝速度（炭酸同化と呼吸）は，窒素やリンなどの栄養塩に律速されていることがほとんどである．つまり，上流からの栄養塩流入や湖底からの栄養塩回帰が，ダム湖における $CO_2$ や $CH_4$ の生成・循環パターンに大きな影響を及ぼしていると予想される．このようにダム湖の炭素循環を理解するためには，他の栄養元素の動態を研究することが重要である．また，表層におけるメタン生成プロセスは未だ解明できておらず，今後の研究課題であろう．筆者自身，他の自然湖沼やダム湖で調査を行いながら，好気的メタン生成のメカニズムを探って行く予定である．

次に残された重要な課題は，自然湖沼とは異なるダム湖の特異性を浮き彫りにすることである．ここで紹介した炭素循環プロセスは，限られた期間に実施した一つのダム湖の調査結果であるため，他の湖沼との違いが明確ではない．自然湖沼と比較を行うためには，より多くの地域でダム湖の陸水データを集積していく必要があるだろう．とくにダム湖の特徴として，有機物の流入・貯留量の多さや急峻な地形による成層構造の発達が挙げられることから，これらが炭素循環に及ぼす影響に注目することが重要である．塩川ダムの例でみると，大量の有機物が湖底付近で分解されているにも関わらず，湖は季節的に大気から $CO_2$ を吸収していた．その理由は，強い成層により，深水層における炭素動態の影響が表水層に伝わりにくいからであろう．また，海外の研究で指摘されているように，ダム湖からの放水や発電用タービンにおける GHG の脱ガス量も無視できない（Abril ほか，2006）．自然湖沼にはないダム特有の施設や水位操作に伴う炭素動態の変化についても，目を向ける必要がある．

St. Louis ほか（2000）の論文が発表されてから，10 年が経過した．しかし，ダム湖からの GHG 放出過程やダムが流域の炭素循環に及ぼす影響に関する知見は，それほど増えてはいない．ダム湖内への炭素隔離を示す定量的データは乏しく，ダムによる陸水生態系の機能変化についてはさらによくわかっていないのが現状である．全球レベルでみると，ダム湖は堆積物中に毎年約 0.18 GtC の炭素を貯留しているとの試算がある（Dean and Gorham，1998；Cole ほか，2007）．これは，St. Louis ほか（2000）が試算したダム湖からの全球 GHG 放出量（約 0.3 GtC/年）と同じオーダーに匹敵する量である．ただし，ダムには耐用年数があることを考えると，この埋没した炭素が長い循環サイクルでそのまま隔離されるとは考えにくいだろう．より長い時間スケールで，ダムによる水系の有機物輸送機能の変化と，有機物の無機化速度（炭素回転機能）の変化を評価していくことが重要だ．また，ダムは全球スケールの炭素循環ではなく，流域スケールの炭素循環を量的・質的に変化させているとみるべきものである．全球スケールの大雑把な試算ではなく，個々の流域でダム湖内とその上下流における炭素フローに関する定量的データを示していくことが大切だろう．国内のダム湖を対象に流域炭素循環に及ぼす影響を評価することの重要性は，今もなお変化していない．

## 文献

Abril, G., S. Richard, et al.（2006）: In situ measurements of dissolved gases（$CO_2$ and $CH_4$）in a wide range of concentrations in a tropical reservoir using an equilibrator. Sciences of the Total Environment, 354 : 246-251.

Bastviken, D., J. Cole, et al.（2004）: Methane emissions from lakes : dependence of lake characteristics, two regional assessments, and a global estimate. Global Biogeochemical Cycles, 18 : GB4009.

Cole, J. J. and N. F. Caraco（2001）: Carbon in catchments : connecting terrestrial carbon losses with aquatic metabolism. Marine and Freshwater Research, 52 : 101-110.

Cole, J. J., N. F. Caraco, et al.（1994）: Carbon dioxide supersaturation in the surface waters of lakes. Science, 265 : 1568-1570.

Cole, J. J., Y. T. Prairie, et al.（2007）: Plumbing the global carbon cycle : integrating inland waters into the terrestrial carbon budget. Ecosystems, 10 : 171-184.

Dean, W. E. and E. Gorham（1998）: Magnitude and significance of carbon burial in lakes, reservoirs, and peatlands. Geology, 26 : 535-538.

del Giorgio, P. A. and C. M. Duarte（2002）: Respiration in the open ocean. Nature, 420 : 379-384.

del Giorgio, P. A. and P. J. le B. Williams（2005）: Respiration in aquatic ecosystems. Oxford University Press.

Duarte, C. M. and S. Agustí（1998）: The $CO_2$ balance of unproductive aquatic ecosystems. Science, 281 : 234-236.

Denman, K. L., G. Brasseur, et al.（2007）: Couplings between changes in the climate system and biogeochemistry. In S. Solomon, D. Qin, et al.（eds.）, Climate Change 2007 : The Physical Science Basis. Contribution of Working Group I to the Fourth Assessment Report of the Intergovernmental Panel on Climate Change, pp. 561-568. Cambridge University Press.

岩田智也（2008）：陸域と水域の生態系をつなぐ．大串隆之ほか（編）『生態系と群集をむすぶ』，pp. 91-114．京都大学学術出版会，京都．

Jones Jr., J. B., E. H. Stanley, et al.（2003）: Long-term decline in carbon dioxide supersaturation in rivers across the contiguous United States. Geophysical Research Letters, 30 : 1495.

Jonsson, A., J. Karlsson, et al.（2003）: Sources of carbon dioxide supersaturation in clearwater and humic lakes in northern Sweden. Ecosystems, 6 : 224-235.

Karl, D. M., L. Beversdorf, et al.（2008）: Aerobic production of methane in the sea. Nature Geoscience, 1 : 473-478.

Karl, D. M. and B. D. Tilbrook（1994）: Production and transport of methane in oceanic particulate organic matter. Nature, 368 : 732-734.

Kling, G. W., G. W. Kipphut, et al.（1991）: Arctic lakes and streams as gas conduits to the atmosphere: implications for tundra carbon budgets. Science, 251: 298–301.

Kojima, H., T. Iwata, et al. (2009): DNA-based analysis of planktonic methanotrophs in a stratified lake. Freshwater Biology, 54: 1501–1509.

Mayorga, E., A. K. Aufdenkampe, et al. (2005): Young organic matter as a source of carbon dioxide outgassing from Amazonian rivers. Nature, 436: 538–541.

永田俊・宮島利宏（2008）：流域環境評価と安定同位体．京都大学学術出版会，京都．

Richey, J. E. (2004): Pathways of atmospheric $CO_2$ through fluvial systems. In C. B. Field and M. R. Raupach (eds.), The Global Carbon Cycle, pp. 329–340. Island Press, New York.

Richey, J. E., J. M. Melack, et al. (2002): Outgassing from Amazonian rivers and wetlands as a large tropical source of atmospheric $CO_2$. Nature, 416: 617–620.

Schlesinger, W. H. (1997): Biogeochemistry: an analysis of global change. Academic Press, New York.

St. Louis, V. L., C. A. Kelly, et al. (2000): Reservoir surfaces as sources of greenhouse gases to the atmosphere: a global estimate. Bioscience, 50: 766–775.

占部城太郎・吉岡崇仁（2006）：炭素代謝からみた湖沼生態系の機能．武田博清・占部城太郎（編）『地球環境と生態系』，pp. 156–185．共立出版，東京．

Vörösmarty, C. J., M. Meybeck, et al. (2003): Anthropogenic sediment retention: major global impact from registered river impoundments. Global and Planetary Change, 39: 169–190.

Walter, K. M., L. C. Smith, et al. (2007): Methane bubbling from northern lakes: present and future contributions to the global methane budget. Philosophical Transactions of the Royal Society A, 365: 1657–1676.

（岩田智也）

# 第2章

# ダム湖内の栄養塩と一次生産

## 1　はじめに

日本の上水道水源の約5割がダムに貯水された河川表流水であるために，ダム湖の植物プランクトンの大量発生による水質障害の監視とその機構の解明は，上野（1951）の指摘以来，水道事業の一貫した課題であった．東京都の水源である山口，村山貯水池（小島，1964），小河内ダム湖（乙幡，1964），川崎市の相模湖（赤沢・橋本，1964），津久井湖（橋本，1968）などでは，充実した観測が1960年代から始まっている．

本章では，主として，木曽川・飛騨川水系のダム湖群の栄養塩供給と一次生産の様相，およびダム湖で発生した植物プランクトンの流出が浄水処理に及ぼす影響について紹介する．

## 2　ダム湖の形態，ダムの運用と一次生産

ダム湖には，「止まりダム湖」といわれる天然湖に近いものと，「流れダム湖」といわれる川に近いもの，およびそれらの中間的なものがある（津田，1974）．区分は，水がダム湖に留まる時間（滞留時間）に基づく．滞留時間については，ダム湖の場合には，水の回転率（1年間に水が入れ替わる回数，単位：回/年）という指標が用いられる（安芸，1978）．これは，天然湖で一般的

表 2.1　木曽川のダム湖の区分

| タイプ | | 水の回転率（回/年） | 取水口の深さ | 主なダム湖（水の回転率：回/年） |
|---|---|---|---|---|
| Ⅰ | 湖沼型 | 10以下 | 表層 | 味噌川（1.5），阿木川（3.7） |
| Ⅱ | 中間型 | 10以下 | 中層 | 牧尾（4.6），高根第1（6.0），秋神（8.9），岩屋（3.8） |
| Ⅲ | 中間型 | 10以下 | 底層 | 三浦（3.8），朝日（11） |
| Ⅳ | 河川型 | 20以上 | 表・中・底層 | 王滝川（490），常盤（1000），木曽（340），読書（650），山口（870），落合（890），丸山（84），久々野（480），東上田（1460），下原（780），川辺（300） |

| | 春の循環から成層の発達時期 | 夏の成層 | | | 秋の循環 | | 冬の成層 | |
|---|---|---|---|---|---|---|---|---|
| | | 水温躍層 | 底層水温 | 表層水温の上昇 | 開始 | 水温 | 形成 | 表層水温 |
| Ⅰ | 遅い | 形成：1つ | 10℃以下 | 余り上昇しない | 遅い | 低い | 易 | 下がりやすい |
| Ⅱ | 早い | 形成：2つ | 10℃以下 | かなり上昇する | 遅い | 低い | 難 | 下がりにくい |
| Ⅲ | 早い | 形成：1つ | 10～20℃ | かなり上昇する | 早い | 高い | 難 | 下がりにくい |
| Ⅳ | なし | なし：循環 | 20℃以上 | 流入水とほぼ同じ | — | 流入水とほぼ同じ | 難 | 流入水とほぼ同じ |

| | 植物プランクトンの増殖時間 | 夏季表層水中の栄養塩 | 流入端での特徴 | 下流への影響 |
|---|---|---|---|---|
| Ⅰ | 十分 | 流入水から供給されやすい | なし | 表層で増殖した植物プランクトンは流出しやすく，下流に影響する． |
| Ⅱ | 十分 | 流入水から供給されにくい | 成層時に停滞水塊ができ植物プランクトンが繁殖することがある． | 表層で増殖した植物プランクトンは下流に流出しにくい． |
| Ⅲ | 十分 | 流入水から供給されにくい | 成層時に停滞水塊ができ植物プランクトンが繁殖することがある． | 表層で増殖した植物プランクトンは下流に流出しにくい． |
| Ⅳ | 不足 | 流入水から供給されやすい | なし | 植物プランクトンは繁殖しにくいが，増殖した場合は下流に影響が大きい． |

に使われる水の滞留時間（貯水量／年流入水量，単位：年）の逆数である．日本のダム湖は，滞留時間が短く1年に満たず，また流入水量が季節的に大きく変動する場合が多い．そのため，滞留時間よりも，回転率がしばしば用いられるのである．

また，天然湖では水が表層から流出することが多いが，ダム湖では取水施設の構造により中層，底層から流出することがある．新井（1980）は，実際の滞留時間および取水口の深さが，ダム湖の水温分布に大きな影響を及ぼしていることを示した．水温分布の天然湖との相違は，栄養塩や植物プランクトンによる一次生産，その下流への流出などにも影響し，ダム湖が特殊な止水域を形成する要因となっている．

本州中央部に位置する木曽川では，古くから流域に農業用溜池が造られていたが，1924 年に水力発電用として本川に大井ダム（岐阜県）が造られて以来，数多くの発電用ダムが本川に建設されてきた．また，近年，味噌川，牧尾，岩屋，阿木川の多目的ダムが支川に造られている（日本ダム協会，2009）．木曽川のダム湖は，水の回転率と取水口の深さによって，湖沼型から河川型までいくつかのタイプに分けられる（伊佐治，1990；表 2.1）．支川の大きなダム湖はタイプⅠ～Ⅲ，本川の発電用のダム湖はタイプⅣに分類される．タイプⅠ～Ⅲは，津田（1974）の「止まりダム湖」，Ⅳは「流れダム湖」に相当する．

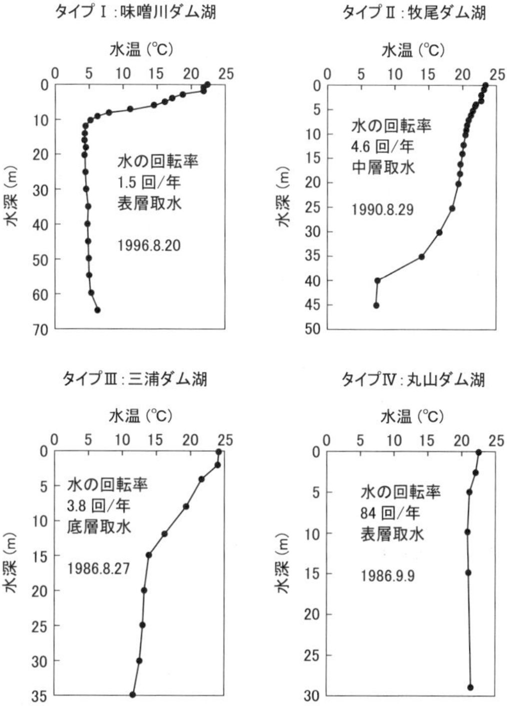


**図 2.1**　木曽川のダム湖の夏季の水温の鉛直分布

水の回転率と取水口の深さより，四つのタイプに分けられる．水の回転率が小さいダム湖は成層するが，水の動きが取水口の深さの影響を受け，水温躍層の位置などが異なっている．水の回転率が大きいダム湖は成層しない．伊佐治（1990）を基に作成．

図 2.1 は，木曽川のダム湖の夏季の水温の鉛直分布を示している．タイプⅠは表層取水のダム湖である．水温の低い水は動きにくく，厚い深水層が形成される．一方，タイプⅡやⅢのように中層や底層取水の場合は，流入水が中・底層の等水温層を流下し，温められた表層水がダム湖内に留まりやすくなるため，タイプⅡでは表層と取水口の深さ付近で，タイプⅢでは表層で水温躍層が形成される．タイプⅣは，水の流れが速く，取水口の深さに関わらずほとんど

成層しない．

ダム湖のタイプは富栄養化に関連する．森下（1983）は，3，4日以上の滞留時間で自生の植物プランクトンの生息が認められるとし，Jones and Lee（1980）は，植物プランクトンがリン負荷に応じて増殖するためには，少なくとも2週間の滞留時間が必要としている．増殖時間から，滞留時間の長いタイプⅠ〜Ⅲまでのダム湖では植物プランクトンが自生し，短いタイプⅣでは，植物プランクトンの発生は難しいと考えられる．ただし，タイプⅣのダム湖でも，上流のダム湖で繁殖し流下した植物プランクトンが流入し，そこで増加する現象がみられることがある．野崎（2007）は同様な現象を矢作川のダム群で観察している．

表層水中の栄養塩は，浅い位置に流入水が入るタイプⅠと，成層が全く形成されないタイプⅣでは流入水から供給されやすく，タイプⅡとⅢは供給されにくい．タイプⅡとⅢは，成層時に流入水が中・底層を流下するため，流入端で表層水が停滞しやすくなり（Thornton ほか，1990），その位置で植物プランクトンが繁殖することがある．岩屋ダム湖（タイプⅡ；岐阜県）においても，永瀬ダム湖（畑，1987；高知県）や下久保ダム湖（中本，1975；群馬県）のように，ペリディニウム（*Peridinium*：渦鞭毛藻類）による淡水赤潮がみられることがある．さらに，取水口の位置により，ダム湖表層で繁殖した植物プランクトンのダム湖下流への流出の様相も異なっている．

## 3　栄養塩の形態分別とダム湖での挙動

一次生産は，ダム湖の水質や生物の分布に影響する重要な要因の一つであるが，生産を支えるリンや窒素などの栄養塩の循環は，一般に，生産，分解など生物が関与する過程のみならず，沈殿や吸着など物理化学的な過程によっても変化する．ダム湖においては，流入水からもたらされる無機懸濁物の影響が大きいのも特徴である（Jones and Lee，1980）．そこで，栄養塩を全リンや全窒素などのように総量として扱うのではなく，その形態分別を行うことで，それらの存在形態が明らかになり，ダム湖での諸現象の関連性を検討することができる．

## 3.1　リン

### 1）リンの関係する現象と形態分別

流入河川およびダム湖におけるリンの挙動は，次のようにまとめることができる．懸濁粒子態のリンの沈降，溶存オルトリン酸リン（dissolved orthophosphate：DorthoP）の鉄，アルミニウム，カルシウムとの共沈による懸濁態リン（particulate phosphorus：PP）の生成，河床への溶存オルトリン酸リンの吸着，底泥の巻き上げおよび生物膜の剥離による懸濁態リンの混入，動物の排泄による各態リンの混入，植物プランクトン，生物膜および水草の溶存オルトリン酸リンの取り込みや，それらの分解による溶存態有機リン（dissolved organic phosphorus：DorgP）および溶存オルトリン酸リンの放出がある（Horne and Goldman，1994）．

これらの現象を明らかにするためには，特に懸濁態リンのうち，植物プランクトンなど生物に関係する懸濁態リンと無機の懸濁態リンの分別が必要である（伊佐治，1995；表 2.2）．植物プランクトン（渦鞭毛藻類；*Peridinium bipes* f. *occlulatum*），付着藻類（緑藻類；ツルギミドロ *Drapalnardiopsis* sp.），動物プランクトン（枝角類；*Daphnia* sp.），調製した無機のリン（$Fe(OH)_3$ 共沈リン）の

**表 2.2**　懸濁態リンの分別形態と化学種

| 分別形態* | 化学種 |
|---|---|
| 水抽出オルトリン（PWorthoP） | 植物プランクトンなど藻体中のリン |
| 水抽出有機リン（PWorgP） | 藻体中のリン |
| 酸抽出オルトリン（PAorthoP） | 土壌に含まれるアパタイト中のリン，Fe，Ca，Al共沈リン，粘土やシルトに吸着したリン |
| 酸抽出有機リン（PAorgP） | 藻体中のリン |
| その他の有機リン（PRorgP） | 藻体中のリン，土壌有機物中のリン |
| ケイ酸塩中のリン（SilP） | 粘土やシルトを構成するケイ酸塩に包含されたリン |

＊水抽出リンは Fitzerald and Nelson（1966）を参考に水抽出，酸抽出リンは土壌養分測定法委員会（1975）を参考に塩酸-塩化ヒドロキシルアンモニウム溶液抽出，その他の有機リンはペルオキソ二硫酸カリウムによる分解，ケイ酸塩中のリンはフッ化水素でケイ酸塩を分解する方法により求める．

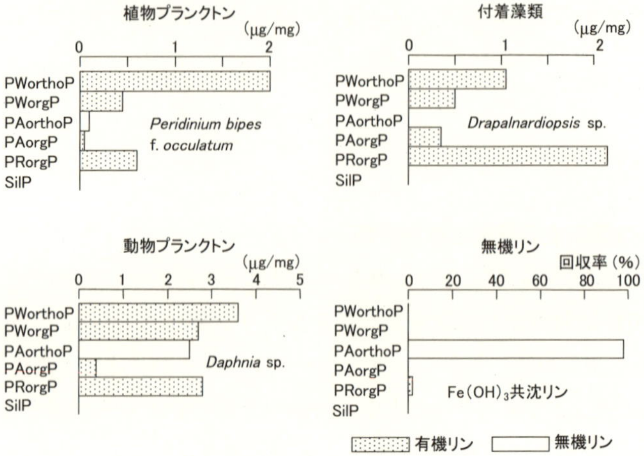


**図 2.2**　懸濁態リンの形態分別法

植物プランクトン，付着藻類，動物プランクトンは現場で採取した試料，鉄の水酸化物共沈リンは実験的に調製したものである．分別形態は表 2.2 を参照．伊佐治（1995）を基に作成．

分別結果では，懸濁態の有機リンおよび無機リンが分別定量されることが示されている（図 2.2）．

### 2）ダム湖でのリンの挙動

図 2.3 は，タイプⅡの夏季の牧尾ダム湖（長野県）の各形態リンの鉛直分布である．表層では，珪藻類の *Cyclotella stelligera* が繁殖しており，その取り込みによる溶存オルトリン酸リン（DorthoP）の減少がみられる．また 5 m 層付近では，植物プランクトンの分解に起因すると考えられる溶存態有機リン（DorgP）の極大層がみられる．植物プランクトンに含まれるリンは懸濁態有機リン，水抽出リン（PWorthoP および PWorgP），酸抽出有機リン（PAorgP）であるが，この事例ではわずかである．このダムは中層に取水口があり，その深度付近に第二の水温躍層が形成されるので，流入水はこの層に入りやすく，そこで，河床堆積物由来の懸濁態無機リンの濃度が高くなっている．懸濁態無機リンは，ケイ酸塩中のリン（SilP）が多いことが特徴である．同層にみられるその他の有機リン（PRorgP）も植物プランクトンの遺骸ではなく，堆積物中の土壌有機物に由来するものと考えられる．

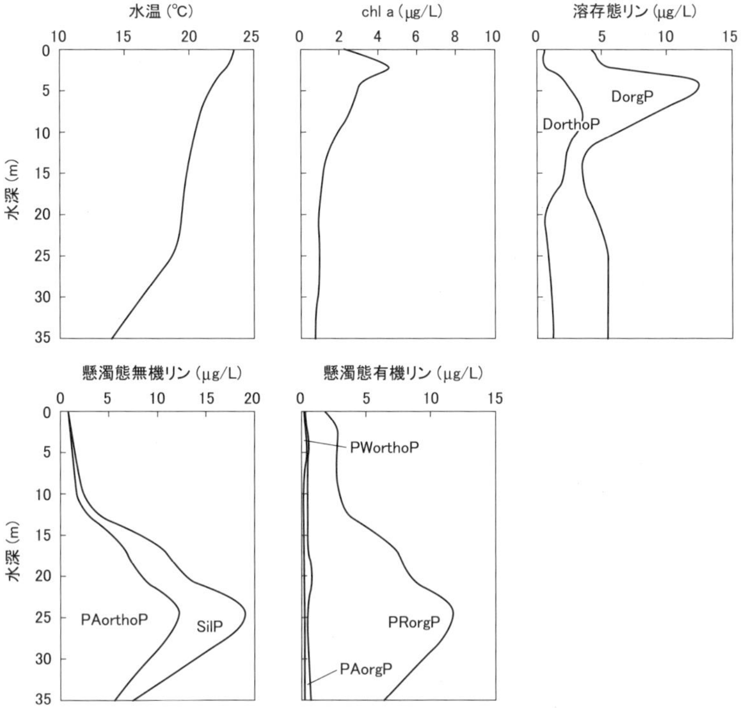


**図 2.3**　タイプⅡの夏季の牧尾ダム湖（長野県）の各形態リンの鉛直分布（プランクトンの発生量が少ない場合）

1990年8月29日．各形態のリンの分布は，表層付近では植物プランクトンの繁殖に対応し，取水口のある中層付近では，流入河川の河床堆積物中の影響がみられる．分別形態は表2.2を参照．伊佐治（1995）を基に作成．

図2.4は，表層付近で渦鞭毛藻類（*Peridinium bipes* f. *occlulatum*）が繁殖している岩屋ダム湖（岐阜県）の例を示している．植物プランクトンに起因する懸濁態有機リンは，クロロフィル *a*（chl *a*）と同じような分布を示しており，藻体中のリンである水抽出リン（PWorthoP および PWorgP）と chl *a* は良い相関がみられる．さらに，表層の PRorgP は chl *a* と良い相関があり，牧尾ダム湖とは異なり，植物プランクトン由来であることがわかる．一方，牧尾ダム湖と同様に，中層の水温躍層付近で懸濁態無機リン濃度が高く，中層のリンの極大は，流入水によるものである．

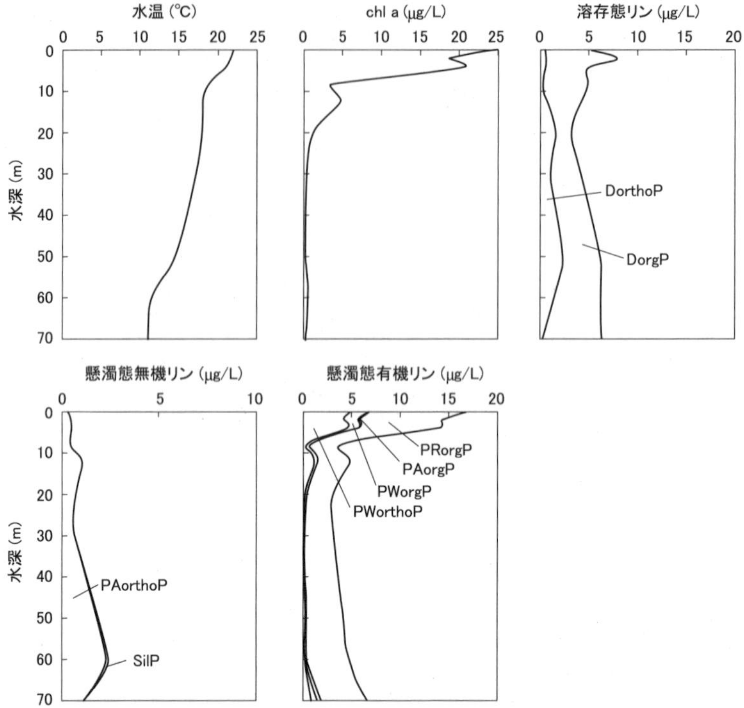


**図 2.4**　タイプⅡの夏季の岩屋ダム湖（岐阜県）の各形態リンの鉛直分布（プランクトンの発生量が多い場合）

1991 年 8 月 26 日．分別形態は表 2.2 を参照．伊佐治（1995）を基に作成．

図 2.3，4 で示したように，タイプⅡのダム湖においては，夏季，表層で植物プランクトンの増殖がみられるとともに，流入水や流入河川の河床堆積物を起源とする懸濁物が中層を中心に広がっている現象がみられる．

## 3.2　窒素

### 1）窒素の関係する現象と形態分別

流入河川およびダム湖では，窒素に関係する現象として，粒子の沈降，底泥の巻き上げ，生物膜の剥離，動物の排泄，生物膜や水中植物の取り込みや分解

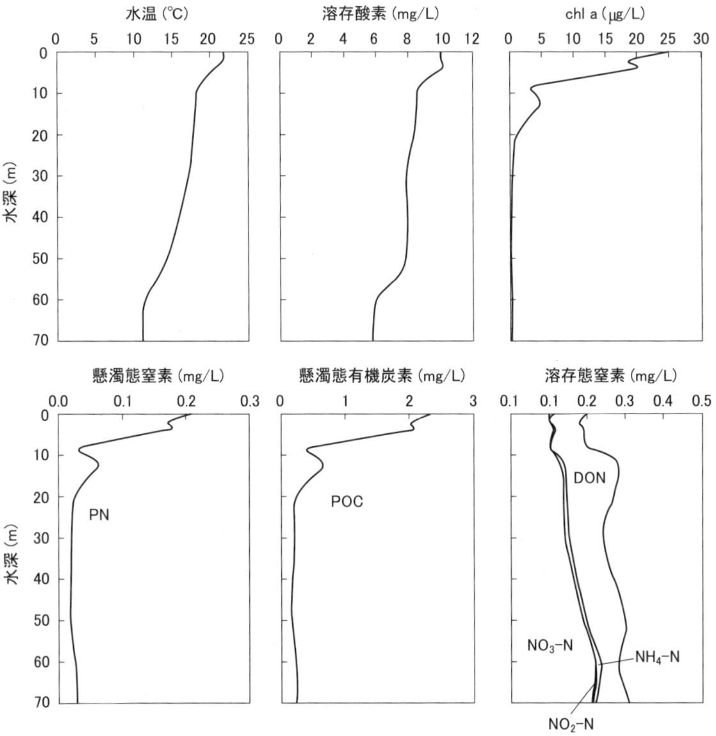


**図 2.5**　夏季の岩屋ダム湖における窒素の鉛直分布

1991 年 8 月 26 日．図 2.4 に示したリンの垂直分布と同じ日の調査結果であり，植物プランクトンの繁殖に対応した藻体成分（懸濁態窒素と懸濁態有機炭素）の分布がみられる．伊佐治（1995）を基に作成．

など，リンと同じような過程が挙げられる．また，特に河川では河床の石に付着した生物膜による硝化および脱窒，ダム湖では植物プランクトンのアンモニア態窒素（$NH_4$-N）および硝酸態窒素（$NO_3$-N）の取り込みあるいは底泥からの栄養塩の溶出が重要となる（Horne and Goldman, 1994；宗宮, 1990）．懸濁態窒素（particulate nitrogen : PN）は，アンモニアがイオン交換的に吸着しているような特殊な例を除き，ほとんどが有機窒素と考えられる（伊佐治, 1995）．

### 2) ダム湖での窒素の挙動

図 2.5 は，図 2.4 に示した岩屋ダム湖の窒素の各形態の鉛直分布である．表層では植物プランクトン（渦鞭毛藻類；*Peridinium bipes* f. *occlulatum*）が繁殖しており，藻体成分である懸濁態有機炭素（particulate organic carbon : POC）および懸濁態窒素（PN）が集積している．溶存態窒素では，表層付近で植物プランクトンの取り込みによる硝酸態窒素（$NO_3$-N）の減少が起きている．また，10 m 層付近では，植物プランクトンの分解による溶存態有機窒素（dissolved organic nitrogen : DON）の増加がみられる．中層から底層にかけては溶存酸素が十分保たれていたので，硝化が起こりやすい条件にあり，どの層においてもアンモニア態窒素（$NH_4$-N）の蓄積はみられない．

## 3.3　ケイ酸

### 1) ケイ酸の関係する現象と形態分別

ケイ素は地殻中に 27.7% 含まれており，そのほとんどがケイ酸塩として存在する．この岩石中のケイ酸塩は，物理的，化学的な風化過程を経て，微細なシルトや粘土となり，自然水中に懸濁する（北野，1984）．また水中に溶出し，溶存状態で存在するものもある．自然水域におけるケイ酸の変化に関して，懸濁態ケイ酸は，他の懸濁物と同様に，沈降や巻き上げなどの影響を受ける．溶存態ケイ酸の濃度を決定する要因としては，珪藻の取り込みが重要であるが，鉄やアルミニウムの水酸化物への吸着，底泥からの溶出なども起こりうる（Horne and Goldman，1994；House ほか，2001）．

水中のケイ酸としては，溶性ケイ酸（soluble reactive silica : SRS）が最も多く測定されているが，これは溶存状態のオルトケイ酸を測定する方法である．また，懸濁態ケイ酸には，岩石や粘土鉱物の結晶性ケイ酸（Crys. S），無定形ケイ酸（Amor. S），鉄やアルミニウムの水酸化物へ吸着したケイ酸，および無定形ケイ酸からなる珪藻の殻などがあり，これらを分別する方法がある（Isaji, 2003）．Fe や Al の沈殿物への吸着実験では，溶性ケイ酸の一部は，水酸化物に吸着されて減少し，その吸着されたケイ酸はほとんどが吸着性ケイ酸（Ads.

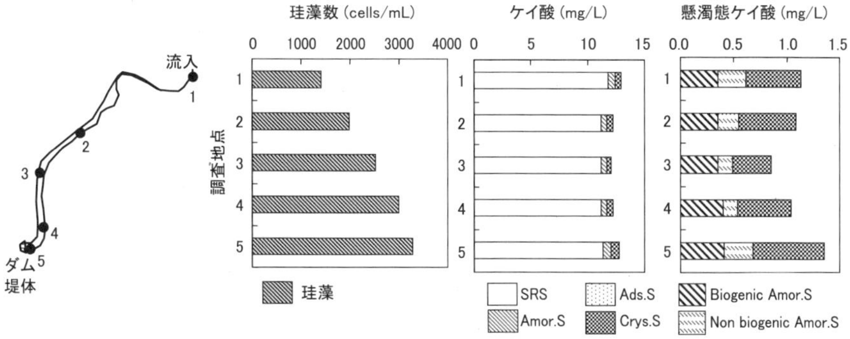


**図 2.6**　川辺ダム湖（岐阜県）における流下に伴う珪藻とケイ酸の形態の変化

1991年8月29日．流下に伴い，珪藻とそれに取り込まれた無定形ケイ酸の増加がみられる．Isaji (2003) を基に作成．

S）に分別される．また，ホシガタケイソウ（珪藻類；*Asterionella formosa*）を多く含む水の培養実験では，栄養塩である溶性ケイ酸が減少し続け，それに対応して無定形ケイ酸が増加しており，珪藻に取り込まれていくことが実験的に示されている．

### 2）ダム湖でのケイ酸の挙動

図2.6に，滞留時間の短いタイプⅣの川辺ダム湖（岐阜県）において，流入水中のホシガタケイソウ（*Asterionella formosa*），マルケイソウ（*Cyclotella comta*）が，流下に伴って増加した例を示す．溶性ケイ酸（SRS）はダム湖内でわずかに減少するが，無定形ケイ酸（Amor. S）と珪藻の増加の関係は明確ではない．

無定形ケイ酸のうち，粘土やシルトに含まれるものはアルミノケイ酸などAlと共存するので，川辺ダム湖および上流に位置する岩屋ダム湖のデータを用いて，珪藻の細胞数およびAlとの関係を，多重回帰により求めると次式のようになる．

$$[\text{Amor. S(mg/L)}] = 4.1[\text{Al(mg/L)}] + 0.000144[\text{珪藻数(cells/mL)}]$$

$$(r^2 = 0.899,\ n = 21)$$

小川（1978）は，珪藻細胞の大きさから1細胞/mLに相当する無定形ケイ酸の量を計算しているが，それによるとホシガタケイソウは0.00008 mg/L，マルケイソウは0.0004 mg/Lで，上式の係数0.000144はこれと矛盾しない．また，Treguerほか（1988）は，無定形アルミノケイ酸のモル比Si/Alを2.5としているが，上式の係数4.1をモル比に換算すると1.8となり，木曽川ではAlの割合がやや多い結果である．この係数4.1とAlの測定結果を用いて，無定形ケイ酸（Amor. S）を生物起源（Biogenic Amor. S）と非生物起源（Non biogenic Amor. S）に分けた結果も図2.6に示している．非生物起源の無定形ケイ酸は結晶性ケイ酸と同じような分布傾向があり，生物起源の無定形ケイ酸は珪藻数と同様の傾向がある．川辺ダム湖の事例では，流入懸濁物がダム湖内を流下する一方で，珪藻の増加と共に取り込まれた無定形ケイ酸も増加している．

## 4　ダム湖の人為的富栄養化と水道の浄水処理への影響

ダム湖での植物プランクトンの発生が上水処理に及ぼす影響については，佐藤・眞柄（1996），日本水道協会（2006）に詳しく紹介されている．日本では表流水を水源とする水道が多く，水源のダム湖の人為的富栄養化は，濾過池の閉塞や水道水の着臭など，水道における浄水処理に様々な影響を与える可能性がある．これらの影響は，ダム湖での植物プランクトンの繁殖に起因するものが多いが，河川の付着藻類によっても引き起こされることがある．また，影響は，特定の藻類に関係するものもあるし，種類を問わず影響を及ぼす例もある．植物プランクトンの発生による影響という点では，天然湖が水源にある上水道と共通するものであるが，ダム湖特有の問題もある．

### 1）水源の種類と浄水処理方法

日本では，水道水の衛生性確保の観点から残留塩素の保持が水道法で定められているので，どのような水源でも必ず塩素消毒は行われている．濁りのない地下水水源の場合，塩素消毒のみの場合が多いが，表流水を水源とする場合は，濁質を除く操作が必要で，沈澱と濾過処理が行われる．加えて，高度処理や膜濾過も普及してきている．これらのうち，凝集沈澱と急速砂濾過，塩素消毒を基本操作とする急速濾過法が，日本で最も多く行われている浄水処理方法である．また，基本操作に加えて，水源水質に応じた追加処理が必要となる場合もある（水道技術研究センター，2000）．

### 2）藻類の種類に関係しない影響

藻類の種類に関係しない富栄養化の影響としては，高 pH および藻類が生産する有機物による凝集阻害，藻類由来の有機物が原因となるトリハロメタンなどの消毒副生成物の増加（丹保，1983），ダム湖底泥からの鉄，マンガンの溶出（小島，1985）があげられる．凝集阻害と消毒副生成物は，ダム湖の植物プランクトンのみならず河床の付着藻類の活動でも起こり得る．鉄，マンガンの溶出は底層水が嫌気的になりやすいダム湖で起こる現象である．

浄水処理がこれらの影響に対応できるような操作を備えている場合には障害とはならないが，通常の操作で対応できなければ，水道施設に応じた異常時対策が必要となる．

### 3）藻類の種類に関係する影響

藻類の種類に関係する影響としては，濾過閉塞，着色，異臭味，健康影響物質があり，それぞれ原因となる藻類が異なるので，水源のダム湖や河川でどのような藻類が繁殖するかが重要である．例えば，濾過池の閉塞は珪藻類により生じることが多く，上水の着色は小型の緑藻類や鞭毛藻類が濾過池から漏れることにより起こる．これらのうち，藍藻類の産生するかび臭物質（ジェオスミン，2-メチルイソボルネオール）が最も顕在化した問題で（日本水道協会，1999），活性炭などによる高度処理導入の一因ともなり，2004（平成16）年度からは水質基準値も定められている．健康影響物質としては，藍藻類の産生する物質（ミクロキスティン，アナトキシンなど）がある（渡辺ほか，1994）．

### 4）ダム湖を水源とする上水道への影響の特徴

ダム湖での植物プランクトンの発生が，水道の浄水処理へ及ぼす影響は，表2.1で示したようなダム湖の取水口の位置や，ダムから水道の取水位置までの距離などによって異なる．さらに，選択取水機能を有するダムでは，問題のある水塊を流出させない操作が可能な場合もある．また，洪水時のように流入水量が急増する場合は，植物プランクトンの繁殖が短時間で解消することもある．

ダム湖底からの鉄，マンガンの溶出は，嫌気的な底層水に高濃度の鉄，マンガンが含まれていたとしても，流出水に溶存酸素が十分含まれていれば再酸化され懸濁態となるので，水道への影響はほとんどない．しかし，水温の低い河川水がダム湖へ多量に流入し，そのため秋の循環が急激に開始される時には，中層取水しているダムでは，再酸化が不十分なまま溶存鉄，マンガンが下流に流出することがある．これらは，ダム湖に特有の現象である．

**文献**

赤沢　寛・橋本徳三（1964）：相模湖富栄養化対策についての考察．水道協会雑誌，481：2-17.

安芸周一（1978）：貯水池水質の挙動と予測．大ダム，83：64-82.

新井　正（1980）：日本の水．三省堂，東京．

土壌養分測定法委員会編（1975）：土壌養分分析法．養賢堂，東京．

Fitzgerald, G. P. and T. C. Nelson（1966）: Extractive and enzymatic analyses for limiting or surplus phosphorus in algae. Journal of Phycology, 2: 32-37.

橋本徳三（1968）：津久井湖湛水後一年間の水質とプランクトン．日本水処理生物学会誌，3：21-30.

畑　幸彦（1987）：ダム湖における淡水赤潮発生事例．門田　元（編）『淡水赤潮』，pp. 247-202．恒星社厚生閣，東京．

Horne, A. J. and C. R. Goldman（1994）: Limnology. McGraw-Hill, New York.

House, W. A., D. V. Leach, et al.（2001）: Study of dissolved silicone and nitrate dynamics in a freshwater stream. Water Research, 35: 2749-2757.

伊佐治知明（1990）：木曽川のダム湖における成層のタイプと富栄養化の関連について．名古屋市水道局水質調査報告，平成2年度：281-292.

伊佐治知明（1995）：水質分析における形態分別の方法とその適用．名古屋市水道局水質調査報告，平成7年度：229-254.

Isaji, C.（2003）: Silica fractionation: a method and differences between two Japanese reservoirs. Hydrobiologia, 504: 31-38.

Jones, R. A. and G. F. Lee（1980）: Recent advances in assessing impact of phosphorus loads on eutrophication-related water quality. Water Research, 16: 503-515.

北野　康（1984）：地球環境の化学．裳華房，東京．

小島貞男（1964）：上水道の浄水作業を対象とした貯水池 Plankton の Control に関する研究．小島貞男，東京．

小島貞男（1985）：おいしい水の探求．日本放送出版協会，東京．

森下郁子（1983）：ダム湖の生態学．山海堂，東京．

中本信忠（1975）：神流湖の淡水赤潮について．用水と廃水，17：213-219.
日本ダム協会（2009）：ダム便覧 2009．日本ダム協会，東京.
日本水道協会（1999）：生物起因の異臭味水対策の指針．日本水道協会，東京.
日本水道協会（2006）：生物障害を起こさないための浄水処理の手引き．日本水道協会，東京.
野崎健太郎（2007）：矢作川での濁りの原因となる羽状珪藻．*Diatom*, 23：137.
小川　浩（1978）：芦ノ湖のケイ藻と水中ケイ酸の検討．用水と廃水，20：1439-1446.
乙幡　恵（1964）：小河内貯水池における植物性プランクトンの垂直分布．日本水処理生物学会誌，1：29-32.
佐藤敦久・眞柄泰基（編）（1996）：上水道における藻類障害．技報堂出版，東京.
宗宮　功（編）（1990）：自然の浄化機構．技報堂出版，東京.
水道技術研究センター（2000）：浄水技術ガイドライン．水道技術研究センター，東京.
丹保憲仁（編）（1983）：水道とトリハロメタン．技報堂出版，東京.
Thornton, K. W., B. L. Kimmel, et al.（1990）: Reservoir Limnology: Ecological Perspectives. Wiley, New York.（村上哲生・林裕美子・奥田節夫・西條八束監訳（2004）：ダム湖の陸水学．生物研究社，東京.）
Treguer, P., S. Guenely, et al.（1988）: Biogenic silica and particulate organic matter from the Indian sector of the southern ocean. Marine Chemistry, 23: 167-180.
津田松苗（1974）：陸水生態学．共立出版，東京.
上野益三（1951）：人工湖におけるプランクトンの発生とその変移．水道協会誌，198：10-19.
渡辺真理代・原田健一・藤木博太（1994）：アオコ—その出現と毒素—．東京大学出版会，東京.

（伊佐治知明・村上哲生）

# 第3章

# ダム湖内のアルカリ性ホスファターゼ活性の分布と変動

## 1　はじめに

リンは生物にとって必須の元素であり，ダム湖中の生物もまた例外でない．水圏に存在するリンのうち，藻類が直接利用できるリンは，オキソ酸である可溶性のオルトリン酸（$PO_4$）だけである．鉱物由来のオルトリン酸態のリンは，非常に溶解度の低い鉱物の風化によってゆっくりと供給されるため，ほかにリン酸の供給がない限り水環境では欠乏気味となる．じっさい，温帯の湖沼はリン制限であることが多く（Schindler，1977），わが国の湖沼もまた例外でない．そのため，リン栄養の状態，リンの循環に関する知見を集積することが，ダム湖をはじめとする湖沼の藻類異常増殖への対策に必要とされる．

リン酸は湖水中でアルミニウムや鉄などと難溶性の金属塩を作り，湖底へと沈殿する．還元状態の湖底部では，微生物的還元作用により硫化物から生成した $S^{2-}$ が難溶性のリン酸第一鉄と反応し，安定な硫化鉄が生成するとともに再びリン酸が生成する．この反応をまとめると次のようになる（小山，1981）．

$$Fe(OH)_3 \xrightarrow{(還元)} Fe(OH)_2 \quad (溶出)$$

$$FePO_3 \xrightarrow{(還元)} Fe_3(PO_4)_2$$

$$SO_4^{2-} \xrightarrow{(還元)} S^{2-}$$

$$Fe_3(PO_4)_2 + 3S^{2-} \longrightarrow 3FeS + 2PO_4^{2-}$$

これらの反応は湖底から生じるリン栄養の内部負荷の機構を説明している．

光合成による一次生産が活発な表水層で，藻類は代謝に必要な量以上のリン酸を取り込み（過剰消費），取り込まれたリンはオルトリン酸が複数個結合したポリリン酸などの状態で貯蔵される（Overbeck，1991）．このことも，一般に水中の利用可能なリン酸濃度が低いことの原因のひとつである．吸収されたリンは，核酸，ATP，細胞膜を構成するリン脂質を始め，代謝経路のさまざまな有機態のリンなど，生体有機リン化合物を生成するために利用される．生体内で生成される有機態リンは，農薬や可塑剤の有機リン化合物とは異なり，リン酸が炭素化合物に結合したオキソ酸の形態をとる．藻類はやがて死滅し，死骸は沈降する．その際，体内のリンは微生物学的無機化の過程をたどりオルトリン酸となり，再び微生物に利用されるという循環を繰り返す．

藻類の細胞を構成する化合物の主要な元素比はほぼ一定で，その組成比は栄養状態の簡便な指標となることが知られている（Goldman ほか，1979）．すなわち，良好な生育をしている細胞では炭素と窒素とリンのモル比は次のようになる．

$$\mathrm{C:N:P}=106:16:1$$

これは，レッドフィールド比といわれる指標で，もともと元素比が安定している外洋のプランクトンの元素比に由来する．というのは，外洋では栄養塩が過不足なく存在し，プランクトンが均衡のとれた栄養制限のない状態で生育をしていると考えられるからである．ダム湖のような陸水環境の元素比は外洋ほど安定してはいないが，湖水の植物プランクトンの栄養状態の大まかな目安としてこの比を利用することは可能である．すなわち，元素比が大幅にこの比から逸脱するとき，その栄養成分は過剰もしくは欠乏状態と考えることができる．

湖水の植物プランクトンの栄養状態を示すとされるもう一つの指標として，後述するアルカリ性ホスファターゼが知られる．藻類をリン制限下で培養を行うと，アルカリ性ホスファターゼ活性（Alkaline phosphatase activity：APA）は増加する（Kuenzler and Perras，1965；Fitzgerald and Nelson，1966；Thingstad ほか，1988）．また，APA は，試料水のリン酸濃度（Chróst ほか，1984），全リン濃度（Berman，1970），細胞外リン酸濃度（Reichardt ほか，1967），細胞内リン濃度（Fitzgerald and Nelson，1966）と反比例の関係がある．そのため，

APAは，リン栄養の指標として利用される（Elser and Kimmel, 1985）．しかし，細菌に関しては環境のリン濃度に関係なくアルカリ性ホスファターゼが生産されているという報告もあり（Thingstadほか，1988），窒素欠乏状態が同時に生じている場合には正確な情報が得られないという指摘もされている（Rose and Axler, 1998）．ほかにも，APAがリン栄養の指標となることに対しては疑問がもたれている（Janssonほか，1988；Jametほか，1997，2001；広谷ほか，2001；Hirotaniほか，2004）．

## 2　水圏のアルカリ性ホスファターゼ

ホスファターゼという酵素の存在を世界で初めて認識したのは，ビタミンB1の発見で有名な鈴木梅太郎（Suzukiほか，1907）である．米ぬかに含まれるフィチン酸が分解され無機リンが増加する現象から，フィチン酸からリン酸を遊離させる酵素を発見し，この酵素が自然界に広く存在していることを予言した．実際，動植物のさまざまな組織を始め，菌類，原生動物，細菌など幅広い生物にホスファターゼは見つかった．鈴木らはその酵素をフィターゼと名付けたが，後にホスファターゼ（Plimmer, 1913）と呼称されることが一般的となった．湖沼の有機態リンの分解にホスファターゼが関与することはSteiner（1938）によって見出され，湖水のホスファターゼの由来は水圏の微生物であると考えられるようになった．リン制限下の湖沼で，有機物に含有するリンを利用するため，微生物は有機物からリン酸を遊離させるホスファターゼを産生すると考えられている．

ホスファターゼには，至適pHが5付近にあるものと9付近にあるものが知られており，それぞれ酸性およびアルカリ性ホスファターゼと呼称される（Davies, 1934）．水圏の微生物にも酸性またはアルカリ性ホスファターゼおよびその両方を産生するものが知られている（Aaronson and Patni, 1976；Wynne and Gophen, 1981）．両酵素の至適pHは異なるが，たとえばアルカリ性ホスファターゼが酸性側では全く活性を示さないわけではない．酸性およびアルカリ性ホスファターゼは，排他的に存在するのではなく共存しているようである．

しかしながら，水圏環境では微生物由来のアルカリ性ホスファターゼのほうが酸性ホスファターゼよりも有機態リンの分解活性への寄与が高いこと（Kuenzler and Perras，1965；Aaronson and Patni，1976），通常の湖沼環境の pH は酸性よりややアルカリ性に傾くことが多いこと，アルカリ性ホスファターゼが体外に分泌される細胞外酵素であるのに対して酸性ホスファターゼの分布が細胞内にかたよっていること（Wynne，1977；Schmitter and Jurkiewicz，1981）などから，酸性ホスファターゼは環境中であまり重要な役割を果たしていないと考えられてきた（Jansson ほか，1988）．つまり，通常の水環境中のホスファターゼ活性は大部分がアルカリ性ホスファターゼによると考えられている．しかしながら，スウェーデンの酸性化した湖沼では酸性ホスファターゼが微小プランクトンにより産生されていたという報告もある（Olson，1981）．酸性ホスファターゼはオルトリン酸の存在によって活性が抑制されることはない（Kuenzler and Perras，1965；Wynne，1977）．

APA は，試料水に基質としてリン酸エステルを加え，生成したオルトリン酸またはリン酸が遊離した化合物を定量することにより測定できる．オルトリン酸の生成量を定量する方法は古典的で現代では使用されない．リン酸を遊離させた残りの化合物量を測定するほうが容易な上に精度が高い．基質として，吸光光度法ではパラニトロフェノールリン酸（PNPP）（Reichardt ほか，1967）が，蛍光光度法では 3-o-メチルフルオロセインリン酸（Perry，1972）または，4-メチルウンベリフェリルリン酸（Chróst and Overbeck，1987）が用いられる．蛍光光度法のほうが分析精度は 3 桁近く高い（Jones，2002）ので，分析時間の短縮が可能である．試料水の前処理は特に必要としない．基質を試料水に直接添加した後，所定の温度を保ち，反応を行う．基質濃度および反応時間は，リン酸の遊離量と比例する（Obst，1985）．ダム湖流入水を用いた実験では，基質濃度（PNPP）2.5 mg/L，反応時間 9 時間まで生成物量に直線性が認められた．100 時間以上の直線性が認められる場合もある（Huber and Kidby，1984）が，反応時間が長時間になる場合には試料水に含まれる微生物の増殖の影響を考慮し，クロロホルムを添加するなど増殖を抑える手立てが必要となる．リン栄養の状態を調べる際には，基質が不足しないような条件で反応を行うことが重要である．

アルカリ性ホスファターゼの至適温度は，酵素が由来する微生物種により大きく異なるようであるが，25 から 30℃以上（Huber and Kidby，1984；Healey and Hendzel，1979）と環境水の平均水温と比べて幾分高めである．水温が 10℃上昇するごとに活性は 1.5 倍から 3 倍上昇する（Huber and Kidby，1984；Jansson ほか，1988）．活性測定は 25℃など一定の水温で行われることが多いが，当然のことながら結果の解釈を行うときに現場の水温は季節や場所により大きく変動していることに留意しておく必要がある．

アルカリ性ホスファターゼは，リン酸モノエステルを加水分解するが，ジエステルやトリエステルとは反応しない．モノエステルの分解反応に基質特異性はないものの，反応速度は基質によって異なる．たとえばトリブチルリン酸を基質とした場合にはメチル基の存在により求核置換反応が阻害され，直鎖状のリン酸と比べ反応速度は低くなる（Williams and Naylor，1971）．そのため，さまざまな有機リン化合物を基質とする自然環境中の APA は，実験室で得られた結果とは幾分異なると予想される．実験室の反応温度とともに，この点も APA の測定結果の解釈において注意すべき点である．

## 3　流入河川水とダム湖水中の APA の季節変動

環境水中の APA が水圏の微生物に由来する以上，その変動はリン濃度以外にもさまざまな環境要因に左右されるであろう．地理的条件や気候の違いは APA に大きく影響するだろうが，ダム湖のような人工湖と天然湖沼の違いはあえて区別して考える必要はないと考えられる．わが国の事例として，ダム湖水の APA の年間変動を調べた例を紹介する（広谷ほか，2001）．ほぼ同規模のダム湖を擁し隣接するふたつの集水域において，ダム湖への流入河川水とダム湖水の APA の年間変動を調べた．

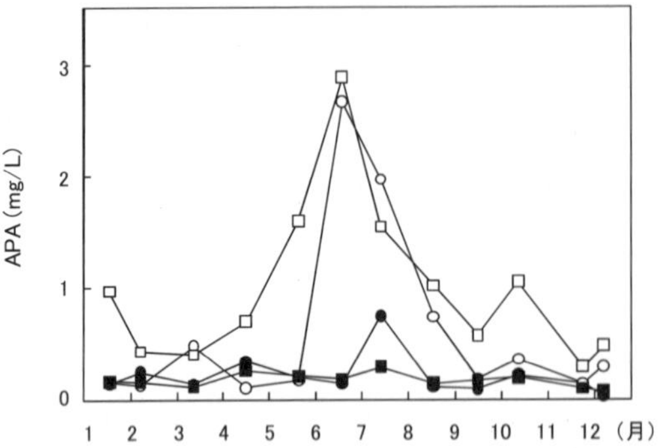


**図 3.1**　ダム湖と流入河川水の APA 年間変動
石手川ダム湖流入河川水（●），同表層水（○），玉川ダム湖流入河川水（■），同表層水（□）.

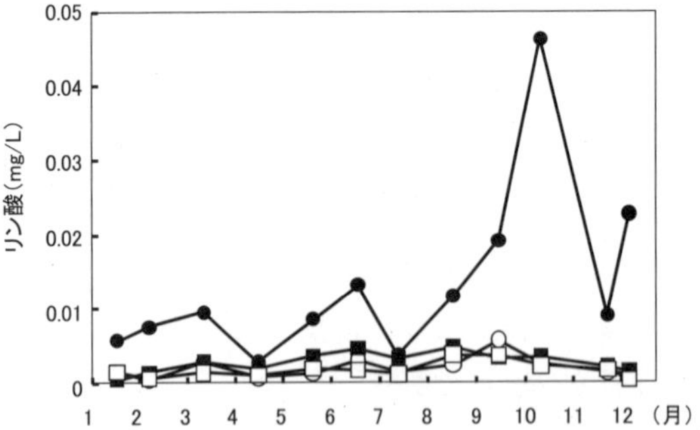


**図 3.2**　ダム湖と流入河川水のリン濃度
石手川ダム湖流入河川水（●），同表層水（○），玉川ダム湖流入河川水（■），同表層水（□）.

石手川ダム（集水域面積 72.6 $km^2$，総貯水量 1280 万 $m^3$）は，愛媛県の高縄半島中央部から南西に向かい松山市へと流れる一級河川重信川の支流である石手川の途中にあり，玉川ダム（集水域面積 38.1 $km^2$，総貯水量 990 万 $m^3$）は同じく高縄半島中央部から北東に向かって流れる二級河川蒼社川の途中にある．これらふたつのダムは高縄山を中心に直線距離で 14 km しか離れておらず，気候，地質などの点でたいへん似かよっていると考えられる．しかし，調査の前年度および前々年度の夏季には，石手川ダム湖でのみアオコの発生が認められた．

石手川ダム湖と玉川ダム湖それぞれの流入地点およびダム湖表層にて，2000 年 1 月から同年 12 月まで毎月 1 回，10 時から 12 時までの間に調査を行った．APA には日周変動が報告されている（Reichardt ほか，1971；Chróst ほか，1984；Huber and Kidby，1984）ため，調査時刻を一定にした．

流入河川水の APA には季節変動は認められなかったが，ダム湖内では 5 から 8 月の夏季に増大し 6 月にピークを迎えた（図 3.1）．これは，湖水の水温が最も高く一次生産が最高となる8月とは少しずれていた．この点は両ダム湖に共通であった．リン酸濃度は年間を通じておおむね0.005 mg/L以下の濃度で変動し（図3.2），APAが増大した時期にダム湖内でリン酸濃度が減少し不足することは特になかった．また，この調査の後半，9月以降に石手川ダム湖流入地点のリン酸濃度が従来になく上昇し，数ヶ月間高リン濃度が持続した．このときにも同地点のAPAが減少することはなかった．これらのことより，この1年間の調査からはAPAが直接リン酸濃度に支配されているという確証を得ることはできなかった．

## 4　サイズ分画中のAPA

水圏に存在するアルカリ性ホスファターゼの由来について，当初は藻類からであると考えられたが（Berman, 1970），原生動物（Boavida and Heath, 1984）や細菌（Stewart and Wetzel, 1982；Francko, 1983）も関与することが明らかとなっている．また，その多くは溶存態としても存在する（Wetzel, 1981）．河川水と湖水のアルカリ性ホスファターゼが由来する生物を明らかにするため，ダム湖水および流入，流出河川水を0.2 µm，0.4 µm，1.2 µm，5.0 µm，10.0 µm孔径フィルターで濾過し，各濾液のクロロフィル*a*濃度（Chl-a），従属栄養細菌数，APAを測定した（広谷ほか，2001）（図3.3）．流入，流出河川水においては，APAは各画分に差が認められず，ほとんどが溶存態として存在していると考えられた．ダム湖水中には1.2 µm以上の画分にAPAが多く認められた．Chl-aおよび従属栄養細菌数から，0.2 µm以下および0.4 µm以下の画分は溶存性，1.2 µmは細菌性，5.0 µmおよび10 µm画分は藻類性と考えられた．

すなわち，河川水においてはAPAが溶存態で存在し，湖水中においてはAPAが細菌性のものとして存在している可能性が考えられた．ただし，湖水中のAPAが必ずしも細菌由来であることではなく，藻類によって生産され分泌されたアルカリ性ホスファターゼが細菌体表面に付着し存在していた可能性

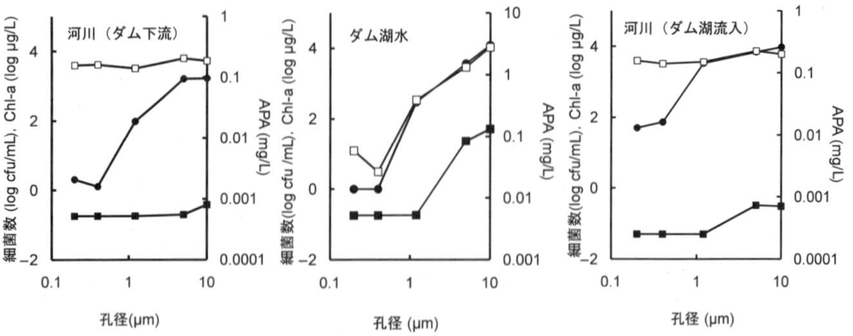


**図 3.3**　ダム湖水と流入流出河川水のサイズ分画

APA（□），従属栄養細菌数（●），Chl-a（■）.

もある．この観察は Stewart と Wetzel による報告（1982）と矛盾しない．Jannson ほか（1988），Elser and Kimmel（1985）は藻類を含む画分に多くの APA を認めた．

## 5　河川水の APA

石手川の渓流部から市街地にかけての APA の変化を調べた（図 3.4）．最上流部にあたる林間の渓流ではほとんど APA が認められなかったが，これは酵素を産生するバイオマスが少なかったからであろう．その後，田畑や集落の存在する区間では値が上下しながらもほぼ一定の活性を示した．集水域面積が 2 km$^2$ を超える市街地化したあたりからは，急激に APA は上昇した．この傾向は，細菌数および Chl-a 濃度の上昇に対応していた．オルトリン酸も流下にし

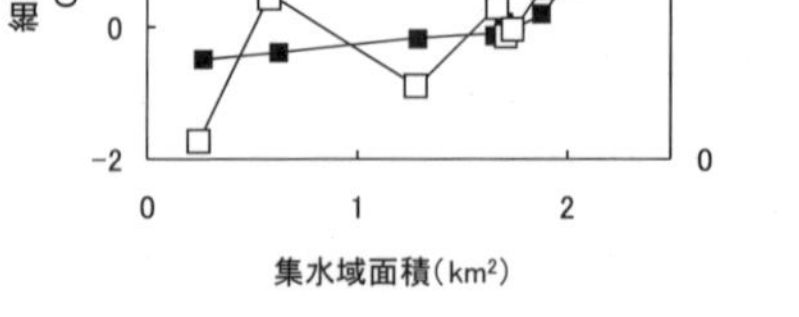


**図 3.4**　河川水の流下に伴う APA 変化

APA（□），従属栄養細菌数（●），Chl-a（■）.

たがい増加し，特に下流で不足することはなかった．細菌性の APA は環境のリン濃度に左右されないとの指摘（Chróst and Overbeck, 1987）をもとに考えると，細菌数の増加が APA の原因である可能性もある．また，下流での増加は河床に発達した付着藻類の関与も考えられる．途中，集水域面積が 1.7 km$^2$ 付近にダム湖が存在しているが，ダム湖の影響は認められなかった．

ダム湖流入河川水の APA の経月変化を 3 年間調べた（Hirotani ほか, 2003）．活性値の変動はそのままでは周期性は明らかでないので，3ヶ月ごとに移動平均を計算した（図 3.5）ところ，年ごとの変動はあるものの，夏季に高くなるという周期性が認められた．ほかの河川水質項目との関連性は認められず，おそらくアルカリ性ホスファターゼを産生している微生物のバイオマスもしくはそれらの活性と関係していると推定された．活性値そのものは，ダム湖表層水と比べずいぶん低かった．

カナダの連続するダム湖で湖内の APA をしらべたところ（Elser and Kimmel, 1985），それぞれの湖内では下流の地点ほど APA が上昇したが，湖ごとに比較すると下流のダム湖では APA が減少した．これらのダム湖は長さが 71 km から 208 km と非常に大きく，それぞれの湖も数十 km は離れているというスケールの大きなフィールドで行われた研究である．また，数点を除きリン酸濃度が 0.001 mg/L 未満と貧栄養状態であり，わが国のダム湖および接続河川とは状況が大きく異なるようである．

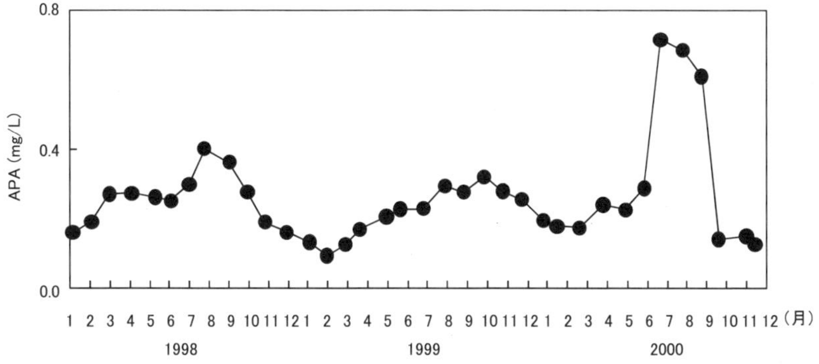


**図 3.5**　ダム湖流入河川水の APA の 3ヶ月移動平均値

動物由来のアルカリ性ホスファターゼが糞便中に含まれることが知られている（Lawrie, 1943）．市街化後の上昇は，集水域に生息するヒトを含む動物の糞便に由来するものかもしれない．畜産の糞尿や多くの人口の排水が流入するダム湖の場合は，アルカリ性ホスファターゼの由来について注意が必要である．

## 6　ダム湖内 APA 鉛直分布の季節変動

アルカリ性ホスファターゼは，水環境中の藻類または細菌体表面に付着または分泌され，無機化されたリンは他の生物種にも利用される．そのため，ダム湖のリン循環を考える上では，アルカリ性ホスファターゼが主として藻類に由来すると考えられる表水層だけでなく，光が届かない水塊の APA についても考慮が必要である．

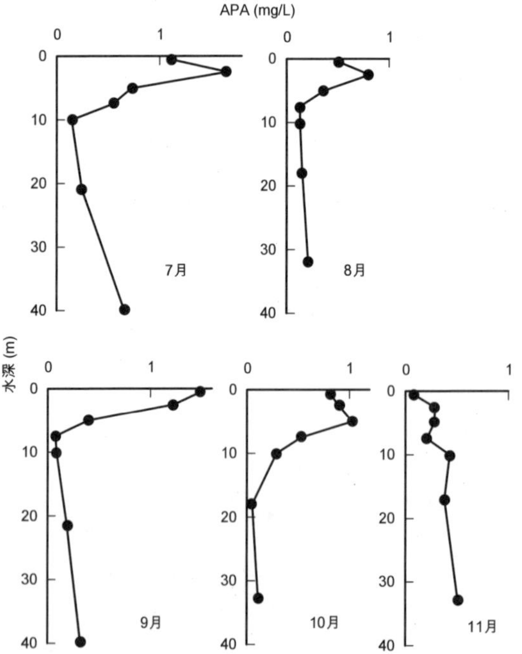


**図 3.6**　夏季におけるダム湖水中の APA の鉛直分布

石手川ダム湖において，夏季の APA の湖内鉛直分布を調べた（広谷ほか, 2004）．APA の最大値は，湖水表面付近の 0.5 m から 7.5 m の間で観察され，それ以深では減少し，再び湖底付近でやや上昇した（図 3.6）．このダム湖では 4 月頃から表層の水温が上昇し，7 月から 9 月にかけては 24℃以上の暖かい層が溜

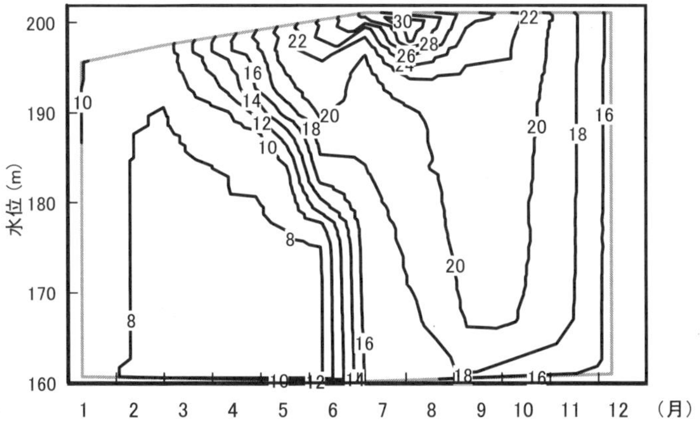


**図 3.7**　ダム湖水の年間の等温分布図

まって表水層を形成していた（図 3.7）．湖水の循環期にあたる 11 月になると，全ての水深で湖水温は近づき，APA についても水深による違いは減少した．通常は 15 m 以深の中層から取水していたと考えられる．成層により混合しにくくなった夏季の湖水では，表水層の APA が顕著に増加する．APA の鉛直分布を調べたほかの報告でも，6 m から 10 m（Wetzel, 1981），2 m から 4 m（Elser and Kimmel, 1985）にかけて夏季のピークが認められるなど，同様の結果が得られている．

この期間の石手川ダム湖の透明度は最大 3.0 m であった．光合成を行うことができる光が到達する深度を透明度の 2.5 倍までと仮定すると（Reynolds, 1984），光合成が可能な有光層は最大 7.5 m まで

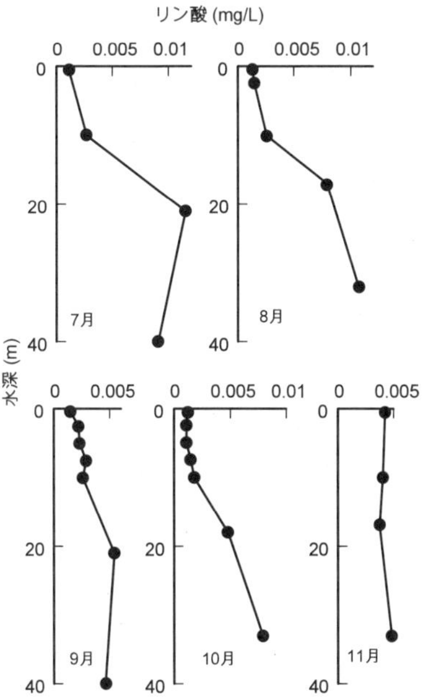


**図 3.8**　夏季におけるダム湖水中のリン酸の鉛直分布

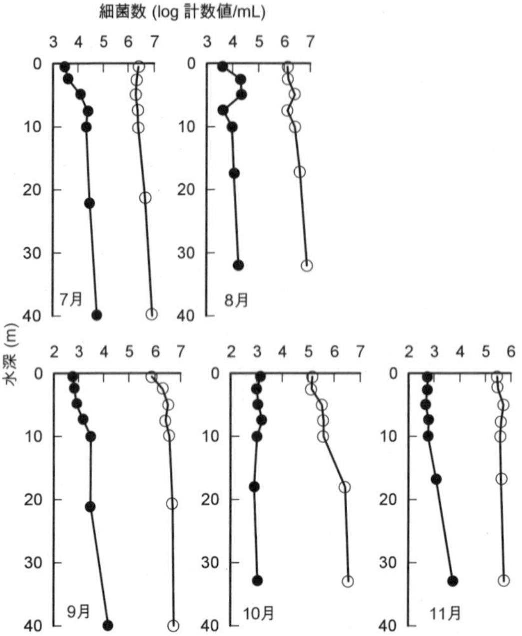


**図 3.9**　夏季におけるダム湖水中の細菌数の鉛直分布
コロニー形成細菌（●），蛍光染色による全菌数（○）.

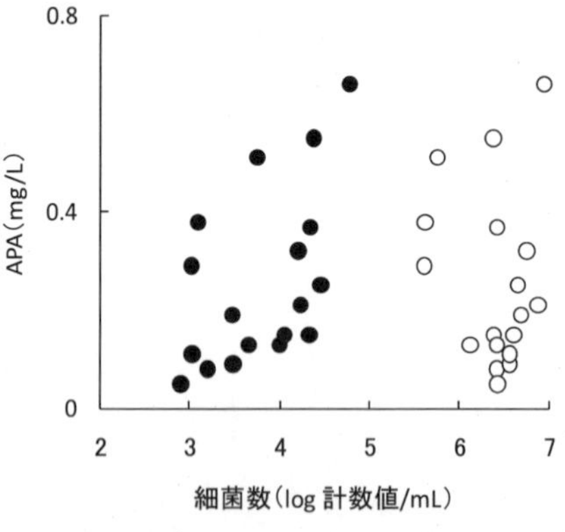


**図 3.10**　無光層における細菌数と APA の関係
コロニー形成細菌（●），蛍光染色による全菌数（○）.

となる．つまり，夏季に APA が増大した水塊は光合成が活発に行われていた水塊と一致する．このことから，藻類が活発に増殖した結果リンが不足気味になりアルカリ性ホスファターゼが産生されたという解釈が，表層については可能である．たしかに，表層のオルトリン酸濃度は深部よりも低い分布を示した（図 3.8）．しかし，10 m 以深で APA がやや増加していることは藻類の増殖だけでは説明がつかない．有光層で増殖した藻類が産生したアルカリ性ホスファターゼを体表面に付着させたまま沈降し，これと並行して有光層の下の無光層では細菌がアルカリ性ホスファターゼを産生し，活性を付与していると考えられる．

試料水中の細菌を寒天培地上に生育させ生じたコロニー数をもとに求める（従属栄養細菌数）とともに，蛍光色素で細菌を染色し顕微鏡で直接計数を行い（全菌数），それぞれの計数法による細菌の鉛直分布を求めた（図3.9）．前者は，コロニーを形成する生きた細菌を計数できるが，栄養条件や培養条件が適切でない細菌は計数されないという欠点がある．後者はすべての細菌細胞を計数できるが，死細胞が生細胞と区別されることなく計数されてしまうという欠点がある．従属栄養細菌数はすべての試料で全菌数と比べおおむね２桁から３桁少ない計数値が得られたが，これは上記の理由による．各月とも水深が大きくなるほど両細菌数ともに多くなる傾向が認められた．無光層の試料について，APAと両細菌数との関係を調べたところ，従属栄養細菌とのみAPAには有意な相関が認められた（図3.10）．細菌は，生存のための戦略として培養されない状態を持つことが知られている（Xuほか，1982）．無光層に存在するアルカリ性ホスファターゼの産生に培養可能性，すなわちコロニーを形成する能力を持つことが関係している可能性が示唆された．

## 7　細菌のAPAと培養温度

細菌のコロニー形成能とアルカリ性ホスファターゼ産生能の関係を調べるため，大腸菌を長期間低温で培養し，その後に培養温度を上げて，APAの経時的な変化を測定した（図3.11；Hirotani and Isogai, 2007）．細菌数は，呼吸する細胞を特異的に染色し顕微鏡で計数する方法と寒天培

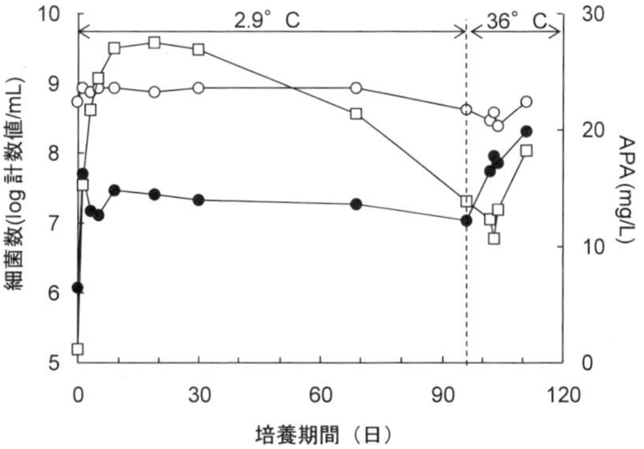


**図3.11**　低温長期培養中と至適温度への変更後のAPA変化

コロニー形成細菌（○），呼吸活性を持つ生菌数（●），APA（□）．

地上にコロニーを形成させる方法により測定した．いずれの方法によっても，2.9℃の培養期間中に細菌数はさほど変化しなかった．APA はいったん増加した後，20 日目以降は減少に転じた．すなわち 20 日目以降は大腸菌が休止状態に入り，酵素の産生が停止したと考えられる．

96 日間の培養後，培養温度を 36℃に上昇させるとただちに呼吸を行う細菌数は増加に転じた．APA は約 7 日経過後に増加が始まった．このことより，細菌によるアルカリ性ホスファターゼの産生は，コロニー形成能とは直接の関係はないが，細菌の生理状態と大きく関わることが示唆された．培養はリン制限の状態で行われたが，その状態であっても水温など他の生育因子が細菌に由来する APA には大きく影響した．

## 8　今後の課題と展望

20 世紀初頭に発見されたホスファターゼは，水環境中のリン循環に寄与することがわかり，1960 年代以降盛んに研究が行われた．おおむね 1990 年代までに，ダム湖をはじめとする水環境ではアルカリ性ホスファターゼが有機態リンの生物的無機化に主として関与すること，表水層では藻類の増殖に由来すると考えられる季節変動を行うこと，湖沼環境では高リン濃度が APA に対し抑制的に働くことなどがわかってきた．特に，APA はリン濃度と反比例するとの報告がたくさん蓄積されている．リンの高濃度域においては，アルカリ性ホスファターゼ産生が抑制され，APA が低くなることは疑いようがない．しかし，リン濃度が低いときには，必ずしも APA が高くなるとは

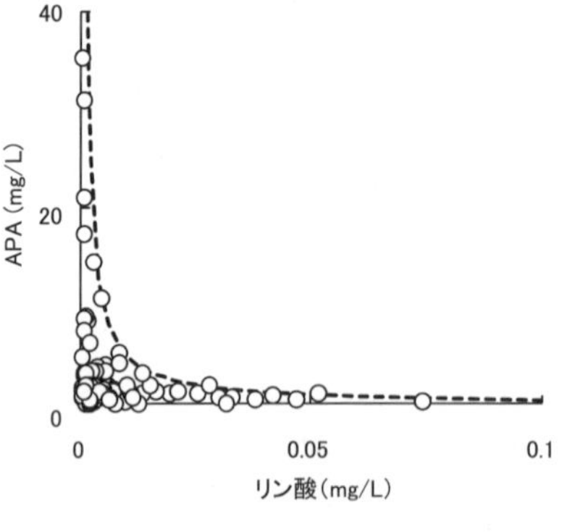


**図 3.12**　農業用ため池（2 カ所）における 5 年間のリン酸と APA の関係
破線は反比例（y＝0.05/x）のグラフ．

限らない（図3.12）．つまり，リン栄養が制限されている状態は，APAが高くなるための必要条件であるが，十分条件とは言えない．

ダム湖のAPAを計測してAPAが高かったとすれば，それはリン制限状態を意味する．しかし，実際問題として，さまざまな湖沼のAPAを測定し，リン制限状態を見つけたとしてもさほど有意義な結論にはつながらない．そのためか，2000年以降には水環境のアルカリ性ホスファターゼ研究に対する関心は薄れてしまったようである．しかし，リン濃度が低くてもAPAが必ずしも高くならないのはなぜかという疑問は残されたままである．これには，藻類の種や光合成活性が関与している可能性があるだろう．パルス変調法といった新しい光合成活性の研究方法と環境水のAPAを結びつけ，リン栄養だけでなく藻類の生理条件とAPAの関連性に関する研究が行われている（紀平ほか，2005；国本・広谷，2009）．

一連のAPAの研究で，最も重要でありながら，十分に調べられていないことがある．それは，低濃度のリン酸により誘導されたアルカリ性ホスファターゼが，実際に分解無機化するリンの量である．APAの測定に使用する基質は自然界に存在する有機リン酸化合物と比べてきわめて分解されやすいものを使用する．そのため，実際の分解速度は実験値よりも低くなるに違いない．その反応速度が藻類の栄養欠乏を支えるためどれだけ寄与するかについての検証が必要である．また，アルカリ性ホスファターゼは細胞外に放出されるという性質を持つ．いったん放出されると，その酵素反応によって利益を受けるのは群集全体ということになる．酵素産生に関わる個々の生物種にとって，放出の意義はどこにあるのだろうか．アルカリ性ホスファターゼは本当にリンの不足を補うために産生されているのか，もしそうでないならば，どのような意味があるのか．そのことの答えを見つけることが，藻類のリン栄養に対する理解を深め，藻類の異常増殖対策へのヒントへとつながるかもしれない．

**文献**

Aaronson, S. and N. J. Patni（1976）: The role of surface and extracellular phosphatases in the phosphorus requirement of *Ochromonas*. Limnology and Oceanography, 21: 837–845.

Boavida, M. J. and R. T. Heath (1984): Are the phosphatases released by *Daphnia magna* components of its food?. Limnology and Oceanography, 29: 641–645.

Berman, T. (1970): Alkaline phosphatases and phosphorus availability in lake Kinneret. Limnology and Oceanography, 15: 663–674.

Chróst, R. J., W. Siuda and G. Halemejko (1984): Longterm studies on alkaline phosphatase activity (APA) in a lake with fish-aquaculture in relation to lake eutrophication and phosphorus cycle. Archiv für Hydrobiologie, Supplement, 70: 1–32.

Chróst, R. J. and J. Overbeck (1987): Kinetics of alkaline phosphatase activity and phosphorus availability for phytoplankton and bacterioplankton in Lake Plußsee (North German eutrophic lake). Microbial Ecology, 13: 229–248.

Davies, D. R. (1934): The phosphatase activity of spleen extracts. Biochemical Journal, 28: 529–536.

Elser, J. J. and B. L. Kimmel (1985): Nutrient availability for phytoplankton production in a multiple-impoundment series. Canadian Journal of Fisheries and Aquatic Science, 42: 1359–1370.

Fitzgerald, G. P. and T. C. Nelson (1966): Extractive and enzymatic analyses for limiting or surplus phosphorus in algae. Journal of Phycology, 2: 32–37.

Francko, D. A. (1983): Size-fractionation of alkaline phosphatase activity in lake water by membrane filtration. Journal of Freshwater Ecology, 2: 305–309.

Goldman, J. C., J. J. McCarthy and D. G. Peavey (1979): Growth rate influence on the chemical composition of phytoplankton in oceanic waters. Nature, 279: 210–215.

Healey, F. P. and L. L. Hendzel (1979): Fluorometric measurement of alkaline phosphatase activity in algae. Freshwater Biology, 9: 429–439.

Hirotani, H. and C. Isogai (2007): Production of alkaline phosphatase by bacteria during the long-term incubation at low temperature. The 13th International Symposium on River and Lake Environment, Cheju, Korea, October, Abstract Book, 264–267.

Hirotani, H., A. Nakagawa and H. Kagawa (2004): Seasonal cycle and the vertical profile of alkaline phosphatase activity in dam reservoirs. The First Korea-Japan Joint Limnology Symposium, Busan, Korea, Abstracts, 57.

広谷博史・中川　歩・香川尚徳 (2004)：アルカリ性ホスファターゼ活性のダム湖内鉛直分布．水環境学会誌，27：175–180.

広谷博史・中川　歩ほか (2001)：隣接した集水域の河川水とダム湖水におけるアルカリ性ホスファターゼ活性の変動．水環境学会誌，24：762–765.

Hirotani, H., K. Ochi and A. Nakagawa (2003): Fluctuation of alkaline phosphatase activity in the headwaters and the factors affecting the activity. IWA-Asia Pacific Regional Conference (Asian Waterqual 2003), Proceedings 408 (3Q5K15: 1–5).

Huber, A. L. and D. K. Kidby（1984）: An examination of the factors involved in determining phosphatase activities in estuarine waters. 1: Analytical procedures. Hydrobiologia, 111: 3-11.

Jamet, D., C. Amblard and J. Devaux（1997）: Seasonal changes in alkaline phosphatase activity of bacteria and microalgae in Lake Pavin（Massif Central, France）. Hydrobiologia, 347: 185-195.

Jamet, D., C. Amblard and J. Devaux（2001）: Size-fractionated alkaline phosphatase activity in the hypereutrophic Villerest Reservoir（Roanne, France）. Water Environment Research, 73: 132-141.

Jansson, M., H. Olsson and K. Pettersson（1988）: Phosphatases; origin, characteristics and function in lakes. Hydrobiologia, 170: 157-175.

Jones, R. D.（2002）: Phosphorus cycling. In C. J. Hurst（ed.）, Manual of Environmental Microbiology 2nd ed, pp. 450-455. American Society for Microbiology.

紀平征希・尾崎正樹ほか（2005）：PAM 法を用いた植物プランクトンの光合成活性（Fv/Fm）とアルカリホスファターゼ活性の関係．日本陸水学会第 70 回大会，講演要旨集，221.

小山忠四郎（1981）：自然界における元素循環と微生物．土壌微生物研究会（編）『土の微生物』，pp. 435-483．博友社，東京．

Kuenzler, E. J. and J. P. Perras（1965）: Phosphatases of marine algae. Biological Bulletin, 128: 271-284.

国本奈津子・広谷博史（2009）：パルス変調法を用いた，ため池試料の光合成活性．第 43 回日本水環境学会年会，講演集，123.

Lawrie, N. R.（1943）: The excretion of phosphatase in the faeces. Biochemical Journal, 37: 311-312.

Obst, U.（1985）: Test instructions for measuring the microbial metabolic activity in water samples. Fresenius Zeitschrif für Analytical Chemistry, 321: 166-168.

Olson, H.（1981）: Origin and production of phosphatases in the acid Lake Gårdsjön. Hydrobiologia, 101: 49-58.

Overbeck, J.（1991）: Early studies on ecto- and extracellular enzymes in aquatic environments. In R. J. Chróst（ed.）, Microbial Enzymes in Aquatic Environments, pp. 1-5. Springer-Verlag, New York.

Overbeck, J. and H. D. Babenzien（1964）: Uber den Nachweis von freien Enzymen im Gewasser. Archiv für Hydrobiologie, 60: 107-114.

Perry, M. J.（1972）: Alkaline phosphatase activity in subtropical Central North Pacific waters using a sensitive fluorometric method. Marine Biology, 15: 113-119.

Plimmer, R. H. A.（1913）: The metabolism of organic phosphorus compounds. Their hydrolysis by the action of enzymes. Biochemical Journal, 7: 43-71.

Reichardt, W., J. Overbeck, and L. Steubing（1967）: Free dissolved enzymes in lake waters.

Nature, 216 : 1345–1347.

Reynolds, C. S.（1984）: The Ecology of Freshwater Phytoplankton. Cambridge University Press.

Rose, C. and R. P. Axler（1998）: Uses of alkaline phosphatase activity in evaluating phytoplankton community phosphorus deficiency. Hydrobiologia, 361 : 145–156.

Schindler, D. W.（1977）: Evolution of phosphorus limitation in lakes. Science, 195 : 260–262.

Schmitter, R. E. and A. J. Jurkiewicz（1981）: Acid phosphatase localization in pas-bodies of *Gonyaulax*. Journal of Cell Science, 51 : 15–23.

Steiner, M.（1938）: Zur Kenntnis der Phosphatkreislaufes in Seen. Naturwissenshaften, 26 : 723–724.

Stewart, A. J. and R. G. Wetzel（1982）: Phytoplankton contribution to alkaline phosphatase activity. Archiv für Hydrobiologie, 93 : 265–271.

Suzuki, U., K. Yoshimura and M. Takaishi（1907）: Ueber ein Enzym "Phytase," das "Anhydro-oxy-methylen diphosphorsäure" spaltet. Bull. Coll. Agric. Tokyo Imp. Univ., 7 : 503–512.

Thingstad, T. F., U. L. Zwifel and F. Rossoulzadegan（1988）: P limitation of heterotrophic bacteria and phytoplankton in the northwest Mediterranean. Limnology and Oceanography, 43 : 88–94.

Wetzel, R. G.（1981）: Longterm dissolved and particulate alkaline phosphatase activity in a hardwater lake in relation to lake stability and phosphorus enrichments. Verhandlungen Internationale Vereinigung für theoretische und angewandte Limnologie, 21 : 369–381.

Williams A. and R. A. Naylor（1971）: Evidence for $S_N2$（P）mechanism in the phosphorylation of alkaline phosphatase by substrates. Journal of Chemical Society B, 1973–1979.

Wynne, D.（1977）: Alterations in activity of phosphatases during the *Peridinium* bloom in Lake Kinneret. Physiologia Plantarum, 40 : 219–224.

Wynne, D. and M. Gophen（1981）: Phosphatase activity in freshwater zooplankton. Oikos, 37 : 369–375.

Xu, H., N. Roberts, et al.（1982）: Survival and viability of nonculturable *Escherichia coli* and *Vibrio cholerae* in estuarine and marine environment. Microbial Ecology, 8 : 313–323.

（広谷博史）

# 第4章

# ダム湖に出現するプランクトンの動態

## 1　はじめに

ダム湖と自然湖沼の違いについては，物質輸送や堆砂過程など幾つかの観点から詳細に議論されている（Thornton ほか，2004）．例えば，ダム湖では，湖面積に比べ集水域面積が大きいことやそれに伴い流入河川からの栄養塩や外来性有機物の流入量が大きいこと，湖内の水（物質）輸送が取水操作や流入水に大きく影響されること，沿岸域が発達しないことなどが挙げられる．さらに，その年齢（止水域が成立してから経過した年月）はせいぜい 100 年であり，自然湖沼の約 10,000 年（Gorthner，1994）と比べ，時間スケールが短いことが大きな違いであると考えられる．

プランクトンは，その世代時間が 2-3 時間から数日の微小な浮遊生物で，おおむね滞留時間が 8-14 日以上の水域で発生する（岩佐，1990；Olding ほか，2000）．そうしたプランクトンの時間スケールから，その生活の場としてのダム湖と自然湖沼の環境を捉えなおしてみると，ダム湖では，河床の付着藻類と考えられる種類が水中のプランクトンサンプルに比較的頻繁に観察されることを除いて，双方のタイプの水域でプランクトンの構成種が大きく異なることはない．図 4.1 は，日本の主な 77 湖沼と 98 ダム湖の滞留時間を比較したものである．確かに，10 年以上の滞留時間を有する水域は自然湖沼に限られるが，その数はわずかで，むしろ滞留時間の短い自然湖沼も数多く存在することがわかる．ダム湖の滞留時間の最頻値は 0.2 年と自然湖沼の 0.1 年よりむしろ長い．

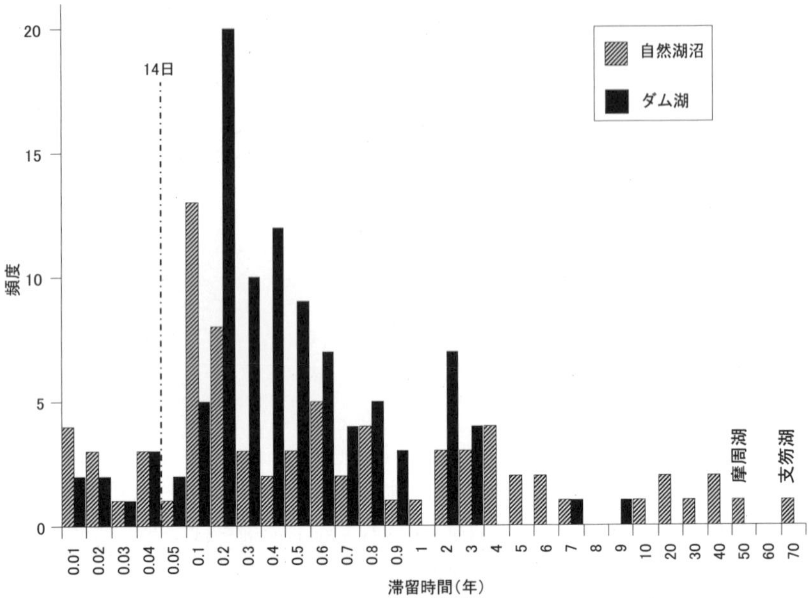


**図 4.1**　滞留時間の頻度分布を日本の主要自然湖沼（$n=77$）と主要ダム湖（$n=98$）で比較したもの

さらに，日本の自然湖沼の多くは，現代では水利用の目的から，水位管理などを通じてダム同様の管理運用がなされ「ダム化」している．沖帯のプランクトンの動態を論じる際，あえてダム湖と自然湖沼を区別して考える必要はなさそうである．共通の普遍的な知識基盤に立ち，例えば，プランクトンの異常発生などの水質管理に対応する場合は，対象とする水域について，地理的特性，滞留時間，栄養塩負荷量，水位変動，優占魚種の影響などの個別の変数をモデル化し，評価や予測を実施することになると考えられる．

では，ダム湖や自然湖沼（本章では，以後，双方を含め湖と呼ぶ）の環境について，今，なにが問題となっているのか？　湖に関する研究論文数の推移を(1975-2000 年）環境テーマ別にみると（Brönmark and Hansson, 2002），化学物質や重金属などの汚染物質関係は，内分泌攪乱物質を除くと明らかに右肩下がりである．逆に 90 年代に増加しているのは，生物多様性，外来種，UV（紫外線）に関係する論文である．酸性雨は85-95年がピークの一山型を示す．一方，富栄養化に関する研究論文数はU字型を示し，70年代後半に一旦下がったが90年代後半から再び増えている．このようにして，湖をとりまく主要な環境テーマが時間とともに移り変わる様相を客観的にみてみると，富栄養化問題は半世紀の研究蓄積があるものの，いまだに解決ができない課題であり，別の切り口からの新たな研究対象となっていると考えることができる．

プランクトン動態に関する知識は，湖の富栄養化対策につながる水質管理や生態系管理には必要不可欠である．本章では，まず，湖のプランクトンを構成する生物や沖帯の食物網の特徴について簡単に紹介する．そして，プランクトンの量，サイズ構造，分類群，多様度に着目して，湖のプランクトン群集の動態が湖の栄養レベル（trophic level）に沿って，どのように変化するのかについて，これまでの知見を概観し，プランクトンからみたダム湖の生態系管理を考える．

## 2　プランクトンを構成する生物

### 2.1　植物プランクトン

プランクトンとは，自らの運動性が乏しく浮遊して生活する生物の総称である．その中で酸素発生型光合成をする一次生産者を植物プランクトン（phytoplankton），消費者を動物プランクトン（zooplankton），細菌を細菌性プランクトン（bacterioplankton）と呼んでいる．植物プランクトンの中には，細菌を捕食する，あるいは溶存態有機物を吸収するなどの混合栄養生物（mixotrophy）が含まれる．

淡水の植物プランクトンとしてよく出現する種類は，主として，次の九つの分類群に属する．藍色植物（Cyanophyta），緑色植物門緑藻綱（Chlorophyceae），クリプト植物門（Cryptophyta），不等毛植物門黄金色藻綱（Chrysophyceae），不等毛植物門シヌラ藻綱（Synurophyceae），不等毛植物門珪藻綱（Bacillariophyceae），ハプト植物門プリムネシウム藻綱（Prymnesiophyceae），渦鞭毛植物門（Dinophyta）そしてユーグレナ植物門（Euglenophyta）である．魚からヒトまですべてが脊椎動物門に分類されることを考えると，「湖の植物プランクトン」とひとくくりにしても，全く異なる系統の生物の集合体であるといえる．

### 1）藍色植物（Cyanophyta）

「藍藻」「シアノバクテリア」とも呼ばれる．他の藻類と異なり原核生物である．つまり，核，葉緑体，ミトコンドリアがなく，こうした器官が司る情報伝達の遺伝子合成，エネルギー変換，物質代謝，そしてそれらに必要な物質輸送などを細胞質で行う．必然として細胞サイズは小さい．貧栄養湖で優占するシネコココックス（*Synechococcus*）は長径が 0.6 μm と細菌サイズの超小型の楕円体である．富栄養湖で数 mm の群体を形成するアオコも，一つの細胞は直径 3-4 μm の球体である．アオコが富栄養湖で大発生するのは，水中光量の減少，高い pH，水中の窒素：リン比（TN/TP 比）の減少など，富栄養化にともない生じる環境への適応度が高いことに加え，群体が大きい，栄養価が低い，もしくは毒素を持つなど動物プランクトンに食べられにくいことがあげられる．水塊の混合や成層にもよく適応している．例えば，一部の糸状藻類のように栄養塩と光環境の双方を満足させるような深度に垂直移動するタイプ，静穏時に表面にブルームを形成するタイプ，また，濁った環境で効率よく光をとるタイプなど多様な生活史戦略が知られている．

### 2）緑色植物門緑藻綱（Chlorophyceae）

圧倒的に淡水に多い．緑色で陸上植物と同じクロロフィル a と b を持つ．これはユーグレナ植物門と緑藻綱だけである．運動性のあるボルボックス（*Volvox*），ユードリナ（*Eudorina*），クラミドモナス（*Chlamydomonas*），定数群体（coenobium）からなるクンショウモ（*Pediastrum*）やイカダモ（*Scenedesmus*）がある．分子系統の研究により糸状のヒザオリ（*Mougeotia*），ツヅミモ（*Staurastrum*）やミカヅキモ（*Closterium*）などはシャジクモ藻綱（Charophyceae）に移されている（河地，私信）．野外から採集したイカダモは，4，8 細胞単位の定数群体として観察される．しかし，継代培養を続けるとバラバラの単細胞になる．これを，ミジンコの飼育水で培養すると定数群体になるため，群体形成はミジンコが出す化学物質（カイロモン）によるイカダモの対捕食者戦略によると考えられている（Lurling, 2003）．緑藻は，どこの水域でも必ずと言っていいほど顔をだすが，単独種で優占することは希である．ただし，クロレラ（*Chlorella*）などが極端に富栄養化した水域で優占することがある．

### 3）クリプト植物門（Cryptophyta）

湖ではどこにでも普通にみられる．小型で被食（herbivory）の影響を強く受ける．混合栄養生物と言われている．クリプト藻は，従属栄養の鞭毛虫に紅藻が共生することで生み出されたということがわかっているが，その証拠ともいうべき形態を細胞内に残していることで注目されるグループである．すなわち，葉緑体の二重膜の外側を2枚の膜が取り囲んでおり，そのすき間に細胞質基質がある．さらに，細胞内にヌクレオモルフ（核のような構造）を持つ．ヌクレオモルフの中にはDNAとRNAが含まれ，分裂して次世代に伝えられる（井上, 2007）．このように，進化過程を細胞内構造に残し系統進化を解き明かすのに貴重な「生き証人」である．

### 4）不等毛植物門黄金色藻綱（Chrysophyceae）

ウログレナ（*Uroglena*）やサヤツナギ（*Dinobryon*）がある．前者は琵琶湖や中禅寺湖で赤潮を形成した．光合成をすると同時に，鞭毛で水流を起こし細菌を捕捉する混合栄養生物である．他の藻類グループと比較すると，リン以外の要因，例えば，pH，Fe，アルカリ度などが生育を律速する場合が多いとされる．

### 5）不等毛植物門シヌラ藻綱（Synurophyceae）

全身が珪酸質（$SiO_2 \cdot nH_2O$）からなる鱗片におおわれた分類群で，シヌラ（*Synura*）とマロモナス（*Mallomonas*）がある．運動性があり独立栄養生物である．黄金色藻綱に含める場合もある．

### 6）不等毛植物門珪藻綱（Bacillariophyceae）

珪酸質の被殻（frustule）に包まれており，その殻面の模様で大きく二つに分類される．放射相称の模様を持つ中心珪藻と左右相称の模様を持つ羽状珪藻がある．化石から，羽状珪藻（新生代暁新世に出現）は中心珪藻（中生代白亜紀に出現）から進化したことがわかっており，遺伝子解析の結果ともよくあう．貧栄養湖では羽状珪藻が多いが，富栄養湖では成長が速くて沈降速度が遅い中心珪藻が優占する傾向がある．珪藻の成長には，窒素（N）とリン（P）以外に珪素（Si）が必須で，水塊が鉛直方向に混合する循環期に優占することが多い．

**7）ハプト植物門プリムネシウム藻綱（Prymnesiophyceae）**

外洋にて優占する円石藻が有名であるが，淡水ではクリソクロムリナ（*Chrysochromulina*）がよく出現する．ハプトネマ（haptonema）と呼ばれ基物に付着する糸を持ち，これで餌を捕獲する混合栄養藻である．

**8）渦鞭毛植物門（Dinophyta）**

ダム湖で淡水赤潮を引き起こす有殻のペリディニウム（*Peridinium*）や無殻のギムノディニウム（*Gymnodinium*）がある．高い栄養塩要求性があるがリンの貯蔵能力に優れ，栄養塩が欠乏した状態の水域に出現したりする．半数の種類は葉緑体を持たない従属栄養生物（例えば，夜光虫）で，これらは機能を重視した生態学の研究では「鞭毛虫」の仲間とされる．

**9）ユーグレナ植物門（Euglenophyta）**

ミドリムシと呼ばれる．優占することはほとんどないが，必ずみられるグループである．田植え前の水田などで表面に緑の膜を形成することがある．

## 2.2　動物プランクトンと細菌性プランクトン

動物プランクトンは，主に節足動物門甲殻類綱の枝角類，同じくカイアシ類，輪形動物門ワムシ類，原生動物門の繊毛虫（0.02–0.20 mm）と鞭毛虫（およそ数 μm）から構成される．図 4.2 は 50 μm のメッシュサイズのプランクトンネットで集めた動物プランクトンの絵である（Gliwicz，2003）．上段は枝角類（成体体長は 0.40–3.00 mm），中段はカイアシ類であるが，左の触角が長いのが Calanoida（成体体長は 0.80–3.00 mm），右の短いのが Cyclopoida（成体体長は 0.50–3.00 mm）である．下段はワムシ類（体長 0.06–0.40 mm）である．ほとんどの原生動物はサイズが小さいので，プランクトンネットでは抜け落ちてし

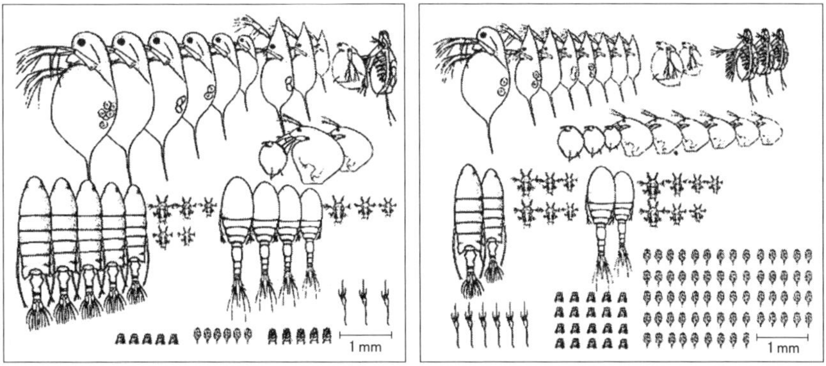


**図 4.2**　プランクトンネットで採集した動物プランクトンを大きさの順に並べたもの
左は中栄養湖，右は富栄養湖で採集したサンプル．（Gliwicz, 2003）

まう．

動物プランクトンの餌資源は，植物プランクトンや細菌性プランクトンなどを含む水中の浮遊懸濁物である．これらは，水中にほぼ均一に分散して浮遊しているため，動物プランクトンは，自ら発達させたフィルターで湖水を濾し懸濁物を集める（filter feeding）か，もしくは，繊毛で水流を起こし，その遠心力で懸濁物を口器に入れる（suspension feeding）という方法で餌を獲得する．多くの枝角類は前者で，多くのワムシ類や繊毛虫は後者である．Calanoida の仲間の多くも，基本的に濾過食に適した口器を持つ植物プランクトン食者（herbivore）と考えられている（Gliwicz, 2003）．このような餌の取り方では，餌は基本的に，そのサイズで分別されるため，例えば味や栄養価といったサイズ以外の特性で餌を選択的により分けて採ることはむずかしい．濾食性の動物プランクトンが味などに基づいて餌を取捨選択する行為は，同時に懸濁粒子の大きな摂食ロスを意味すると考えられている．

一方で，水中に存在する比較的大型で，まばらにいる動植物プランクトンについて，それを認識し，追跡し，捕捉して食べる動物プランクトンもいる．raptorial mode of feeding と呼ばれるこの方法では餌の選り好みが可能である．雑食者（omnivore）であるフクロワムシ（*Asplanchna*）や Cyclopoida，肉食者（carnivore）である枝角類のノロ（*Leptodora*）やフサカの幼虫がこれに相当す

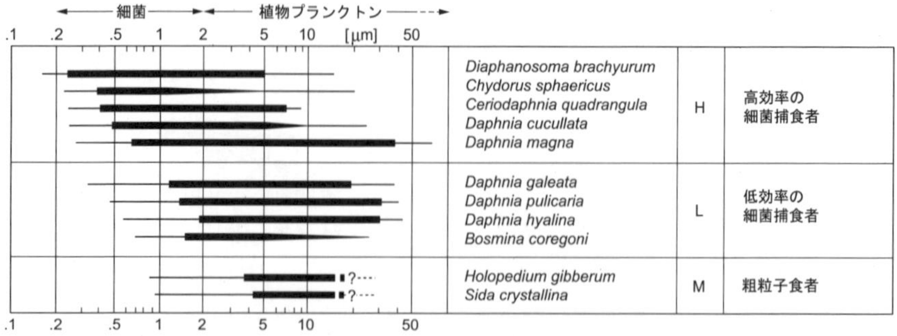


**図 4.3**　枝角類 11 種が摂食できる餌サイズの範囲

特に高い効率で濾過可能なサイズ幅を太線で示す．懸濁態細菌を食べる能力に基づいて三つのタイプに分けている．（Geller and Muller, 1981）

る．枝角類の数種と餌サイズの関係を図 4.3 に示す（Geller and Muller，1981）．大型のダフニア（*Daphnia magna*，*D. pulex*）は，直径が 1–50 μm の幅広い範囲のサイズのセストン（懸濁態物質）を高い効率で濾過摂食する．普通サイズのダフニアでも 3–20 μm の範囲の粒子を濾過して食べるジェネラリストで，そのため，摂食される餌は周囲のセストンの組成を反映したものとなる．この小さな生物が水を濾過してセストンを摂食することが，湖水の透明度の上昇に大きな効果をもたらしている．温帯地域の夏で，動物プランクトン群集密度が高い場合，一日に湖水を 2 回濾過する計算になることもあるという（Gliwicz, 2003）．

鞭毛虫（HNF : heterotrophic nanoflagellates）は機能的には従属栄養生物であるが，colorless algae とも呼ばれ，渦鞭毛植物門の多くの種類のように微細藻類と共通の分類群に属する種も多い．固定法も含め，光学顕微鏡では観察しづらい生物であったため，分類学上，再定義すべき種が多数存在すると考えられる．湖に生息する鞭毛虫や繊毛虫の正確な数や現存量は，後に述べる細菌性プランクトンと同様に，蛍光顕微鏡が普及した後になって初めてその評価が可能になった．繊毛虫・鞭毛虫の多くは細菌食で，その生産量は，貧栄養湖では全動物プランクトンの生産量の約 60%，中栄養湖では約 50% と試算されている（Weisse，2003）．

70年代後半に蛍光顕微鏡が開発されると，海洋でも湖沼でも水中に存在する細菌のほとんどは単細胞で浮遊生活をしていることがわかり，以後，細菌性プランクトンと呼ばれるようになった．ただし，計数される数の99%は培養が困難で特性がよくわからない．貧栄養水域では，リンをめぐり植物プランクトンと競争関係にある．水中の有機物を無機化するだけでなく，それ自身が繊毛虫や鞭毛虫，あるいは枝角類に食べられ高次の食物連鎖に組み込まれていく存在である．湖の沖帯では，ここで紹介したプランクトンから魚，ベントス（底生生物）に至る食物網が形成される．こうした食物網の構造は栄養レベルにより，どのように変化するのだろうか．その前に沖帯の食物網構造についてみてみよう．

## 3　沖帯の食物網構造

沖帯の食物網における主要な炭素の流れは，概ね図4.4のように考えられる．植物プランクトンが太陽エネルギーと水中の溶存態無機炭素（DIC：dissolved inorganic carbon）から有機物生産を行い（光合成），それを動物プランクトン（主に甲殻類動物プランクトン）が食べ，さらに，動物プランクトン食魚，魚食魚というように食物連鎖の高次の栄養レベルに位置する生物群にエネルギーを転換していく．植物プランクトンの一部は湖底に沈降し，それを分解する細菌とともに，ユスリカやイトミミズなどのベントスの餌となる．これらの一部は底生魚に食べられる．一方，鞭毛虫や繊毛虫などは，細菌性プランクトンや時には超小型の植物プランクトンを摂食し，これらが甲殻類動物プランクトンの餌となる．細菌性プランクトンは，植物プランクトンが排出する溶存態有機炭素（DOC：dissolved organic carbon）を主な炭素源とするため，植物プランクトン—細菌—鞭毛虫・繊毛虫に至るエネルギー経路は微生物ループ（microbial loop）と呼ばれる．最近では，河川から供給される陸起源のDOCが細菌性プランクトンのエネルギー源として重要な役割を果たしていることや，落ち葉など陸起源の懸濁態有機炭素（POC：particulate organic carbon）や陸上

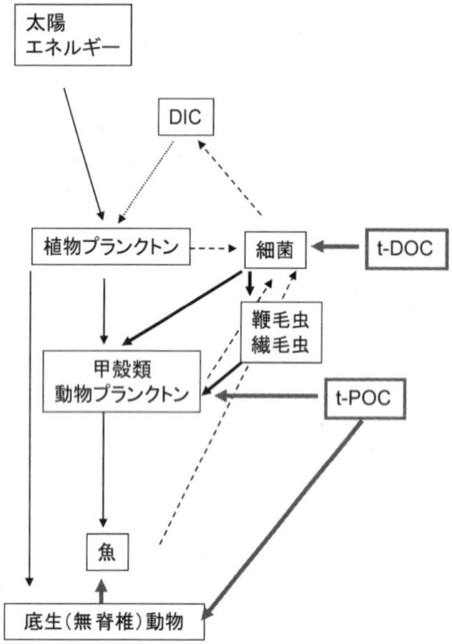


**図 4.4**　沖の食物網における基本的な炭素循環の考え方

Jansson ほか（2007）を改図.

昆虫などが沖帯の食物網のエネルギーに相当量取り込まれているという研究例も，貧栄養湖などで報告されている（Jansson ほか，2007）.

湖は海域，河川，陸域に比べ捕食者によるトップダウンコントロールを強く受ける系（Halpern ほか，2005）で，食物連鎖の最上位に位置する捕食者の影響は，すぐ下位の栄養レベルの生物群集だけでなく，さらにその下というように段階的に伝播する．これはトロフィック・カスケード（trophic cascade）効果と呼ばれる．次節で述べるように，湖の一次生産量や植物プランクトン量は，湖水の栄養塩，すなわちリンと窒素の量の増加とともに増えるが，たとえ栄養塩レベルが同様な湖沼においても，魚食魚の有無や（それにより引き起こされる）プランクトン食魚のサイズ構成の違いに起因する捕食効果の違いにより，以下に述べるように主たる物質循環経路が異なる二つのタイプの生態系が成立すると考えられる.

「魚食魚がいる系」（図 4.5 a）では，プランクトン食魚による甲殻類動物プランクトンへの捕食圧が弱まり，甲殻類動物プランクトンの密度が増える．これらは，鞭毛虫・繊毛虫（経路 4），細菌（経路 5），そして植物プランクトン（経路 6）を活発に摂食する．これら三つの経路の中では，特に植物プランクトンへの影響が強くあらわれ，植物プランクトンの量は減る．この傾向は大型のミジンコが優占すると顕著になる.

一方，「魚食魚がいない系」（図 4.5 b）では，甲殻類動物プランクトンにプランクトン食魚の高い捕食圧がかかるため（経路 1）小型種にシフトし，その

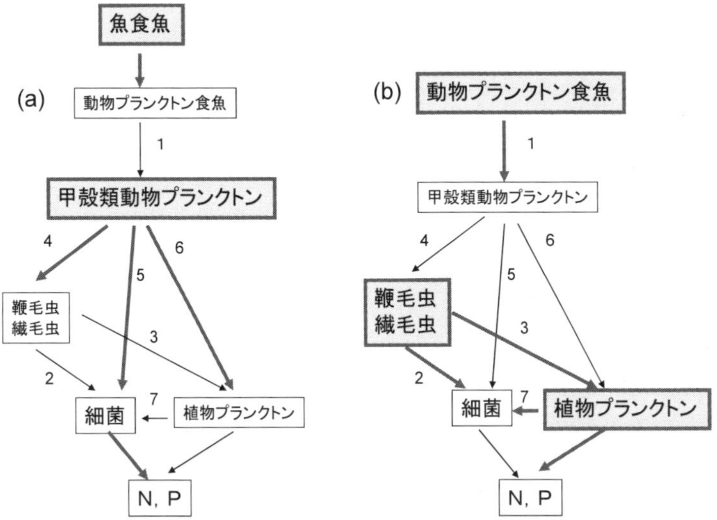


**図 4.5**　魚食魚がいる系（a）といない系（b）での食物連鎖のカスケード効果の働きの違い

太さはリンクの強さを示す．太枠は現存量の多くなる要素を示す．（Jansson ほか（2007）を改図）

現存量が減る．そして，甲殻類動物プランクトンの主たる餌生物である鞭毛虫・繊毛虫と植物プランクトンが増える．増えた鞭毛虫・繊毛虫は細菌（経路2）と植物プランクトン（経路3）を活発に食べる．ただし，鞭毛虫・繊毛虫が植物プランクトン量を食べてその現存量を減らす量は，甲殻類動物プランクトンが植物プランクトンを食べる量に比べてかなり小さいため，この系では植物プランクトンの量は多くなる．

細菌の量は単純には決まらない．ボトムアップからみると，細菌の量は植物プランクトンから供給される DOC 量と植物プランクトンと競合するリン量，双方のバランスに左右される．一方，トップダウンからみると，細菌の量は甲殻類動物プランクトンの中でカイアシ類と枝角類のどちらが優占するかにも左右される．前節で述べたように，枝角類とカイアシ類では，餌の食べ方が大きく異なる．枝角類が多いと細菌を多く摂食するが，鞭毛虫・繊毛虫も減らすことで細菌の量への影響は帳消しになってしまう．カイアシ類が多いと，細菌をあまり食べないので細菌の量は増える．

## 4　プランクトンの量の応答

植物プランクトン総量（クロロフィル a 量；Chl）は両対数変換すると全リン量（TP）の一次式でよく表わされるため，湖ではリンが主たる制限栄養素と考えられている．水中の窒素量やリン量は，溶存態や懸濁態などすべての形態のものを含め，全リン量，全窒素量（TN）と表す．TP が高いところでは窒素制限になる場合が多い（図 4.6）．霞ヶ浦では，ミクロキスティス（*Microcystis*）によるアオコが大発生すると水中の TN：TP 比（重量比）が 10 未満になり，窒素が制限因子で光合成速度は低下する（Takamura ほか，1992）．また，リンがある程度多い富栄養湖では，窒素が欠乏すると窒素固定をする藍藻アナベナ（*Anabaena*）やアファニゾメノン（*Aphanizomenon*）などが増え大気中の窒素を水中に取り込む場合が知られている．

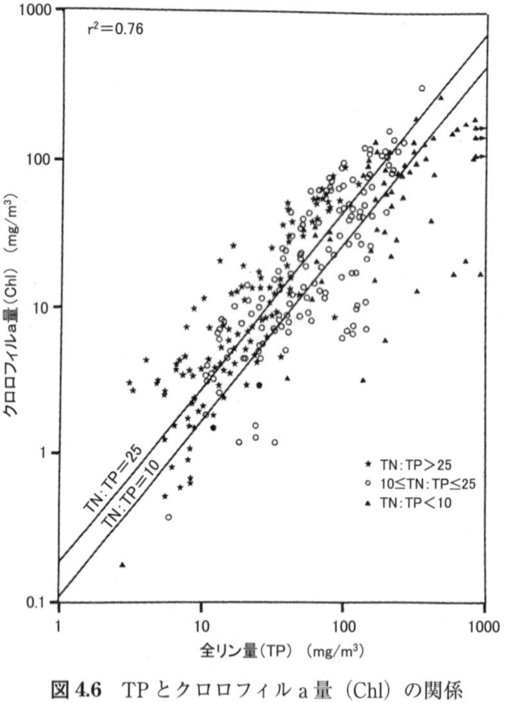


**図 4.6**　TP とクロロフィル a 量（Chl）の関係
北半球 127 湖沼の春から秋の平均値を採用．TP が高いところでは TN の影響が現れている．TN：TP ＞ 25 の湖の値は図の上の線より上，TN：TP ＜ 10 では図の下線より下，中間では 2 本の線の間に位置することが多い．（Smith, 1982）

TP と Chl の関係と比べれば，その残差は大きいものの，動物プランクトン現存量も TP や Chl の総量とともに多くなる（図 4.7）．細菌性プランクトンや繊毛虫それぞれの密度も，概ね，同様の関係にある．日本の自然湖沼やダム湖を対象に調べた（対数変換した）細菌性プランクトンと繊毛虫の密度は，双方ともに（対数変換した）TP や Chl の総量と有意な一次回帰式で表せたが，鞭毛虫の密度はそうした関係がなかった（高村ほか，1996）．鞭毛虫の密度は動物プランクトンの捕食の影響を大きく受けると考えられる（Hansson ほか，1993）．

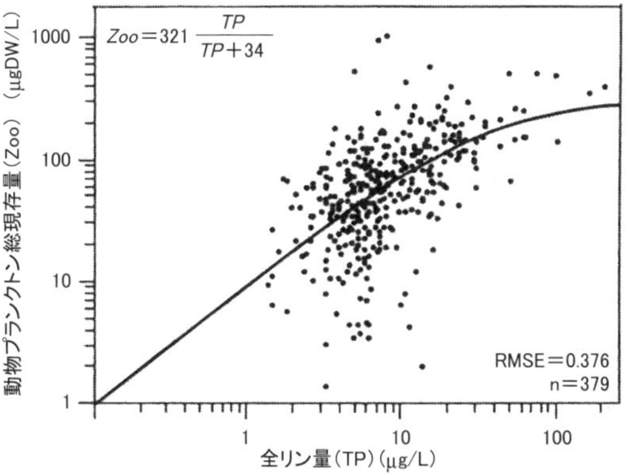


**図 4.7**　TP と動物プランクトン総現存量の関係
（Hessen ほか，2006a）

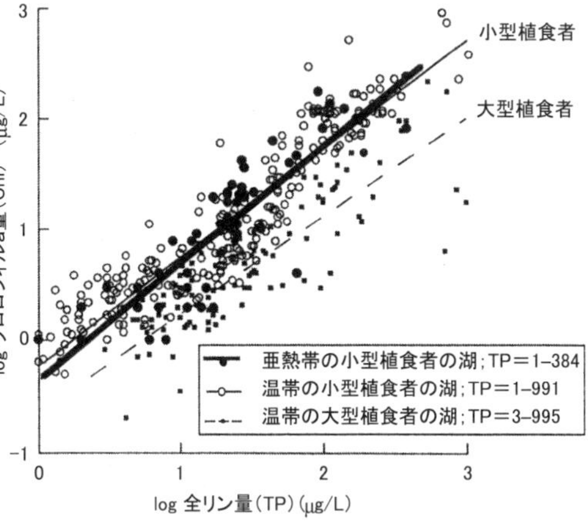


**図 4.8**　TP と Chl の関係について，大型植食者存在下もしくは小型植食者存在下で比較したもの
（Mazumder and Havens, 1998）

Chl と TP の関係は，大型の植食者の存在下では図 4.8 に示すように下方に平行移動する．このように，TP と Chl の一次式の残差の大部分は捕食者の効果として説明可能である．おそらく細菌性プランクトンや動物プランクトンと TP の関係も，資源量で説明されない多くの部分は捕食者の効果が大きいと推察される．このように，プランクトン量は資源供給によるボトムアップ効果と食物連鎖上位の動物の捕食によるトップダウン効果の双方の影響を受ける．

## 5　プランクトンの分類群の応答

富栄養化すると藍藻によるアオコが大発生することが知られているが，栄養レベルの増加により植物プランクトンの群集構成も大きく変化する．湖の TP と六つの分類群（藍藻，緑藻綱，珪藻綱，黄金色藻綱，クリプト植物門，渦鞭毛植物門）の出現体積の関係（Watson ほか，1997）について，すべての分類群で TP の増加とともに現存量が増える傾向を示すが，藍藻と珪藻のみ増加を示す範囲が広く，他は狭い範囲に限って増加する（図 4.9）．すなわち，TP＜10 μg/L の範囲では，すべての分類群が TP 濃度に沿って増加し，クリプト藻，黄金色藻，そして珪藻がほぼ等分に出現する．TP が 10-30 μg/L の範囲では，珪

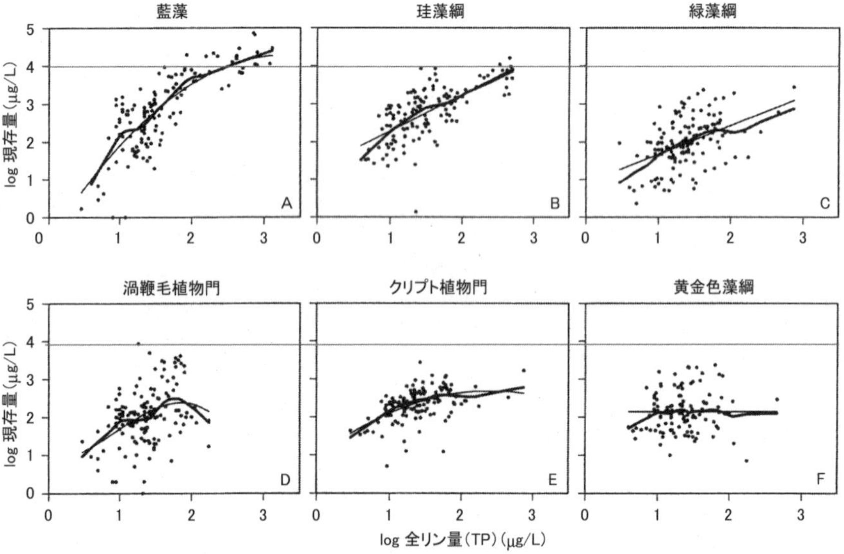


**図 4.9**　TP と夏の有光層に出現した六つの分類群（藍藻，緑藻綱，珪藻綱，黄金色藻綱，クリプト植物門，渦鞭毛植物門）の出現体積の関係

北米 91 湖沼の 205 データ（年が異なるデータは独立として処理）に基づく．ただし，黄金色藻にハプト植物門のプリムネシウム藻綱と不等毛植物門のシヌラ藻綱を含めている．細線は多項最小二乗回帰分析，太線は局所重み付き平滑化．（Watson ほか，1997）

藻，クリプト藻，緑藻はTP濃度に沿って増加したが，藍藻，渦鞭毛藻，黄金色藻はTPとの関係はほとんど認められない．そして，TP＞60 μg/Lの範囲では，藍藻の増加が顕著で，他のグループはTPと無関係，すなわち，クリプト藻と黄金色藻は，ほとんど増加しなくなり，渦鞭毛藻は減少した．各グループの占める割合でみると（図4.10），TPの増加とともに黄金色藻が顕著に減少し，代わって藍藻が増加する．これと同じ傾向は，ノルウェーで調べられた5-9月の約400湖沼のデータからも示されている（Hessenほか，2006a）．

Jeppesenほか（2000）は，夏の平均TPが0.02-1.0 mg/Lの範囲にあるデンマークの浅い71湖沼（平均水深3 m）について，食物網構造がTPの5つの濃度クラスで，どのように変化するかを調べた（クラス1；＜0.05 mgP/L，クラス2；0.05-0.1 mgP/L，クラス3；0.1-0.2 mgP/L，クラス4；0.2-0.4 mgP/L，クラス5；0.4 mgP/L＜）．TPクラスの増加に伴い，Chlと動物プランクトン（ここでは，繊毛虫・鞭毛虫は含まない）の現存量はともに増えた．しかし，動物プランクトンと植物プランクトンの重量比は減る傾向を示した．同じことはHessenほか（2006a）も示している．植物プランクトンの分類群の変化は，先に述べたWatsonほか（1997）やHessenほか（2006a）と基本的に同じであるが，クラス5で緑藻類が増えている．これは，過栄養水域で，クロレラなどの緑藻が優占することがあるためである．

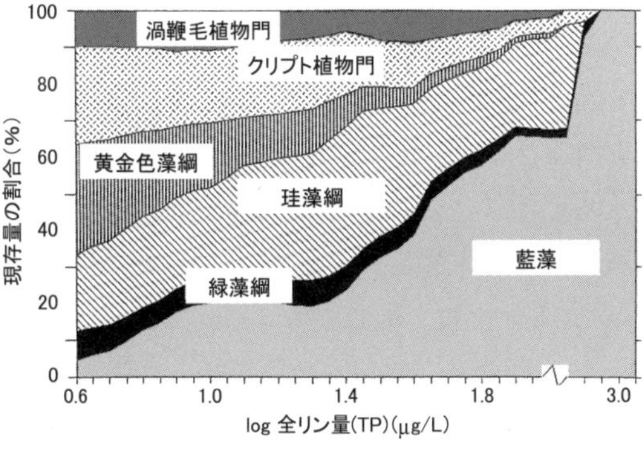


**図4.10**　図4.9を相対頻度で示したもの
（Watsonほか，1997）

動物プランクトンの分類群ごとの現存量変化をみると，TPレベルの増加に伴い枝角類が減りカイアシ類が増える傾向を示す．ワムシ類は常に全体の10–15%を占めるので現存量としては増加傾向にある．カイアシ類の中では，明らかにCalanoidaの割合が減りCyclopoidaの割合が増える．これは，富栄養化に伴い，餌である植物プランクトンのサイズが大きくなるため，捕らえて食べるタイプのCyclopoidaが有利になることや，富栄養化に伴いプランクトン食魚が増加するため，「瞬間的に移動する跳躍」をして魚の捕食から逃れやすいCyclopoidaのほうがCalanoidaよりも有利になるためと説明されている（Winfieldほか，1983）．

魚のCPUE（刺し網単位など捕獲努力量当たりの漁獲量）は，魚食魚のパーチ（perch）がTPレベルの上昇とともに明瞭に下がるとともに，プランクトン食魚のローチ（roach）が増える．また，雑食性のコイ科のブリーム（bream）も増える．富栄養湖でローチが多いのは，枝角類を高い効率で捕食し潜在的な成長速度が速い上に，小型の動物プランクトンを餌とする能力に秀でているためらしい．これらの研究対象湖沼群では，魚食魚とプランクトン食魚の重量比は，TPの増加とともに0.6（クラス1）から0.1–0.15（クラス3-5）と小さくなる．すなわち，食物網構造からみるとデンマークの浅い湖沼群ではTPが増加すると，「魚食魚のいる系」から「魚食魚がいない系」に変化する場合が多い．TPの増加に伴いミジンコの平均サイズが小さくなり，枝角類が減りCyclopoidaが増えるのは，トップダウン効果による食物網構造の変化と考えることができる．加えて言えば，TPの増加とともに，食物網構造からみても，植物プランクトン量を増加させるような構造があると考えることができる．

富栄養湖で増える藍藻については，1）藍藻の群体が大きいことや糸状の形態が濾過摂食を機械的に妨害する，2）藍藻の化学成分が成長や産仔を阻害する，3）動物プランクトンを殺す毒素を持つ系統を含む，などの理由で濾過食者を減らす（Ghadouaniほか，2003）．そのため，富栄養湖で枝角類やCalanoidaが減るのは，餌として不適切な藍藻が増えるボトムアップ効果によるとも説明できる．ただし，アオコ（藍藻）と枝角類の関係についての研究は，実験室のビーカーレベルの研究が大半であり，具体的な湖沼の生物群集や生態系を取り込んだ検証研究が極めて不足している．野外観測ではアオコが発生するような富栄養湖で動物プランクトンや魚類の生産も上がることが経験的に知られている．アオコが優占する水域で，それに依存する動物群集の高い生産がどのようなプロセスやメカニズムにより支えられているのか，腐食食物連鎖の重要性などの仮説はあるが，十分な理解と検証には至っていない．

## 6　プランクトンのサイズ構造の応答

プランクトンのサイズは，個体（あるいは細胞や群体）の生理生態を判断する上で重要な形質のひとつである．プランクトン群集のサイズ構造には，以下に示すように種の生理生態特性と食物網を通じた生物間相互作用の双方が大きく働く．

植物プランクトン群集のサイズ構成は，栄養塩濃度と甲殻類動物プランクトン（おもに枝角類とCalanoida）の平均サイズ双方の影響を受ける（表4.1）．栄養塩濃度が増加すると植物プランクトンのサイズは大きくなり，大型サイズの現存量が増加する．一方，甲殻類動物プランクトンの平均サイズが増加すると，小型植物プランクトン量が減少するため，大型植物プランクトン量が増え，結果的に植物プランクトンのサイズは増加する．具体的な湖では，湖の栄養レベルが上昇すると，大型の植物プランクトン種の現存量は増加するが，それ以下の「食べられやすい」植物プランクトンの量はほとんど変化しないことが示されている（図4.11）．貧栄養湖ほど植物プランクトン群集は小型種で構

**表4.1**　栄養塩の増加，もしくは甲殻類動物プランクトンサイズの増加が植物プランクトン群集構造に与える影響

| | 栄養塩の増加 | 甲殻類動物プランクトンの平均サイズの増加 |
|---|---|---|
| 小型植物プランクトンの現存量 | ↑ or — | ↓ |
| 大型植物プランクトンの現存量 | ↑ | ↑ |
| 小型植物プランクトンの割合 | ↓ | ↓ |
| 平均的植物プランクトンのサイズ | ↑ | ↑ |

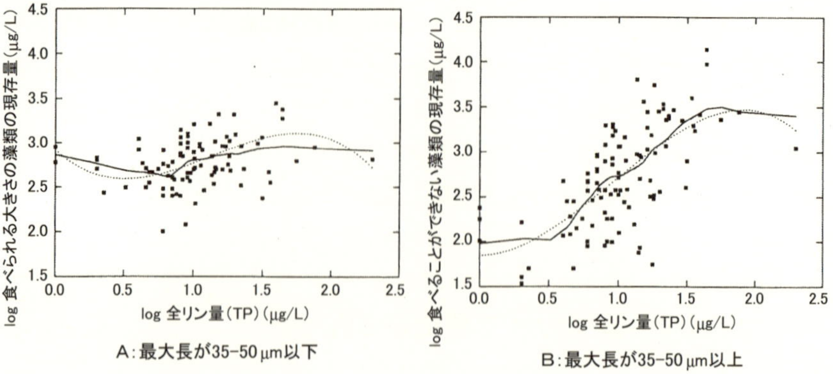


**図 4.11**　TPと藻類現存量の関係

(A) は食べられる大きさ（細胞や群体の最大長（MLD: maximum linear dimension）が 35-50 μm 以下と定義）の藻類，(B) は食べることができない（MLD > 35-50 μm）藻類．(Watson ほか，1992)

成されるが，富栄養化とともに増えるのは大型種ということになる．

植物プランクトン種の個体群動態は，増加や減少に係わる分裂速度，栄養塩吸収速度，運動能力，沈降速度，被食速度などに左右されるが，こうした「速度」はすべて，細胞や群体の「サイズと形」と深く関係する（Seip and Reynolds, 1995）．例えば，小型で球状の細胞は体積当たりの表面積が大きいため貧栄養水域に適応し，植物プランクトン食者が多い富栄養湖では，大型でゆっくり成長する食べられにくい種が優占するほうに選択圧が働くことが想定される．

一方，魚は視覚で大型の餌を選択的に捕らえるため，動物プランクトン群集はサイズ選択的捕食の影響を大きく受け，一方，プランクトン食魚の捕食圧が高いと動物プランクトン群集は小型化する．フサカやアミ類など無脊椎動物の捕食の影響が強いと，ワムシやカイアシ類の幼生（ナウプリウス）などの小型の動物プランクトンが選択的に食べられ，大型ミジンコが優占する．動物プランクトン群集の体サイズ構成は，まず，このような捕食によるトップダウンの影響を受ける．一方，捕食の影響が極めて低い状態では，大型のミジンコは富栄養湖より貧栄養湖で卓越するようになる．この現象については Gliwicz (1990) が，サイズの異なる 8 種のダフニアについて餌濃度と成長速度の関係を調べ，成長がゼロになる（呼吸量＝同化量）餌濃度はサイズが大きいほど低くなることを示した．すなわち，餌をめぐる競争の結果として，大型種ほど餌が不足している状態で優位になる．

80年代初にその存在が認識されるようになった（Johnson and Sieburth, 1982）細菌サイズの超小型植物プランクトン（細菌性プランクトンも含め2 μm以下のサイズのプランクトンをピコプランクトンと呼ぶ）も，貧栄養湖や中栄養湖では，全植物プランクトン現存量の20-60％を占めるが，富栄養湖では1-2％に留まる（Takamura and Nojiri, 1994）．琵琶湖では1989年に超小型のシアノバクテリアが大発生（$10^6$ cells/mL）し，同時にアユの斃死が起こり大きな環境問題になったが，発生原因もアユの斃死との因果関係も未解明である．

## 7　プランクトンの多様性の応答

沖のような一見ニッチ（ある生物のニッチは，それが生残し成長し繁殖できる環境条件の総体である）分化の余地がほとんどない均一な環境に，多種類の植物プランクトンが共存している理由について，Hutchinson（1961）はプランクトンの逆説（paradox of the plankton）として，「湖では季節的な変化が著しく，平衡状態に達する前に環境が規則的に変化するために，それに対応するように競争している種間の釣り合いは何度でも変わりうる」と説明した．植物プランクトン種の多様さを合理的に説明するには，資源分割の可能性や捕食者の影響を考えるだけでは難しく，物理・化学的要因が時間単位，日単位で変化し，競争排除の過程が頻繁に妨害されることを考えざるをえない．ただ，現在では，Hutchinsonの頃に考えられていたよりも，植物プランクトン種の生活要求性は，かなり多様性に富んでいることがわかってきている．例えば，光合成には分類群ごとに多様な光合成色素を有して微妙に異なる波長の光を利用できることや，必ずしも独立栄養に頼らず混合栄養などをする種も含まれること，多様な形態・サイズに起因して浮遊沈降メカニズム・被食の影響も種ごとにかなり異なることなど，植物プランクトン群集が全く異なる系統の生物の集合で，生

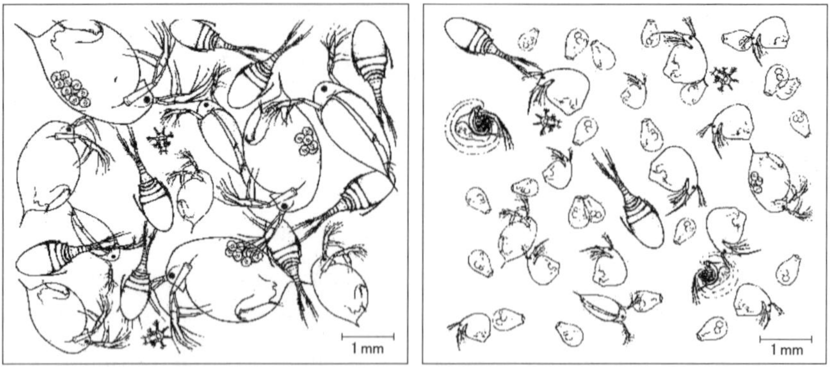


**図 4.12**　2つの貧栄養湖の動物プランクトン群集
左は魚がいない湖．右はマス（*Salmo trutta fario*）がいる湖．（Gliwicz, 2003）

活要求性が少しずつ異なっていることが多種類のプランクトン種の共存を可能にしている面もある．

プランクトンの逆説は，野外の動物プランクトン群集についても当てはまるのかもしれない．しかし，ビーカーレベルの実験研究に限って言えば，枝角類の種類の間では，捕食者がいないところでは，資源をめぐる競争排除が明確におこるが（図 4.12），魚もしくは効果的な無脊椎動物捕食者の存在下では，動物プランクトン群集の多様度は増すことが示されている．おそらく，捕食者が存在すると大型のミジンコ類が排除されるために，資源は環境収容力以下に抑え込まれ，資源をめぐる直接的な競争が低下し，種数が増えると理解されている．

生物多様性研究の増加とともに，湖や池に棲む生物の種数が，どのように決まっているのかについても関心がもたれている．湖や池は「陸という海に浮かぶ島」ととらえる事が可能であるため，湖の生物種数についても，島の生物についての種数-面積関係に倣い，まず，湖の表面積との関係が議論された．マッカーサーとウィルソンが提唱した島の平衡理論は，簡単に言うと，生物の種数は島の面積が大きいほど多く，本土から遠いなど孤立するほど少なくなる，というものである．Dodson ほか（2000）は，よく研究されてきた 33 湖沼（0.005-674 $km^2$）のデータベースから，ワムシ類，枝角類，水草，魚類についてlog(種数) とlog(面積) との間に有意な正の直線関係を見出した．逆に，Hessenほか (2006b) は，ノルウェーの調和型336湖沼 (0.06-210 km$^2$) を対象に，5-9月の期間に4回採集した動物プランクトンの平均種数がlog(面積) と負の関係を示すことを報告している．これは，小さく浅い湖沼では水生植物群落が発達するため，沿岸性や底生の種が増えるためと考えられている．ハビタット (habitat：生息地) の小型化と孤立性 (isolation) は，ともに種数を減らす要因であるが，小水域では植生の占める割合が高い不均質な環境が創出されるため，逆に，種数が増加する．さらに，孤立した小さい水域では魚類群集を欠くことがあるため，独特な生物相の生態系が創出されることになる (Scheffer ほか，2006)．水域では，そのような要因が，種数-面積関係の結果に大きく影響するのであろう．

生産量は種数を決める重要な要因で，一般に生産量と種数の関係は一山型，すなわち中程度の生産量で種数が最も多くなることが知られている (Begonほか，1996)．Dodsonほか (2000) は，一次生産量が1.5-1300 gC/m$^2$/年の範囲の湖沼で調べ，プランクトンの種数が多くなるのは30-179 gC/m$^2$/年と報告している．Hessenほか (2006b) はTPが0.0014-0.655 mg/Lの範囲 (おおよそChlは0.5-100 μg/L) で調べ，動物プランクトンの平均種数とChlの間に正の直線関係を示した (図4.13)．Hoffmann and Dodson (2005) は，流域の土地利用が，農地，都市，工場，住宅地が1%未満の，いわゆる自然度の高い湖沼では，動物プランクトン種数は生産量と有意な正の直線関係を示すが，それ以外の人為度の高い湖沼では負の関係があり，結果的に，これらの湖沼すべてを含めると一山型になると報告している (図4.14)．生産量が増すと種数が増えるのは，利用できる餌資源が増え食物網が複雑になるためと説明できる．さらに増加すると種数が減るのは，動物プランクトンに関しては，藍藻が増え餌の質をさげる，pHが高くなるため自身の生育環境が劣化する，農薬や重金属などの汚染物質が増えるなどの説明がなされている．

さらに，Hessenほか (2006b) は，緯度，経度，面積，平均水深などの地理的な要因と一次生産量 (Chl) と魚の捕食などの湖沼内の要因について検討し，動物プランクトンの種数は，前者より後者，特に生産量の説明力が大きいと結

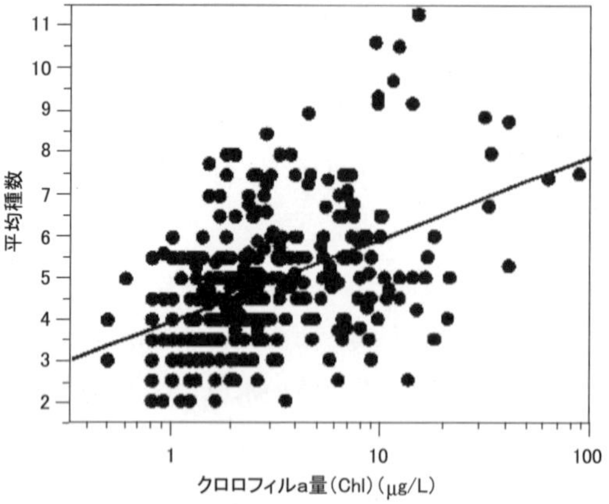


**図 4.13**　Chl と甲殻類動物プランクトンの平均種数の関係

ノルウェーの調和型 336 湖沼（0.06-210 km²）を対象に，5-9 月の期間に 4 回採集した平均値に基づきプロットしている．（Hessen ほか，2006b）

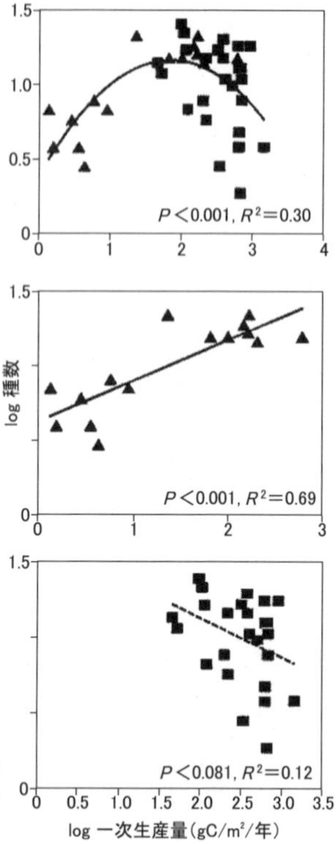


**図 4.14**　一次生産量と甲殻類動物プランクトン種数の関係

集水域の開発が 1% 以下（中段；▲）と 1% 以上（下段；■）の湖沼．上段は双方をあわせて示したもの．（Hoffmann and Dodson, 2005）

論している．さらに，プランクトン食魚が増加すると，甲殻類動物プランクトンの種数は有意に増加することを，具体的な湖沼観測結果からも見出している．

最近では，甲殻類動物プランクトンを対象に，種数より機能多様度（functional diversity: FD）が TP に，より明確に応答することが示されている (Barnett and Beisner，2007)．種数より機能がニッチを特徴づけるものさしとして，より適切であるからであろう．彼らは，FD を成体の体長と食物連鎖の栄養レベル（草食・雑食・肉食）の 2 形質で定義した時，FD が TP と強い負の関係にあることを示した（図 4.15）．

FD と関係する変数として，餌の空間的異質性と餌資源量比に着目し，鉛直方向の藍藻濃度の変動係数が増加すると FD が増えること，（珪藻＋黄金色

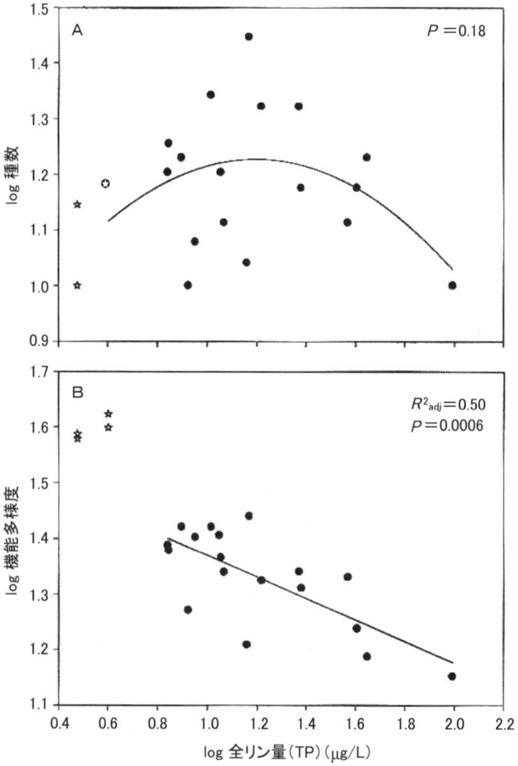


**図 4.15**　TP と種数および機能多様度（FD）の関係

（A）log(TP) と log(種数) の関係，（B）log(TP) と log(機能多様度；FD) の関係．FD については本文参照．カナダケベック州の湖沼データに基づく．スター印は超貧栄養湖のデータを示す．(Barnett and Beisner, 2007)

藻)：(藍藻) の現存量比が増えると FD が増えることを示した (図 4.16)．TP が増加すると，確かに全餌量（Chl）は増えるが，藻類の中身（具体的な餌資源），すなわち，(珪藻＋黄金色藻)：(藍藻) の現存量比が減少する．さらに，鉛直方向の藍藻濃度の不均一性が失われる．そのため，甲殻類動物プランクトンの FD は減少したのだろうと説明している．彼らの調査地の富栄養湖は浅く，よく混合しているため，藍藻は水表面で長く集積することはなく，むしろ

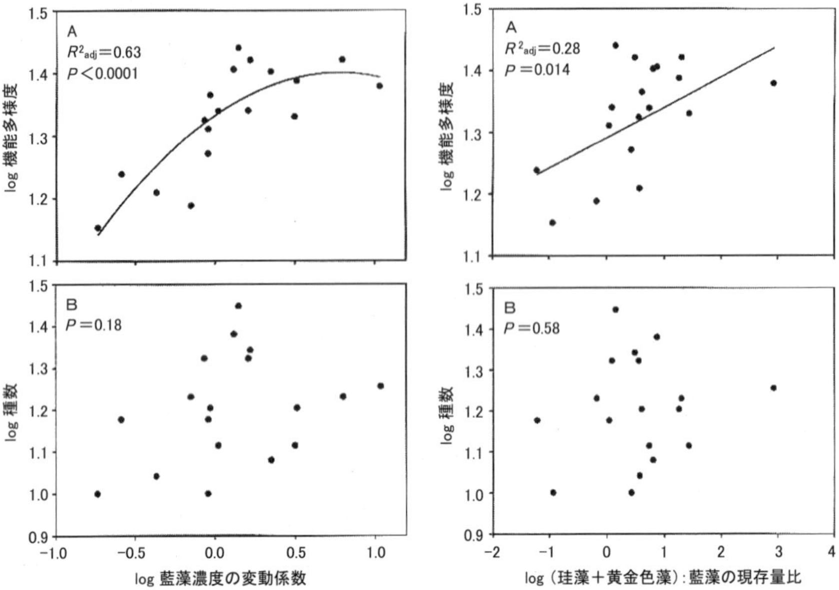


**図 4.16**　機能多様度ないし種数を説明する変数

近年開発されたフルオロプローブ（蛍光により 4 藻類グループ，藍藻，クリプト藻，緑藻，珪藻＋黄金色藻の濃度を定量する）を用いて，有光層鉛直方向の変動係数（CV）と藻類グループごとの現存量を定量した．前者で餌の空間的異質性を，（珪藻＋黄金色藻）：（藍藻）の現存量比で後者を数値化した．
左；有光層の藍藻濃度の変動係数（CV）と動物プランクトンの機能多様度（上）もしくは種数（下）の関係．右；（珪藻＋黄金色藻）：（藍藻）の現存量比と動物プランクトンの機能多様度（上）もしくは種数（下）の関係．いずれの変数ともに両対数変換して比較．（Barnett and Beisner, 2007）

藍藻で一様になる．一方，貧栄養湖では中層に植物プランクトンが偏在する．

## 8　今後の課題と展望

本章では，富栄養化に伴うプランクトン群集動態の変化を概観した．富栄養化がプランクトン動態に与える影響とその大きさを認識できたと思う．湖沼やダム湖の水質管理は，これまで主として工学的な手法で実施されてきた．一方，湖沼の生態学では 1980 年代から生物間相互作用の研究が進展し，水質が，沖の主要な食物連鎖の影響を大きく受けることが常識となってきている．しかし，現在，湖の管理に用いられている水質予測モデルには，そうした生物間相互作用の変数が全く考慮されていない．今後は，そうした知識を湖沼やダム湖の管理に積極的に活用していくための研究の推進が望まれる．また，最近では，非線形に変化する生態系に関する研究が進展しており，湖沼についても，その生態系のふるまいが慣性を有することが指摘されている．こうした慣性は，生態系の変化や回復の予測を極めて困難にしている．一旦，富栄養化した水域を回復させるための対策は，成果がなかなか現れない状況のもとで，辛抱強く努力する姿勢が求められる．そうした点を十分承知した上で，流域全体で機能的に優れた森林面積を確保していくことや湿地機能を再生させる方策などを考える必要がある．さらに，水域の富栄養化問題は，現代社会の構造と深く連関して生じているため，湖の水質管理は，科学技術に加え，社会のしくみや人の価値形成を問う人文社会科学との融合なしに，その解決は望めない課題である（高村，2009）．地球温暖化問題への対応のように，湖沼の回復に対応するための地域社会の連携を支えるしくみが必要なのである．

謝辞：愛媛大学沿岸環境科学研究センター大森浩二准教授にはダム湖の滞留時間のデータの提供を受けました．図の作成や文献整理は中川惠さんの手を煩わせました．記して感謝します．

## 文献

Barnett, A. and B. E. Beisner (2007) : Zooplankton biodiversity and lake trophic state : explanations invoking resource abundance and distribution. Ecology, 88 : 1675–1686.

Begon, M., J. L. Harper, et al. (1996) : Ecology. Individuals, populations and communities (3rd Edn.). Blackwell Science, London. p.1068.

Brönmark, C. and L.-A. Hansson (2002) : Environmental issues in lakes and ponds : current state and perspectives. Environmental Conservation, 29 : 290–307.

Dodson, S. I., S. E. Arnott, et al. (2000) : The relationship in lake communities between primary productivity and species richness. Ecology, 81 : 2662–2679.

Elser, J. J. and C. R. Goldman (1991) : Zooplankton effects on phytoplankton in lakes of contrasting trophic status. Limnology and Oceanography, 36 : 64–90.

Geller, W. and H. Muller (1981): The filtration apparatus of Cladocera—filter mesh-size and their implications on food selectivity. Oecologia, 49: 316-321.

Ghadouani, A., B. Pinel-Alloul, et al. (2003): Effects of experimentally induced cyanobacterial blooms on crustacean zooplankton communities. Freshwater Biology, 48: 363-381.

Gliwicz, Z. M. (1990): Food thresholds and body size in cladocerans. Nature, 343: 638-640.

Gliwicz, Z. M. (2003): Zooplankton. In P. E. O'Sullivan, C. S. Reynolds (eds.), The Lakes Handbook, Volume 1: Limnology and Limnetic Ecology (1st Ed.), pp. 461-516. Blackwell Science, Oxford.

Gorthner, A. (1994): What is an ancient lake?. Archiv für Hydrobiologie, Ergebnisse der Limnologie, 44: 97-100.

Halpern, B. S., E. T. Borer, et al. (2005): Predator effects on herbivore and plant stability. Ecology Letters, 8: 189-194.

Hansson, L. A., M. Lindell, et al. (1993): Biomass distribution among trophic levels in lakes lacking vertebrate predators. Oikos, 66: 101-106.

Hessen, D. O., B. A. Faafeng, et al. (2006a): Nutrient enrichment and planktonic biomass ratios in lakes. Ecosystem, 9: 516-527.

Hessen, D. O., B. A. Faafeng, et al. (2006b): Extrinsic and intrinsic controls of zooplankton diversity in lakes. Ecology, 87: 433-443.

Hoffmann, M. D. and S. Dodson (2005): Land use, primary productivity, and lake area as descriptors of zooplankton diversity. Ecology, 86: 255-261.

Hutchinson, G. E. (1961): The paladox of the plankton. American Naturalist, 95: 137-146.

井上　勲（2007）藻類30億年の自然史．東海大学出版会，秦野．

岩佐義朗（編）（1990）：湖沼工学．山海堂，東京．

Jansson, M., L. Persson, et al. (2007): Terrestrial carbon and intraspecific size-variation shape lake ecosystems. Trends in Ecology and Evolution, 22: 316-322.

Jeppesen, E., J. P. Jensen, et al. (2000): Trophic structure, species richness and biodiversity in Danish lakes: changes along a phosphorus gradient. Freshwater Biology, 45: 201-218.

Johnson, P. W. and J. M. Sieburth (1982): In situ morphology and occurrence of eukaryotic phototrophs of bacterial size in the picoplankton of estuarine and oceanic waters. Journal of Phycology, 18: 318-327.

Lurling, M. (2003): The effect of substances from different zooplankton species and fish on the induction of defensive morphology in the green alga *Scenedesmus obliquus*. Journal of Plankton Research, 25: 979-989.

Mazumder, A. and K. E. Havens (1998): Nutrient-chlorophyll-Secchi relationships under contrasting grazer communities of temperate versus subtropical lakes. Canadian Journal of Fisheries and Aquatic Science, 55: 1652-1662.

Olding, D. D., J. A. Hellebust, et al. (2000): Phytoplankton community composition in relation to water quality and water-body morphometry in urban lakes, reservoirs, and ponds. Canadian Journal of Fisheries and Aquatic Science, 57 : 2163–2174.

Scheffer, M., G. J. van Geest, et al.（2006）: Small habitat size and isolation can promote species richness : second-order effects on biodiversity in shallow lakes and ponds. Oikos, 112 : 227–231.

Seip, K. L. and C. S. Reynolds（1995）: Phytoplankton functional attributes along trophic gradient and season. Limnology and Oceanography, 40 : 589–597.

Smith, V. H.（1982）: The nitrogen and phosphorus dependence of algal biomass in lakes : an empirical and theological analysis. Limnology and Oceanography, 27 : 1101–1112.

高村典子（編）（2009）：生態系再生の新しい視点―湖沼からの提案―．共立出版，東京．

高村典子・石川　靖ほか（1996）：日本の湖沼34水域の栄養塩レベルと細菌，ピコ植物プランクトン，鞭毛藻（虫）および繊毛虫の密度の関係．陸水学雑誌，57：245–259.

Takamura, N. and Y. Nojiri（1994）: Picophytoplankton biomass in relation to lake trophic state and the TN : TP ratio of lake water in Japan. Journal of Phycology, 30 : 439–444.

Takamura, N., A. Otsuki, et al.（1992）: Phytoplankton species shift accompanied by transition from nitrogen dependence to phosphorus dependence of primary production in Lake Kasumigaura, Japan. Archiv für Hydrobiologie, 124 : 129–148.

Thornton, K. W., B. L. Kimmel, et al.（1990）: Reservoir Limnology : Ecological Perspectives. Wiley, New York（村上哲生・林裕美子・奥田節夫・西條八束監訳（2004）：ダム湖の陸水学．生物研究社，東京．）

Watson, S., E. McCauley, et al.（1992）: Sigmoid relationships between phosphorus, algal biomass, and algal community structure. Canadian Journal of Fisheries and Aquatic Science, 49 : 2605–2610.

Watson, S., E. McCauley, et al.（1997）: Patterns in phytoplankton taxonomic composition across temperate lakes of differing nutrient status. Limnology and Oceanography, 42 : 487–495.

Weisse, T.（2003）: Pelagic microbes—Protozoa and the microbial food web. In P. E. O'Sullivan, C. S. Reynolds（eds.）, The Lakes Handbook, Volume 1 : Limnology and Limnetic Ecology（1st Ed.）, pp. 417–460. Blackwell Science, Oxford.

Winfield, I. J., G. Peirson, et al.（1983）: The behavioral basis of prey selection by underyearling bream（*Abramis brama*（L.））and roach（*Rutilus rulilus*（L.））. Freshwater Biology, 13 : 139–149.

（高村典子）

# 第Ⅱ部

# ダム湖周辺の生態系

# 第5章

# 試験湛水ならびにダム運用後における<br>ダム湖周辺の植生の動態

## 1　はじめに

本章ではダム湖畔と貯水池上流端（ダム湖の流入部）を対象に，試験湛水およびその後の運用に伴う植生の変化を紹介する．

試験湛水とは，ダムの工事から完成に至る最終段階の試験であり，ダムがためられる最高の水位（サーチャージ水位）まで水位を上下させて，堤体や湖岸が安全であるか，チェックすることである．洪水調節と上水道補給（利水）などの目的を持った多目的ダムでは，試験湛水後は洪水時を除くと常時満水位（非洪水期）と制限水位（洪水期）を上限としてダム水位を運用することが多く，サーチャージ水位まで上昇することはほとんどない（図5.1参照）．本章では試験湛水時に一過的に冠水する斜面，および定期的に水位が変動する斜面において，植生がどう変わったかを紹介する．

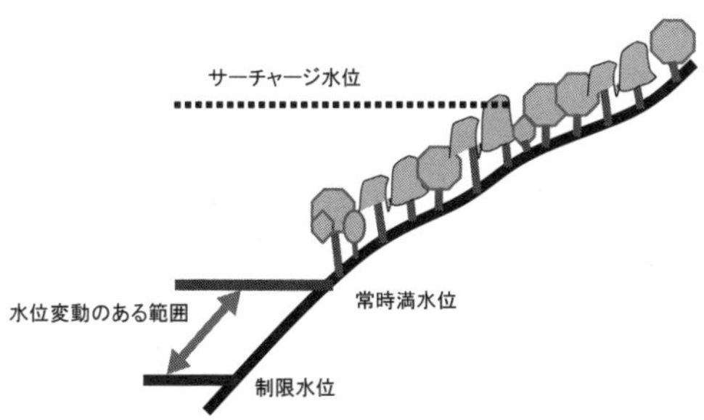


**図5.1**　貯水池内の水位の概念図

貯水池の上流端は流入河川から運ばれてくる土砂がたまりやすい場所であり，水位変動に加え，土砂堆積の影響を受けやすく，湖畔の斜面とは異なる植生の変化がみられる．この部分における試験湛水時やダム運用後の植物群落の変化も解説する．

# 2　ダムのタイプと運用法

## 2.1　日本のダムの概要

最初に日本のダムについて簡単に紹介する．一般には，堤高が 15 m 以上のものをダムと呼んでいる．日本におけるダムの数は，2000 年段階で農業用ダムが 1,529，水道用が 104，発電用が 385，工業用が 15，洪水調節・農地防災ダムが 95，多目的ダムが 576 あり，合計で約 2,704 である（日本ダム協会，2001）．

世界的にダムの数をみると，第 1 位は中国で，22,000 と群を抜いており，アメリカの 6,575，インドの 4,291 と続き，日本は第 4 位である（World Commission on Dams，2000）．隣国の韓国のダム数は 765 で第 7 位であり，国土の面積から考えると日本はダムの多い国といえる．

では，堤高が 15 m 以上のダムは日本にいつ頃からできたのだろうか．『にっぽんダム物語』（岡野ほか，2006）によると，大阪で 7 世紀前半に造られた狭山池が最初らしい．その次は，四国・香川県の満濃池である．目的はいずれも灌漑で，農業用のため池である．ダムはこの 7 世紀頃から造られ始め，江戸時代まで農業用として造られてきたことになる．

そして明治時代に入り，1890 年代に，農業用以外のダムが造られるようになった．日本ではそのころコレラが流行し，衛生的な水道用水を確保することが課題になってきた．そこで水道用水，すなわち上水道の水を確保するために，初めて造られたのが，長崎の本河内高部ダムであり，1891 年に完成した．

そして 1900 年には，神戸の布引五本松ダムが，わが国では初めてのコンクリートダムとして完成した．この後も農業用，水道用のダムが建設されたが，水力発電については，小さな堰（堤体 15 m 以下）から水を引くような方法であった．ところが，1912 年，東京電力が発電用に栃木県で黒部ダムを建設し，これが日本最初のダムを使った発電施設となった．その後，発電の需要とともに，ダム建設はさらに進んでいくことになった．

さらに時代が進むにつれ，洪水調節を含む様々な用途を目的にした多目的ダムが造られてきた．1920年代に最初の計画があったが，途中で第二次世界大戦が勃発し，計画は中断された．戦後の1950年代になって，初めて洪水調節も目的に入れた多目的ダムができ，岩手県の田瀬ダムや栃木県の五十里ダムが，この時期のダムにあたる．

以上は岡野ほか（2006）を基に概説した．詳しくはこの文献を直接参照してほしい．

## 2.2　目的によるダムの運用法の違い

操作方法や下流へのインパクトはダムのタイプによって違ってくる．ここでは日本に多い発電用と農業用のダム，および多目的ダムについて，違いを説明する．

まず発電ダムでは，ダムにより水を貯めて取水口から水をとる．ダム水路式発電の場合，落差を稼ぐために下流へとつながれたパイプラインがその後にあり，山から一気に水を落としてタービンを回し電力を得る．発電ダムには他に，ダム堤体から直接水を落としてタービンを回すものもあり，これはダム式と呼ばれている．

発電ダムの貯水位は，基本的には一定に保つことを図るが，雨が少ないと水位は下がるし，その後雨が降れば水位は回復する．ある一定以上の貯水位を超える大きな流入量があった場合，無効放流という形で，増水した分を下流に流すシステムになっている．ダムの下流の状態としては，水のすべてを発電にとってしまう結果，ダムからの放流量が0 $m^3$/秒というダムもあり，この場合，ダムから発電所までの間は，水の無い川が存在することになる．ところが，昭和60年代ごろから各地で「豊かで美しい川」を求める声が強くなり，昭和63（1988）年に，河川管理者の建設省（現国土交通省）と水力発電を所管する通商産業省（現経済産業省）が，発電水利権の期間の更新時より，一定の流量（維持流量）を発電ダムから下流河川に流すことにした．下流に流す流量は「発電ガイドライン」に基づき計算され，下流の環境に配慮した流量を流すことになっている．筆者の知っている事例では，水利権の更新期間は30年に1回であるが，年々更新する発電ダムが増加し，今では多くの発電ダム下流において維持流量が流されている．発電ダム下流では大きな出水が来たときは，放流量が増え撹乱はそれなりにあるが，大きな出水がないときは，流入する河川の流量が変動しても，下流はほぼ一定の流量であり，流況は安定しやすい．

農業用のダムは地域差があるものの灌漑に備え，農業であまり水を使用しない冬季から春季にかけて水を貯める．そして，春季から夏季にかけては，「代かき」など様々な農作業に水を使うので，貯めていた水を徐々に使うことになる．その後は，雨などによる貯水位の回復を期待することとなるが，大きな出水があると，一気に回復することもあり，貯水量は雨任せである．農業用ダムの取水は，ダム下流からの河道取水の場合と，貯水池から直接に取水して農業用水路に入れるものもあり，直接取水の場合は発電と同じようにダム下流に水が少ない区間が発生する．

最後に多目的ダムである．ダムの運用には，制限水位方式，オールサーチャージ方式などがあり，このうち制限水位方式が多い．この方式は，非洪水期（10月〜6月）は貯水位を高く設定し（常時満水位），洪水期（6月〜10月）には，洪水に備え，貯水位を低く設定する（制限水位）．この下げた範囲の分だけ，洪水を貯めこめるようになっている（図5.1）．

多目的ダムのなかで，国土交通省と水資源機構が管理するダムは約100あるが，上記の制限水位方式をとっているのが約70である．下流の流量については，あまり大きな出水でないときは，流入量と放流量はほぼ同量なことが多い．大きな出水が来たときには，下流の安全を守るために流量を調整するので，流入量がそのまま放出されるわけではない．大きな流量のとき，洪水を貯め込むわけである．

本章で紹介するダムは，福島県・阿武隈川水系の三春ダム（1998年完成）と，福岡県・築後川水系の江川ダム（1975年完成）である．三春ダムは多目的ダムで，江川ダムは農業用である．

## 3　日本のダム周辺と河川の植生

一般に，ダムは山地渓流に建設されることが多いため，貯水池となる森林や渓流は水没し，広大な止水域へと姿を変える．日本の気候は湿潤温暖であり，山腹の斜面は東日本では概ねブナクラスの落葉広葉樹林が，西日本は概ねヤブツバキクラスの照葉樹林が発達する．斜面におけるこれらの植生も地表の攪乱を受けて成立しているが（東，1979），河床の変動攪乱は斜面崩壊による地表の変動攪乱より高い頻度で発生すると言われ（中村，1990），河川には変動・攪乱によって特徴づけられた特有の植生が成立する．特に，日本の河川は流域面積が狭く急流であり，梅雨期，台風期の豪雨における洪水は，短時間に大きなピーク流量で流出するため，河川植生の立地は不安定である．

河川勾配が大きく，極端な増水を伴う日本の河川では，それに適合して河畔に植物群落が発達しており，極端な増水の制御は河川の植物群落に影響を与えると考えられる．日本の斜面を含む山地渓流に，ダムのような大きな構造物が建設されると，植生は人工改変により消失する．人工改変されない場合でも，ダム斜面の植生については貯水位の変動などの，ダム下流については河川のダイナミズムの変化など，生育立地の変化に伴い影響を受ける．

ダム事業が周辺環境に及ぼす影響について整理した資料に，「ダム事業における環境影響評価の考え方」（河川事業環境影響評価研究会，2000）がある．これによると，ダム事業が植生に及ぼす影響は，①森林の伐採および湛水による水没，②ダム下流の冠水頻度の変化，③貯水池上流端の堆砂に区分されている．さらに，これに加え，ダムのアセスメントでは，④湖畔における常時満水位付近の植生の変化も扱うことが多い．①の森林の伐採および湛水による水没は，ダムの堤体や貯水池に位置する植生の消失を意味し，ダム事業が植生に与える最大の影響として考えられる．しかし，本書では，直接的には消失することのないダム下流河川，湖畔，貯水池上流端における植生を対象に，ダム事業による生育立地の変化とそれに対応する植生の変化を扱う．本章では，湖畔と貯水池上流端について解説し，ダム下流河川は第15章で扱うこととする．

# 4　湖畔の変化の様相

本節では湖畔の植生の変化について述べる．前半ではサーチャージ水位（ダムで貯められる最大の水位，図 5.1 参照）に関する話（浅見ほか，2003，2004），後半では常時満水位（非洪水期）から制限水位（洪水期）までの斜面の植生について述べる．

## 4.1　試験湛水で一度冠水する範囲

1980 年代までは，サーチャージ水位より斜面下部の樹林をすべて伐採することが多かったようであるが，その後は，ダムの湖畔に可能な限り木を残そうという動きが強くなってきた．三春ダムが湛水した 1990 年代になると，常時満水位以下の湖畔の樹木は残すようになり，三春ダムでも残した．

筆者らは，試験湛水の影響をみるため，一回水に浸かることによる植物群落の種組成の変化と，樹木の枯死について調査した．調査地点を図 5.2 に示す．EL. 333 m がサーチャージ水位，その下の EL. 326 m が常時満水位であり，その下の EL. 318 m に制限水位が設定されている．

測量により樹木の根元位置をプロットした．さらに，杭を打ってコドラートを設置し，湛水による植生の変化をみることにした．樹木については，デンドロメーターを約 100 本巻きつけ，10 日に 1 回程度観察し，幹径の伸びを追跡した（図 5.3）．

樹木はすべてナンバーリングしてあり，試験湛水後，樹木の生存を追跡すると，枯死した樹木はいずれも斜面の下部であった．1996 年からの 1 年毎に幹径の伸びた太さを直径（mm 単位）で表した（表 5.1）．1997 年がダムの冠水の始まりで，1998 年が試験湛水直後になる．表の上の方ほど冠水日数が多く，表の下に行くほど冠水日数が少ないことになる．根元が冠水した樹木は，このサイトでは 22 本あり，例えば No. 1（個体番号 29）の樹木は根元の標高が 326.5 m，根元の冠水日数 104 日，樹種はクリ（*Castanea crenata*），胸高直径

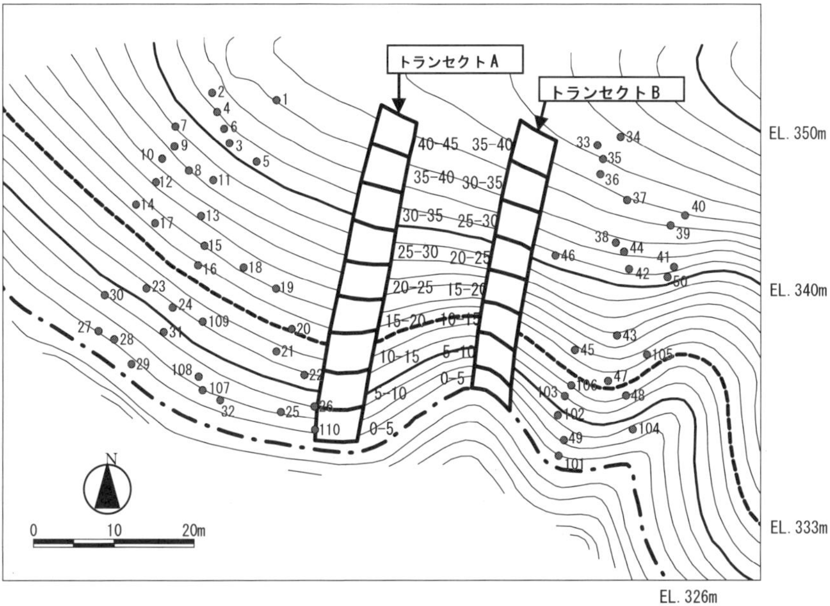


**図 5.2**　調査地点の地形と計測した樹木とトランセクトの位置

ここでは，トランセクトは連続したコドラートの集合体からなり，帯状に設置した．●は生長量（DBH）を計測した樹木の位置を示す（表 5.1 の個体番号と対応）．トランセクトにおける数値は，常時満水位（EL. 326.0 m）からの各コドラートの斜距離を示す．浅見ほか（2003）を基に作成．

(diameter at breast height：DBH）は 12.4 cm だった．個体番号 29 の場合は，1998 年に 0.2 mm 肥大し，その後肥大生長量はゼロになり，展葉もなく枯死した．

**図 5.3**　デンドロメーター

表 5.1 のグレーで塗りつぶしたセルは，肥大生長量 0 mm で冠水後枯死したものだが，生存か枯死かの冠水日数の境界をみると，根元が 53 日以上浸かった樹木には枯死したものが目立ち，それより冠水日数の少

**表 5.1**　1996-2000 年における三春ダム調査樹木の DBH の増加量（mm/年）

| 通し番号 | 個体番号 | EL.（m） | 冠水日数 | 種 | DBH（mm） | 生長量（DBH mm/年） | | | | |
|---|---|---|---|---|---|---|---|---|---|---|
| | | | | | | 1996 | 1997 | 1998 | 1999 | 2000 |
| 1 | 29 | 326.5 | 104 | クリ | 124 | 6.7 | 7.0 | 0.2 | 0.0 | 0.0 |
| 2 | 101 | 327.0 | 99 | コナラ | 124 | 5.5 | 0.9 | 0.0 | 0.0 | 0.0 |
| 3 | 27 | 327.0 | 99 | クリ | 111 | 8.6 | 7.3 | 0.1 | 0.0 | 0.0 |
| 4 | 28 | 327.0 | 99 | クリ | 115 | 5.3 | 5.1 | 0.0 | 0.0 | 0.0 |
| 5 | 110 | 327.5 | 88 | クリ | 178 | 11.6 | 9.2 | 0.0 | 0.0 | 0.0 |
| 6 | 26 | 328.0 | 76 | コナラ | 156 | 5.8 | 13.9 | 14.7 | 17.4 | 16.2 |
| 7 | 32 | 328.0 | 76 | コナラ | 191 | 4.0 | 5.7 | 2.5 | 2.6 | 1.8 |
| 8 | 107 | 328.0 | 76 | ヤマザクラ | 102 | 12.6 | 3.8 | 0.0 | 0.0 | 0.0 |
| 9 | 49 | 328.5 | 53 | ヌルデ | 137 | 2.4 | 0.3 | 0.0 | 0.0 | 0.0 |
| 10 | 104 | 328.5 | 53 | クリ | 134 | 23.3 | 3.8 | 0.0 | 0.0 | 0.0 |
| 11 | 108 | 328.5 | 53 | クリ | 137 | 9.2 | 4.4 | 4.9 | 5.0 | 3.1 |
| 12 | 25 | 329.0 | 37 | クリ | 150 | 4.3 | 7.5 | 4.8 | 3.0 | 4.5 |
| 13 | 102 | 329.5 | 30 | ウワミズザクラ | 127 | 5.6 | 6.7 | 3.2 | 0.9 | 0.2 |
| 14 | 22 | 331.0 | 19 | クリ | 143 | 1.9 | 2.7 | 3.4 | 1.7 | 2.2 |
| 15 | 23 | 331.0 | 19 | クリ | 134 | 3.4 | 4.2 | 5.5 | 3.0 | 3.8 |
| 16 | 103 | 331.0 | 19 | イヌザクラ | 115 | 8.1 | 12.1 | 8.9 | 8.0 | 3.1 |
| 17 | 24 | 331.0 | 19 | ヤマザクラ | 118 | 3.2 | 3.3 | 3.8 | 3.3 | 3.8 |
| 18 | 21 | 331.5 | 16 | クリ | 172 | 4.3 | 6.5 | 5.6 | 4.3 | 3.4 |
| 19 | 31 | 332.0 | 12 | コナラ | 143 | 1.0 | 10.2 | 9.2 | 11.5 | 10.8 |
| 20 | 106 | 332.0 | 12 | コナラ | 115 | 7.9 | 2.1 | 5.2 | 4.9 | 3.2 |
| 21 | 30 | 332.0 | 12 | クリ | 143 | 8.1 | 9.9 | 10.1 | 9.6 | 7.4 |
| 22 | 48 | 332.0 | 12 | クリ | 172 | 4.9 | 2.6 | 6.7 | 6.5 | 5.3 |
| 23 | 20 | 333.0 | 0 | コナラ | 156 | 8.2 | 12.0 | 20.0 | 9.0 | 12.6 |
| （以下，略） | | | | | | | | | | |

DBH（mm）は 1996 年 2 月に計測した．網掛けは枯死個体を示し，冠水日数は試験湛水期間中における各個体の根元の冠水日数を示す．浅見ほか（2003）を基に作成．

ない 37 日以下では，生き延びたことがわかった．枯死した樹木は 8 本あり，この林の優占種であるクリとコナラ（*Quercus serrata*）が多かった．

それでは，生き延びた樹木は，一度水に浸かると生長量は落ちるのか，あるいはそのままなのか，生長量を詳細にみることにする．樹木の位置を常時満水位から標高で 3.5 m 間隔に機械的に区分して比較した．水際の樹木グループを根元位置 EL. 326.0–329.5 m の範囲とし，標高が高く，冠水日数が少ないグループを EL. 329.5–333.0 m とした．以下，年度ごとに標高で整理した結果を示す（図 5.4）．

試験湛水後に生き延びた樹木を対象に，根元が水に浸かった木とそうでない

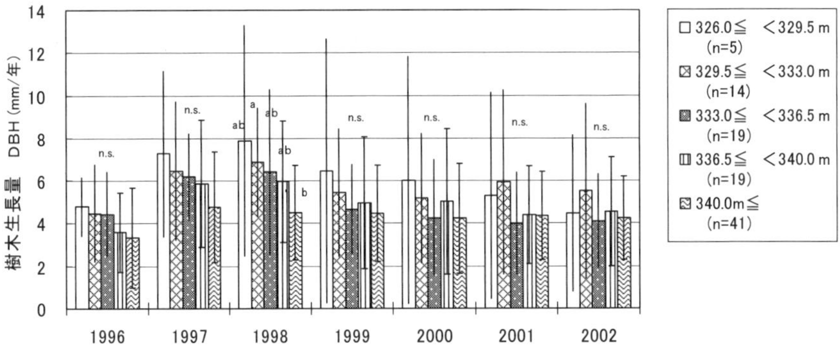


**図 5.4**　1996-2002 年における標高別の樹木の生長量 DBH（mm/年）

図中のアルファベット a，b は，統計処理し有意差が認められたことを示し（Mann-Whitney U-test, $p<0.05$），この場合，1998 年にグループ間に差が認められたことを現している．a と ab は，双方とも a が含まれるため有意差がないことを示すが，a と b の単独記号があるグループ，すなわち，329.5-333.0 m と 340.0 m 以上は共通する文字がないため有意差があることを示している．n.s. は統計的に有意差がないことを示す．（浅見ほか，2004）

木の差について，統計処理をすると，湛水前は，どの標高でも生長量に有意差はなかった．1997 年には差が広がったようにみえるが，統計的に有意差はなかった．しかし，試験湛水後の 1998 年は，統計的にも水に浸った水際部のほうが生長度はよくなっていた．しかし，その後は，有意差はなくなった．

これはどのように解釈できるか．この試験湛水が始まる前，この一帯は林であったが，ダム建設のために，常時満水位の EL. 326.0 m より下部の斜面を伐採してしまった．その結果，EL. 326 m の付近の樹木は光を受けやすくなり，樹木は枝を張って生長がよくなった．さらに 1998 年は，326.0 m あたりには，枯れた樹木があり，生き残った木はさらに光をよく受けるようになり，肥大生長するようになった．ところが，何年かたつとまた次第に落ち着いて，他と標高との差がなくなったと解釈している．まとめると，水に浸かっても生き残った木は，湛水後しばらくは以前より光条件がよくなるために生長がよくなるが，その後は安定し，ほかの樹木との生長の差はなくなる，ということになる．

続いて，樹林の植物群落の組成の変化をみる．設置したトランセクトを先ほどの図 5.2 に示した．トランセクトは斜距離で 5×5 m のコドラートを連続さ

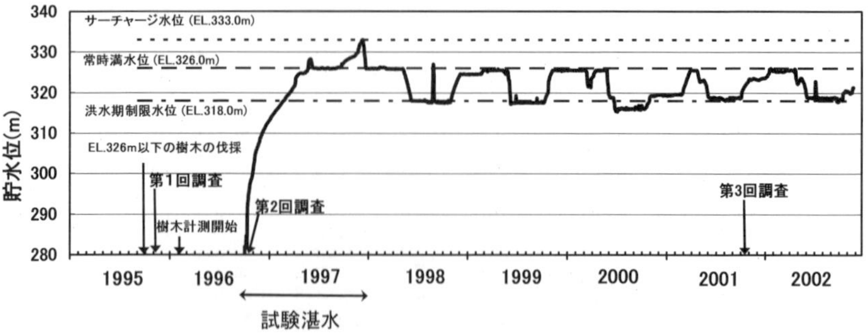


**図 5.5**　1995 年から 2002 年における三春ダムの貯水位の変化

試験湛水は 1996 年 10 月 1 日に開始し，1997 年 12 月に終了し，1998 年 4 月に管理に移行した．図中の第 1 回～3 回調査は，図 5.2 で示したトランセクトにおける植生調査を実施した時期を示す．

せたものであり，コドラート内の植物群落がどのように変わってきたかを紹介する．調査は，試験湛水前に 1 回，試験湛水開始直後に 1 回，しばらくした 2001 年に 1 回の計 3 回行った（図 5.5）．

表 5.2 はトランセクト A の種組成の変化で，左の列に標高の低いコドラートを配列し，右に行くほど標高が高くなり，冠水していないコドラートを配列している．各コドラートごとに冠水日数を示したが，コドラート“0–”，“5–”，“10–”の三つのコドラートが冠水した．表 5.2 では各コドラートの下に 3 列あり，左から最初の年（1995），2 年目（1996），3 年目（2001）の各植物種の被度・群度を示した．被度・群度は“5・5”が最大値で，出現がない場合は“・”を記載してある．例えばコドラート“0–”で高木層のクリは，1995, 1996 年には“3・3”で存在したが，湛水後の 2001 年には“・”となり消失したことを示している．消失した種，新たに出現した種をみると，高木層で消失した種はクリのほか，ミツバアケビ（*Akebia trifoliata*）であった．低木層も同じように試験湛水前は存在していたが，試験湛水後の 2001 年に消失した種があり，コドラート“5–”のヤマウグイスカグラ（*Lonicera gracilipes*）などがこれにあたる．一方，クマイチゴ（*Rubus crataegifolius*）など新たに出てきた種もあり，クマイチゴの繁茂は顕著であった．冠水日数の多い斜面最下部のコドラート“0–”では，植物群落は森林から草地の種組成に変わった．標高が高く

枯死木

クマイチゴ

**図5.6**　2002年9月19日段階の調査地点の様子

なるにつれ，冠水日数も減り消失した種類も減り，変化は少なくなった．冠水していない範囲でも減少した種もあるが，これはニッコウザサ（*Sasa chartacea* var. *nana*）の繁茂に伴うものと考えている．

図5.6は，2002年段階の調査地点の様子を示している．常時満水位付近は冠水日数が多く，湛水日数53日以上の範囲では樹木は枯れてしまい，その後クマイチゴが優占した．コドラート調査の結果では，冠水日数37日までの範囲でも一部枯死した樹木がみられたが，30日より冠水日数が少ない範囲では枯死木はなく，種組成の変化は少なかった（表5.2）．

### 4.2　毎年定期的に冠水する斜面

常時満水位~制限水位の状況を紹介する．水位が低下した洪水期にボートで湖上観察すると，斜面が急な場所と緩やかな場所で植生の発達の仕方が異なっていた．傾斜が急な斜面のうち波浪をまともに受ける場所では，局所的ではあ

**表 5.2　三春ダム　トランセク**

| 通し番号 | | 1 | 2 | 3 | 4 | 5 | 6 | 7 | 8 | 9 | 10 | 11 | 12 |
|---|---|---|---|---|---|---|---|---|---|---|---|---|---|
| コドラート番号 | | | 0- | | | 5- | | | 10- | | | 15- | |
| 冠水日数 | | | 37-104 | | | 16-37 | | | 0-16 | | | 0 | |
| 調査年 | | 1995 | 1996 | 2001 | 1995 | 1996 | 2001 | 1995 | 1996 | 2001 | 1995 | 1996 | 2001 |
| **高木層（T）** | | | | | | | | | | | | | |
| **消失した種** | | | | | | | | | | | | | |
| クリ | T | 3·3 | 3·3 | · | 2·2 | 2·2 | 3·3 | 2·2 | 3·3 | 3·2 | 1·1 | 1·1 | 1·1 |
| ミツバアケビ | T | 1·1 | 2·2 | · | 1·2 | 2·2 | 1·1 | 2·2 | 1·1 | 1·1 | + | 1·1 | + |
| ヌルデ | T | 1·1 | · | · | 2·2 | 2·2 | · | 2·2 | 1·1 | · | · | · | · |
| **低木層（S）・草本層（H）** | | | | | | | | | | | | | |
| **消失した種** | | | | | | | | | | | | | |
| ヤマウグイスカグラ | S | · | · | · | + | + | · | · | · | · | · | · | · |
| ヌルデ | H | · | + | · | · | + | · | · | · | · | · | + | · |
| ヒカゲスゲ | H | · | + | · | + | + | · | + | + | · | · | + | · |
| タチツボスミレ | H | · | + | · | · | + | · | · | + | · | · | · | · |
| クズ | H | · | + | · | · | + | · | · | · | · | · | · | · |
| アマチャヅル | H | + | + | · | · | · | · | · | · | · | · | · | · |
| アカネ | H | · | + | · | · | · | · | · | · | · | · | · | · |
| シラヤマギク | H | · | + | · | · | · | · | · | · | · | · | · | · |
| クリ | H | · | · | + | · | + | · | · | + | · | · | · | · |
| ツユクサ | H | · | · | · | · | + | · | · | · | · | · | · | · |
| ツリガネニンジン | H | · | · | · | · | + | · | · | · | · | · | · | · |
| ニシキギ | S | · | · | · | · | · | · | 2·2 | 1·1 | 1·1 | · | · | · |
| | H | + | + | + | + | · | + | + | + | +·2 | + | + | 1·2 |
| **新たに出現した種** | | | | | | | | | | | | | |
| クマイチゴ | S | · | · | 3·3 | · | · | · | · | · | · | · | · | · |
| | H | · | · | 2·2 | · | · | · | · | · | + | · | · | · |
| セイタカアワダチソウ | H | · | · | 1·1 | · | · | · | · | · | · | · | · | · |
| ススキ | H | · | · | 1·2 | · | · | · | · | · | · | · | · | · |
| タケニグサ | H | · | · | 1·1 | · | · | · | · | · | · | · | · | · |
| ヤマハギ | S | · | · | 1·1 | · | · | · | · | · | · | · | · | · |
| クマノミズキ | H | · | · | + | · | · | · | · | · | · | · | · | · |
| タラノキ | H | · | + | + | · | · | · | · | · | · | · | · | · |
| ヨウシュヤマゴボウ | H | · | · | + | · | · | · | · | · | · | · | · | · |
| カラハナソウ | H | · | · | + | · | · | · | · | · | · | · | · | · |
| イタヤカエデ | H | · | · | + | · | · | · | · | · | · | · | · | · |
| アオダモ | H | · | · | · | · | · | + | · | · | · | · | · | · |
| ヤマモミジ | H | · | · | · | · | · | + | · | · | · | · | · | · |
| **随伴種** | | | | | | | | | | | | | |
| ニッコウザサ | H | 2·2 | 4·4 | 1·2 | 1·1 | 3·3 | 3·3 | 1·1 | 3·3 | 5·5 | 2·2 | 3·3. | 4·4 |
| アズマネザサ | S | +·2 | +·2 | + | +·2 | + | 2·2 | · | · | · | · | · | · |
| | H | +·2 | +·2 | 2·2 | + | + | 3·3 | · | · | · | · | + | +·2 |
| ヤマツツジ | S | · | · | · | · | · | · | · | · | · | · | · | · |
| | H | 1·1 | + | 1·2 | + | + | + | 1·1 | + | 1·2 | 1·1 | + | 1·1 |
| オオツリバナ | S | · | · | · | · | · | · | · | · | · | 2·2 | 2·2 | 2·1 |
| | H | + | · | · | · | + | + | · | · | + | + | + | + |
| フジ | S | + | + | + | + | + | 1·1 | +·2 | + | 1·2 | 1·1 | + | 1·1 |
| | H | + | + | · | + | 1·1 | · | + | 1·1 | · | 1·1 | +·2 | 1·2 |
| ミツバアケビ | S | + | 1·2 | · | + | + | 1·1 | +·2 | + | 1·2 | 1·1 | + | 1·1 |
| | H | + | 1·2 | 1·2 | + | 1·2 | 1·2 | + | + | 1·2 | · | + | 1·2 |
| ヤマカシュウ | S | · | · | · | · | + | + | · | · | · | · | · | · |
| | H | · | · | + | + | + | 1·2 | · | · | · | + | + | · |
| ムラサキシキブ | S,H | · | · | + | + | 1·1 | + | · | · | · | + | · | · |
| サルトリイバラ | H | + | · | + | · | + | + | · | + | + | · | · | · |
| コナラ | H | · | · | + | · | · | · | · | · | · | · | · | · |
| ノイバラ | S | · | · | · | + | + | + | · | · | · | · | · | · |
| | H | + | · | · | + | + | + | · | · | · | · | · | · |
| ウリカエデ | S | · | · | · | · | · | · | · | · | · | · | · | · |
| | H | · | · | · | · | · | · | · | · | · | + | · | · |
| ヤマザクラ | S | · | · | · | · | · | · | · | · | + | + | · | + |
| ツノハシバミ | S | · | · | · | · | · | · | · | · | · | · | · | · |
| | H | · | · | · | · | · | · | · | · | · | · | · | · |
| コゴメウツギ | S,H | · | · | + | · | · | · | · | · | · | · | · | · |
| （以下，略） | | | | | | | | | | | | | |

浅見ほか（2003）を基に作成.

ト A における種組成の変化

| 13 | 14 | 15 | 16 | 17 | 18 | 19 | 20 | 21 | 22 | 23 | 24 | 25 | 26 | 27 |
|---|---|---|---|---|---|---|---|---|---|---|---|---|---|---|
| | 20- | | | 25- | | | 30- | | | 35- | | | 40-45 | |
| | 0 | | | 0 | | | 0 | | | 0 | | | 0 | |
| 1995 | 1996 | 2001 | 1995 | 1996 | 2001 | 1995 | 1996 | 2001 | 1995 | 1996 | 2001 | 1995 | 1996 | 2001 |
| 4·4 | 4·4 | 3·3 | 4·3 | 3·3 | 3·3 | 2·1 | 2·1 | 2·1 | 3·3 | 3·3 | 2·2 | 4·4 | 3·3 | 2·2 |
| + | · | 1·1 | + | · | · | · | + | · | · | + | · | + | · | · |
| · | · | · | · | · | · | · | · | · | · | · | · | · | · | · |
| · | · | · | · | · | · | 1·1 | + | · | + | · | · | · | · | · |
| · | + | · | + | + | · | · | + | + | · | · | · | · | · | · |
| · | · | · | · | · | · | · | · | · | · | · | · | · | · | · |
| · | · | · | · | · | · | · | · | · | · | + | · | · | · | · |
| · | · | · | · | · | · | · | · | · | · | · | · | · | · | · |
| · | · | · | · | · | · | · | · | · | · | · | · | · | · | · |
| · | · | · | · | · | · | · | · | · | · | · | · | · | · | · |
| · | · | · | · | · | · | · | · | · | · | · | · | · | · | · |
| · | · | · | · | + | · | · | · | · | · | · | · | · | + | · |
| · | · | · | · | · | · | · | · | · | · | · | · | · | · | · |
| · | · | · | · | · | · | · | · | · | · | · | · | · | · | · |
| · | · | · | 1·2 | · | · | · | · | · | · | · | · | · | · | · |
| + | + | + | + | +·2 | · | + | + | +·2 | + | + | + | · | + | + |
| · | · | · | · | · | · | · | · | · | · | · | · | · | · | · |
| · | · | · | · | · | · | · | · | · | · | · | + | · | · | + |
| · | · | · | · | · | · | · | · | · | · | · | · | · | · | · |
| · | · | · | · | · | · | · | · | · | · | · | · | · | · | · |
| · | · | · | · | · | · | · | · | · | · | · | · | · | · | · |
| · | · | · | · | · | · | · | · | · | · | · | · | · | · | · |
| · | · | · | · | · | · | · | · | · | · | · | · | · | · | · |
| · | · | · | · | · | · | · | · | · | · | · | · | · | · | · |
| · | · | · | · | · | · | · | · | · | · | · | · | · | · | · |
| · | · | · | · | · | · | · | · | · | · | · | · | · | · | · |
| · | · | · | · | · | · | · | · | · | · | · | · | · | · | · |
| · | · | · | · | · | + | · | · | · | · | · | · | · | · | · |
| · | · | · | · | · | · | · | · | · | · | · | · | · | · | · |
| 3·3 | 3·3 | 4·4 | 3·3 | 3·3 | 5·5 | 3·3 | 3·3 | 4·4 | 2·2 | 2·2 | 4·4 | 1·1 | 3·3 | 4·4 |
| · | · | + | · | · | · | · | · | · | · | · | +·2 | · | · | · |
| · | · | + | · | · | + | · | · | · | +·2 | +·2 | 1·2 | + | + | +·2 |
| · | · | · | · | · | · | · | · | · | + | · | · | + | · | · |
| + | + | +·2 | · | · | · | +·2 | + | · | +·2 | + | +·2 | 1·1 | 1·1 | 1·1 |
| + | + | · | · | 1·1 | 1·2 | + | · | + | · | · | · | +·2 | 1·1 | · |
| · | + | + | + | + | + | · | + | + | · | + | + | + | + | + |
| + | + | + | + | + | + | · | + | + | · | + | · | · | + | 1·1 |
| 1·1 | + | 1·2 | + | + | 1·2 | 1·2 | 1·2 | · | + | 1·1 | 1·2 | + | + | 1·2 |
| · | · | · | +·2 | 1·1 | 1·1 | + | + | + | + | + | 1·1 | +·2 | + | 2·2 |
| + | + | 1·2 | · | + | 1·2 | + | + | 1·2 | · | + | 1·2 | · | + | 1·2 |
| · | · | · | · | · | · | · | · | · | · | · | · | · | · | · |
| + | + | + | + | + | + | · | + | + | + | + | · | · | · | + |
| · | · | · | · | · | · | <u>1·1</u> | <u>+</u> | <u>+</u> | · | · | <u>+</u> | · | · | <u>+</u> |
| + | + | · | · | · | · | + | + | + | · | · | + | · | · | + |
| · | + | · | · | · | + | · | · | + | · | · | + | · | · | + |
| · | · | · | · | · | · | · | · | · | · | · | · | · | · | · |
| · | · | · | · | · | · | + | · | · | · | · | · | · | · | · |
| · | · | · | · | · | · | · | · | · | 1·1 | 1·1 | +·2 | + | + | · |
| · | · | · | · | · | · | · | · | · | · | · | +·2 | · | + | · |
| · | · | · | · | · | · | · | · | · | · | · | · | · | · | 1·1 |
| 1·1 | + | + | · | · | + | · | · | · | · | · | · | · | · | · |
| · | + | 1·1 | · | · | + | · | · | · | · | · | · | · | · | + |
| · | · | · | · | · | · | · | · | · | · | · | <u>+</u> | + | + | + |

図 5.7　三春ダムにおいて水位低下後に局所的にみられる波浪の影響を受けた斜面

図 5.8　傾斜の緩やかな斜面に発達するタチヤナギ群落

るが，図 5.7 のような風景がみられた．湖岸にあった林が，樹木と根茎，表土のブロックごと貯水池に落ちている様子であり，これは他のダムでも起こる現象のようである．非洪水期の水位が高いとき，斜面の一部が冬の強風に伴う波浪により削られ，水位が下がった後も引き続き削られた結果，ついに滑落したようだ．

しかし，湖畔全部がこのようなわけではなく，図 5.8 のように緩い傾斜の斜面では崩壊は起きていない．傾斜が緩い湖岸は，タチヤナギ（*Salix subfragilis*），イタチハギ（*Amorpha fruticosa*）の 2 種が群落を形成しており，そのほか，シロヤナギ（*Salix jessoensis*），ジャヤナギ（*Salix eriocarpa*）などのヤナギ類も点在していた．草本類も，一年生のオオオナモミ（*Xanthium occidentale*），オオクサキビ（*Panicum dichotomiflorum*）がみられ，多年生草本も，湿地などでよくみられるヒメシダ（*Thelypteris palustris*）などがみられた．三春ダムの場合，常時満水位～制限水位の標高差 8 m の範囲は，年間約 100～200 日程度冠水しており，これらの植物は冠水に適応し，生育しているといえる．

# 5　貯水池上流端（ダムの流入部）の変化の様相

最後に，貯水池の上流端部の状況を二つのダムを例に紹介する．三春ダムでは試験湛水前後の変化を，江川ダムでは運用から約30年たった状況を紹介する．

## 5.1　ダム管理直後

図5.9は三春ダム貯水池（さくら湖）の上流端であり，本川の流入部に該当する．試験湛水中は河原や斜面下部の竹林，低木林が冠水した．現地調査では，あらかじめ調査範囲を決め，100 m 間隔で測量するとともに，流路方向に500 m，左右岸の河原を含む範囲の植生図をつくり5ヶ年にわたり調査した（齋藤ほか，2001）．

試験湛水前後の植生図（図5.10）をもとに，植生が激変した境界に線を引くと，ちょうど70日冠水したところに対応した．70日以上の冠水範囲は，例えば，ヨモギ（*Artemisia indica* var. *maximowiczii*）群落やススキ（*Miscanthus sinensis*）群落であったところが，自然裸地や一年生のカナムグラ（*Humulus japonicus*）群落になっており，ツルヨシ（*Phragmites japonica*）群落であったところでも砂が堆積し，自然裸地となっている箇所もあった．

植生図作成範囲における植生群落の面積変遷を表5.3に示す．ツルヨシ群落

**図5.9**　三春ダム貯水池の上流端

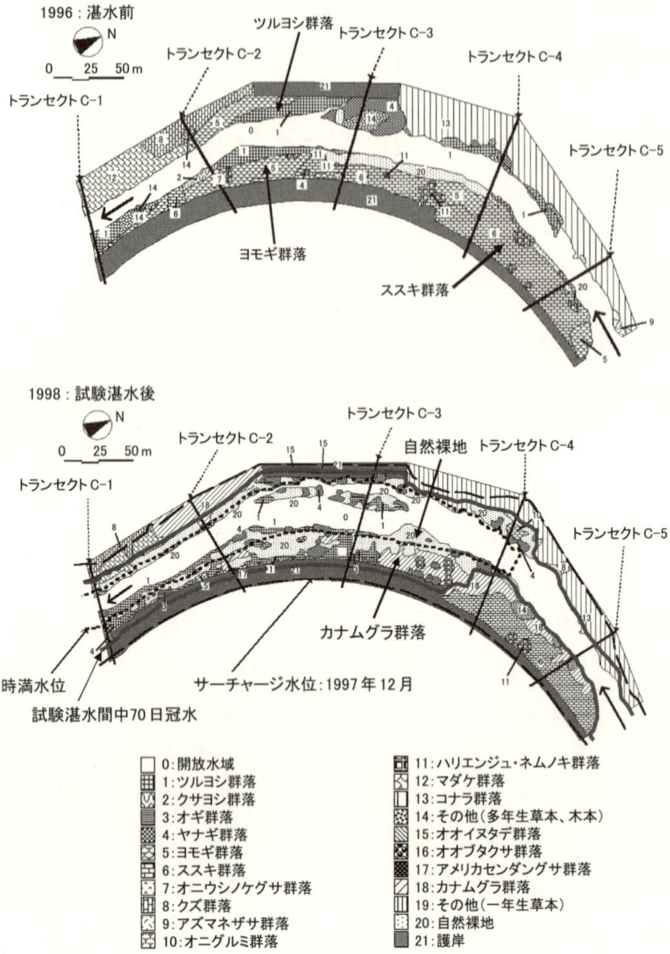


**図 5.10**　三春ダム貯水池上流端の植生の変化

は，試験湛水前と比較し，試験湛水直後にいったん減少し，その後，増加した．クサヨシ（*Phalaris arundinacea*）群落が，湛水後はゼロに，ヨモギ群落も大幅に減り，ススキ群落も半分になり，クズ（*Pueraria lobata*）群落も大幅に減った．減少した群落は，河原でも水際から相対的に比高があり，もともと水に浸かることが少ない場所に生育する種から構成され，冠水に対してはツルヨ

**表 5.3**　三春ダム貯水池上流端における植物群落の面積の変化．単位は $m^2$

| 群　落 | 1996 | 1997 | 1998 | 1999 | 2001 |
|---|---|---|---|---|---|
| 1　ツルヨシ群落 | 1,978 | 192 | 1,565 | 1,225 | 2,714 |
| 2　クサヨシ群落 | 157 | 0 | 0 | 3,065 | 1,011 |
| 3　オギ群落 | 0 | 0 | 152 | 378 | 37 |
| 4　ヤナギ群落 | 799 | 139 | 1,268 | 1,429 | 2,085 |
| 5　ヨモギ群落 | 2,651 | 61 | 118 | 54 | 223 |
| 6　ススキ群落 | 4,145 | 2,871 | 2,175 | 1,476 | 3,696 |
| 7　オニウシノケグサ群落 | 81 | 0 | 0 | 0 | 21 |
| 8　クズ群落 | 857 | 1,527 | 404 | 1,181 | 2,902 |
| 9　アズマネザサ群落 | 140 | 0 | 51 | 0 | 26 |
| 10　オニグルミ群落 | 0 | 0 | 97 | 148 | 270 |
| 11　ハリエンジュ・ネムノキ群落 | 471 | 0 | 318 | 579 | 415 |
| 12　マダケ群落 | 1,499 | 568 | 582 | 903 | 1,235 |
| 13　コナラ群落 | 4,686 | 3,245 | 3,676 | 3,652 | 3,988 |
| 14　その他（多年生草本，木本） | 728 | 205 | 245 | 594 | 323 |
| （一年生草本の群落） | | | | | |
| 15　オオイヌタデ群落 | 0 | 0 | 78 | 218 | 874 |
| 16　オオブタクサ群落 | 0 | 0 | 37 | 452 | 222 |
| 17　アメリカセンダングサ群落 | 0 | 0 | 10 | 0 | 21 |
| 18　カナムグラ群落 | 0 | 0 | 3,009 | 0 | 229 |
| 19　アレチウリ群落 | 0 | 0 | 16 | 1,865 | 21 |
| 20　自然裸地 | 923 | 0 | 4,340 | 1,364 | 548 |
| 21　護岸 | – | – | – | – | – |
| 計 | 19,116 | 8,807 | 18,141 | 18,585 | 20,864 |

齋藤ほか（2001）を基に作成．

シなどより弱いようである．

試験湛水の前までは一年生の草本群落はまったくなかったが，試験湛水後，カナムグラ群落などの一年生草本群落が急に現れてきた．これは，冠水で多年生の群落が枯れる，あるいは土砂がかぶり自然裸地が形成され，一年生の草本群落が発達するニッチができたためと考えられる．

試験湛水から3年たった後，ツルヨシ群落，ススキ群落，さらにはヤナギ類が目立ち，オニグルミ（*Juglans ailanthifolia*）やハリエンジュ（*Robinia pseudoacacia*）なども増えている．

横断測量を複数年行っている断面の植生変化を図5.11に示した．1997年（平成9年）にサーチャージ水位になり，1998年（平成10年）が試験湛水の直後になる．1997年の地盤高は細い線で，試験湛水後の地盤高を太い線で示し

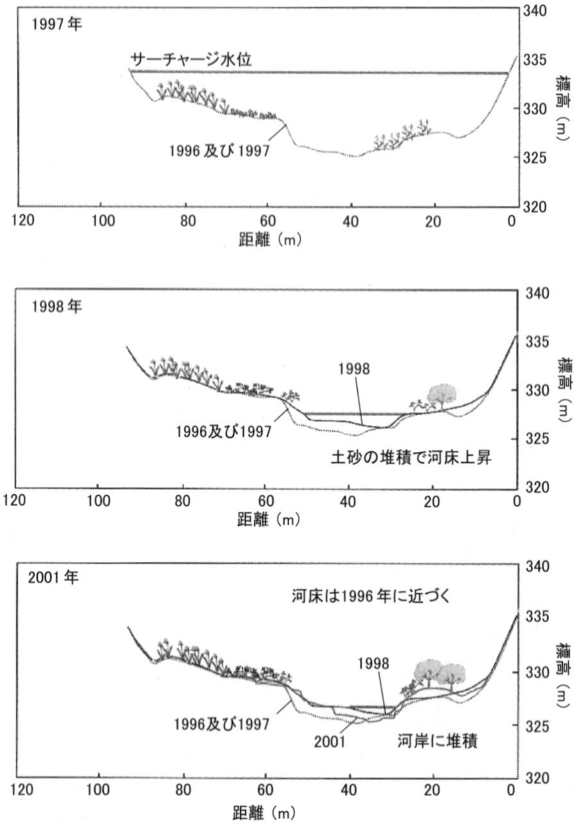


**図 5.11**　貯水池上流端の変化

河床高は試験湛水後，上昇するがその後，戻りつつある．河原は，試験湛水，試験湛水後の 1998 年（洪水）にも上昇した．

ており，土砂が堆積してかぶって河床が全体的に上昇した．その後，出水などにより河床は侵食され，2001 年（平成 13 年）の断面では，いったん埋まった河床が下がり元の河床高に近くなった．一方，河原は土砂をかぶり，盛り上がったが，そのままの状態が続き，河床との比高差は以前より大きくなった．そのため，洪水時に河原に水が届きにくくなり，届いても掃流力が弱く，いったん定着したヤナギなどの樹木は倒されにくくなり，その結果樹木は生長し，群落として発達してきたと考えている.

## 5.2　ダム運用開始から 30 年

次に，運用開始後 30 年ほど経過した江川ダムの事例を紹介する（浅見ほか，2007）．調査地点は常時満水位以下に位置し，オオタチヤナギ（*Salix pierotii*）が年平均で 66 日冠水する範囲に生育していた（図 5.12）．常時満水位は EL. 225.0 m であり，冠水時はオオタチヤナギは根元から 1 m 程度水没する（図 5.13）.

**図 5.12**　江川ダム貯水池上流端部のオオタチヤナギ群落

2003 年 5 月 1 日撮影．（浅見ほか，2007）

筆者が最初に驚いたのが，調査地にはオオタチヤナギしかなかったことである．樹木は合計 22 本あったが，すべてオオタチヤナギだった．その 22 本の樹木を，成長錐で幹を抜き，それぞれの樹齢を調べたところ，一番の老木が 17 歳であり，次に 16，15 歳，一番若いものが 9 歳だった．その年齢から，いつ定着したかを逆算すると，17 歳の樹木は 1986 年に定着が始まり，その後次々と定着したことがわかった.

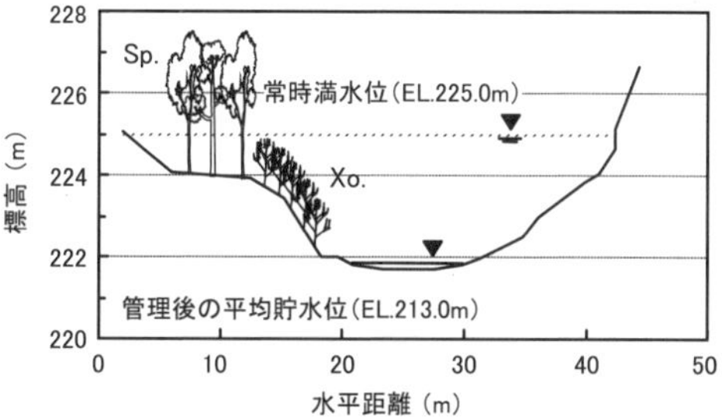


**図 5.13**　江川ダムの代表断面の植生配分（2003 年 6 月段階）

オオタチヤナギ群落（Sp：*Salix pierotii*），オオオナモミ群落（Xo：*Xanthium occidentale*）．（浅見ほか，2007）

調査時のオオタチヤナギ群落の地表高は EL. 224 m であるが，オオタチヤナギ

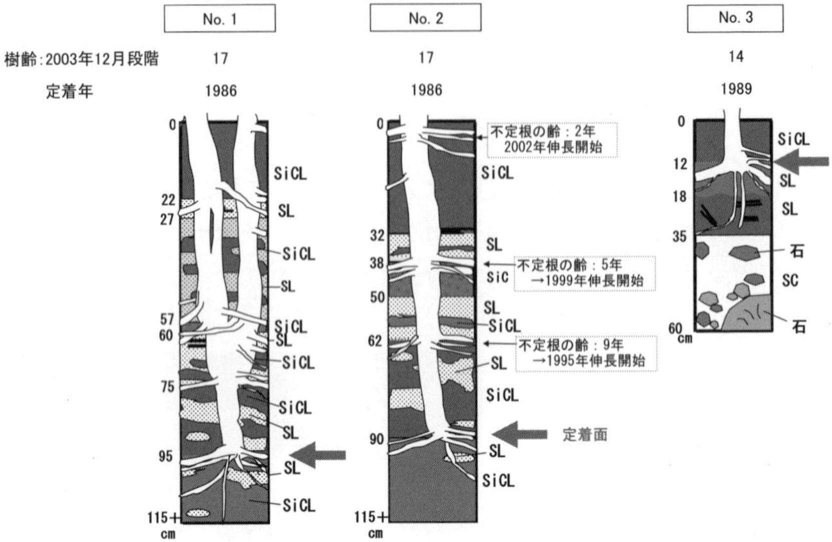


**図 5.14**　オオタチヤナギの土壌断面図

SL：砂壌土，SiCL：シルト質埴壌土，SC：砂質埴土，SiC：シルト質埴土．浅見ほか（2007）を基に作成．

が定着した時の地表高は EL. 223.1 m と推測した．その数値の根拠であるが，図 5.14 にオオタチヤナギ 3 本の土壌断面を示した．オオタチヤナギの根元を 1 m 程度掘り起こし，一番深いところでの根茎の水平への広がりを定着面と判断した．

〈No. 3〉のオオタチヤナギの場合には，深さ 12–18 cm で根の広がりを確認し，その下に主根がないことを確認した．〈No. 2〉のオオタチヤナギの場合には，図に示すように最終的に 90 cm 掘ったわけである．〈No. 1〉の場合は，地表面を見た限り二つの違う個体かと思われたが，掘っている途中でつながり，最終的に 90 cm 程度の深さが定着面だった．これらの結果から，EL. 224 m から 0.9 m を引いた EL. 223.1 m を定着面と判断した．

もう一つわかった重要な点は，ここのオオタチヤナギは何回も土砂をかぶっていると言うことである．〈No. 2〉の場合，地表付近に水平方向の根の広がりがあり，地表から 38 cm の深さでも，水平に伸びた根がある．この 38 cm 厚

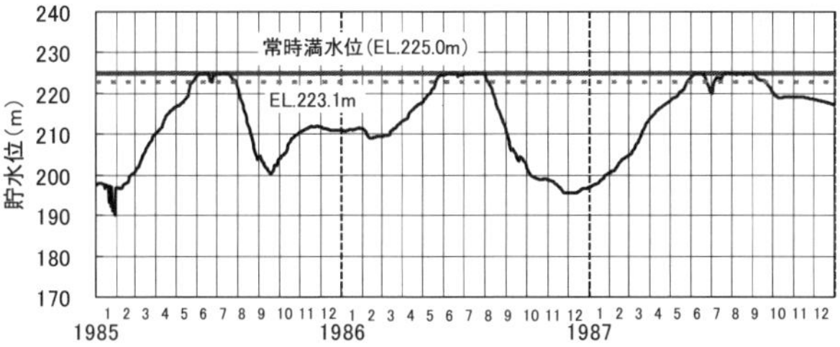


**図 5.15**　江川ダムの貯水位の推移

（浅見ほか，2007）

**表 5.4**　江川ダムにおいて 1985-1987 年に，貯水位が 1986 年のオオタチヤナギ定着面 EL.223.1m を超えた日数

| 年＼月 | 1 | 2 | 3 | 4 | 5 | 6 | 7 | 8 | 9 | 10 | 11 | 12 | 月計 |
|---|---|---|---|---|---|---|---|---|---|---|---|---|---|
| 1985 | 0 | 0 | 0 | 0 | 3 | 26 | 28 | 0 | 0 | 0 | 0 | 0 | 57 |
| 1986 | 0 | 0 | 0 | 0 | 11 | 30 | 31 | 3 | 0 | 0 | 0 | 0 | 75 |
| 1987 | 0 | 0 | 0 | 0 | 3 | 23 | 25 | 31 | 18 | 0 | 0 | 0 | 100 |

浅見ほか（2007）を基に作成．

の土は，出水により堆積したものと考えている．その下の根の広がりと土の厚さも同様である．この図を解釈すると，ある時期の出水でこのオオタチヤナギは，土砂をかぶった．その結果，オオタチヤナギは酸欠になって苦しくなり，酸素のある地表付近に根を水平に張ることで，酸欠状態になるのを防ぐ．その後何年かし，また土砂をかぶると，同様に地表面近くに根を張り，酸欠に対応する．このような根を不定根（東，1979；山本，2002）と呼んでいる．例えば，スギ（*Cryptomeria japonica*）の木の根元に 38 cm の客土をしたら枯れてしまうだろうが，オオタチヤナギが枯れないのは，上記のような機構のためである．

この不定根には堆砂の時期を示す年輪が残されている．〈No. 2〉の不定根をのこぎりで切り断面を観察すると，地表面にもっとも近い不定根は 2 歳だった．つまり，2 年前に出水で 38 cm 程度の土砂が溜まり，その影響で，酸欠防止のため地表面付近に根を張ったと解釈できる．さらにその下の不定根を切ると，5 歳だったので，この不定根があった場所から下は 5 年前に堆積したことになる．最後に，それより下の不定根を切ると 9 歳であり，9 年前の 1995 年

**図 5.16**　ヤナギ類の不定根

（浅見ほか，2007）

頃にも土砂が堆積しただろうということになる．

先のオオタチヤナギが最初に定着したのは 1986 年だった．ヤナギ類は綿のような種子を散布し，種子は湿った泥のようなところで芽生える．1986 年の定着面を，根の様子から判断すると EL. 223.1 m であった．種子散布時期に，貯水位は EL. 223.1 m 以下だったはずで，それより高いと種子は漂流してしまい，定着できない．1985，1986，1987 年の貯水位をみる（図 5.15）と，EL. 223.1 m は，オオタチヤナギが定着する 1986 年の 4 月頃まで水面より上にあり，オオタチヤナギの種子があれば定着可能であった．

オオタチヤナギの生活史をみると，3 月下旬に開花し種子散布は 4 月下旬である．EL. 223.1 m 付近の貯水位をみると，1985 年 8 月から 1986 年 5 月 20 日頃までは全く水がかぶらず，表土は地表に出ており（表 5.4），オオタチヤナギの定着可能な生育環境が維持されたが，その後は冠水し，6，7 月は水面下であった．しかし，種子散布時期には定着面は地表にあり，オオタチヤナギの発芽は可能であったということになる．そのほか枝が落ちると，枝から芽が出て定着できる．この地点では春にオオタチヤナギが定着した後，水位が上昇し，1986年は75日，翌1987年は100日冠水したが，この程度の期間，水面下になっても，オオタチヤナギは耐えられたということである．

水中でのヤナギ類を観察すると，図5.16のような不定根があった．水が引いた後に観察すると，この不定根がたくさん出ているのがわかる．オオタチヤナギはこのような不定根を出しながら生き延びてきた．この調査地の場合は，年平均で66日，最大は1997年の11月から200日の冠水であるが，この程度の耐水性がないと，貯水池のような場所では生存できない．オオタチヤナギは，不定根があるから冠水にも土砂に対しても強く，貯水池に適応できるわけである．

## 6　今後の課題と展望

以上，湖畔林では試験湛水による影響とその後の状況を述べ，貯水池上流端では水位変動に加え，堆砂の影響に伴う植生の変化や定着の過程を紹介した．

ダム湖畔は，三春ダムのほかに，いくつものダムで試験湛水の影響を調べられてきており，各ダム管理所でデータが蓄積されつつある．三春ダムはクリ－コナラ林を対象としたが，ダムによっては異なる植生となっている．全国的な情報を集約することで，種別や地域別の差などが明らかになる．枯死木は，流木や富栄養化の要因となるため，今後，試験湛水を行うダムや堤体の嵩上げなどの再開発を行うダムでの伐採計画に反映できると期待している．

常時満水位以下の水位変動のある斜面についても，河川水辺の国勢調査の植生調査，湖岸緑化の観点からデータを蓄積しているダムもある．こうしたダムでは，傾斜，斜面方向，冠水期間，日数，周辺の植生と水位変動域の植生との関係を解析しているようである．三春ダムでは，非洪水期にも降雨はあり，その時，水没しているヤナギ群落は流入水に含まれる微細な浮遊物をトラップし本貯水池への流入を制御し，さらには，春先にはコイ科魚類の産卵場として機能している可能性がある．今後，詳細な調査・検討が必要であるが，貯水池内にヤナギ群落が発達することで，貯水池全体の機能が高まるのであれば，人工的に繁茂させる手法を検討することも面白いかもしれない．

謝辞：本章の内容は，筆者が所属する応用地質㈱のメンバーと行った調査結果も含んでいる．三春ダム，江川ダムには，フィールドをお借りするとともに，水位や流量のデータなどを提供して頂いた．ここに謝意を表したい．

**文献**

浅見和弘・影山奈美子ほか（2003）：三春ダムの試験湛水が斜面の植物群落の組成に与えた影響．植生学会誌，20：71-82.

浅見和弘・影山奈美子ほか（2004）：三春ダムの試験湛水において冠水した湖岸の樹木の成長量の変化と枯死．応用生態工学，6：131-143.

浅見和弘・丸谷成ほか（2007）：江川ダムの貯水池上流端堆砂部に見られたヤナギ群落の生育環境と発達過程．ダム工学，17：116-124.

東　三郎（1979）：地表変動論—植生判別による環境把握—．北海道大学図書刊行会，札幌．

河川事業環境影響評価研究会（2000）：ダム事業における環境影響評価の考え方．財団法人ダム水源地環境整備センター，東京．

中村太士（1990）：地表変動と森林の成立についての一考察．生物科学，42：57-67.

日本ダム協会（2001）：ダム年鑑．日本ダム協会，東京．

岡野真久（2006）：にっぽんダム物語．山海堂，東京．

齋藤　大・浅見和弘ほか（2001）：三春ダム貯水池末端部の植生変遷．応用生態工学，4：65-72.

World Commission on Dams (2000): Dams and development —A new framework for decision-making—, the report of the world commission on dams, Earthscan Publications Ltd. http://www.dams.org/

山本福壽（2002）：湿地林樹木の適応戦略．崎尾均・山本福壽（編）『水辺林の生態学』，pp. 139-167. 東京大学出版会，東京．

（浅見和弘）

# 第6章

# ダム湖周辺植生の保全・回復とモニタリング

## 1　はじめに

本章では，大阪府北部に位置する箕面川ダムの建設に伴う自然環境の保全対策，とくに植生の復元手法を中心に紹介する．箕面川ダムは1975年秋に着工された治水ダムで，供用開始は1983年である．供用5年後の1988年，15年後の1998年には，周辺の自然回復状況のモニタリングも実施されたので，その結果もあわせて解説する．

## 2　箕面川ダムと箕面の自然

大阪府が所管するダムは図6.1に示す槇尾川ダム，箕面川ダム，安威川ダムの3ヶ所である．供用されているのは箕面川ダムだけで，他の2ヶ所は建設中である．箕面川ダムの規模は府内で2番目だが，湛水面積は15 haと小さく，治水だけを目的としたロックフィルダムである．

箕面川ダムが位置する箕面市は大阪府の北部にある．市域の北半分は北摂山地と呼ばれる山間部である．古くから景勝地，自然の宝庫として知られており，箕面滝と紅葉（図6.2），天然記念物に指定されている野生のニホンザル（*Macaca fuscata fuscata*（Blyth））が有名である．このほか，昆虫は東京の高尾，京都の貴船と並んで，かつては日本三大昆虫産地とされていた．大阪の中心市

**図 6.1**　大阪府のダムの位置

**図 6.2**　箕面の滝と紅葉（口絵 5）

街地から電車で30分ほどの箕面駅から，徒歩数十分で滝まで到達できる便利な場所にあり，明治時代にドイツ人の昆虫学者ザイツが紹介したこともあって，自然愛好者には古くからよく知られていた.

温度気候からは全域が照葉樹林帯に含まれるが，谷底にはイロハモミジ（*Acer palmatum* Thunb.）やケヤキ（*Zelkova serrata*（Thunb.）Makino）の優占する落葉広葉樹林が発達している．これは，渓谷下部の崖錐堆積斜面が不安定なために，照葉樹林が持続しないことによると考えられる．斜面の中腹から上部はアラカシ（*Quercus glauca* Thunb.）やウラジロガシ（*Quercus salicina* Blume）の優占する，いわゆる照葉樹林が本来の植生である（図 6.3）.

この地域は古くから勝尾寺や瀧安寺という，密教系の大きな寺院の所有地であった．渓谷の中心となる地域は瀧安寺の所有地として長期間，ある程度，資源を保護しながら利用されてきた（有岡，1986）．そうした事情から，一般の里山ほど強い収奪を受けなかったので，原生林時代の生物相が一部に残り，それをもとに自然が回復したと考えられている（吉良，1977）．ただ，その範囲は府営箕面公園，名勝に指定されている範囲が中心で，それほど広くはない．周辺の山地は民有の里山が大部分で，山麓までほとんど二次林化されている（梅原，2009）．

**図6.3**　箕面渓谷斜面上部の照葉樹林（口絵6）

## 3　ダム計画から調査研究までの経緯

### 3.1　北摂豪雨被害，ダム計画と反対運動

箕面川ダム建設のきっかけは，1967年7月の北摂豪雨である．梅雨明け豪雨が箕面川流域を襲い，とくに阪急電車の宝塚線と箕面線が分岐する池田市石橋周辺から下流域が大きな洪水被害を受けた．2年後の1969年，大阪府はダムを箕面川の上流に建設し，箕面川の主たる治水対策とすると発表した．

すぐに建設反対運動がまきおこった．反対の理由は明確で論理的だった．ダムには一定の治水効果があることを認めたうえで，下流での増水の大きな部分が，流域の都市化による流出率の増大によるものなので，無秩序な宅地化の結果ひきおこされた洪水被害を，残された自然の犠牲によって緩和しようという姿勢に，まず基本的な誤りがあるというものであった（吉良，1973；四手井，1976）．とくにダム計画が発表された前年の1968年には，ダム予定地を含む箕面の山間部が明治100年記念の「明治の森箕面国定公園」に指定されたこともあって，反対運動はかなりの盛りあがりをみせた．自然公園を広域に指定する意義は，都市住民が自然に触れ合う場所を確保し，レクリエーションに利用させるだけでなく，当該地域の自然を「自然のままに」維持し，周辺市街地の環境が悪化することを防ぎ，防災にも役立てることにあるとされたので（吉良，1977），指定の翌年にその中心域に大規模な土木事業のダム建設を発表したわけだから，反発は当然の結果だったといえよう．

地元にも箕面生物研究会をはじめとしていくつかの自然の研究会や愛好団体があり，その多くがダム建設に反対した．当時は環境アセスメントもまだ制度化されていなかったので，ダム事業者と反対派が環境アセスメントというツールを使って協議するという場は準備されず，1974 年になって大阪府はダムの着工を発表した．大阪府の環境影響評価要綱ができたのは 1984 年だから，その 10 年も前のことであり，当時は環境に対して配慮することが，制度的にも担保されていない時代であった．

## 3.2　調査のはじまり

筆者は箕面で育ち，アマチュアとして箕面の自然に親しんできたが，1975 年 7 月，ダムを着工する年の夏になって突然，大阪府のダム建設担当者と面談する機会があった．その場で，「土木の論理でダムを建設し，治水する方向で進めてきた．一方，自然の保全については，専門外のこともあって，十分に検討できていない．まもなく着工になるが，今からでもできることがあればやりたい．」との提案に接した（梅原，1975）．

その 2 カ月後には実際に建設工事が始まったわけだが，上記の提案をきっかけに，遅ればせながら，工事と並行してダムを中心とした地域の自然環境調査を始めることになった．調査の実施期間は 1975 年 9 月～1976 年 12 月で，調査メンバーにはダム建設の反対運動をしてきた箕面生物研究会の会員も加わった．ダムに対する批判的姿勢にもかかわらず，調査に参加した理由は，工事による自然破壊を最小にとどめたいことと，ダム工事を機会に，いくらかでも箕面の自然環境保全と，失われた自然の復活につとめたいという希望があったからと述べられている（吉良，1977）．

「広い意味での環境調節機能を期待できる，選ばれた自然保護地域としての自然公園における自然回復のあり方を検討する」という目的で調査を始め，以後9年間，関連の仕事が続いた．

## 4　調査研究と目標

### 4.1　ダム地域の自然と評価

箕面の市街地は山裾まで住宅が迫り，箕面川の下流までほとんどすべてが都市化され，自然の排水路はほとんどなくなっていた．山はほとんどが二次林で，里山が利用されなくなって以後，アカマツ（*Pinus densiflora* Sieb. et Zucc.）やコナラ（*Quercus serrata* Murray）の優占する林が大部分を占めていた．ダム建設地周辺にはケヤキやアカシデ（*Carpinus laxiflora*（Sieb. et Zucc.）Blume）の二次林など，下流域とはすこし違った植生型もみられたが，明治維新後，寺有地が国有林に編入された地域がほとんどなので，人工林が大面積を占めていた．

当時の植生図（梅原，1977）とダム計画の概要を口絵4に示す．ダム建設の直接的な影響を受ける地域の大部分がスギ（*Cryptomeria japonica*（L. f.）D. Don），ヒノキ（*Chamaecyparis obtusa*（Sieb. et Zucc.）Endl.）の人工林で，一部には自然林の断片やアカマツの二次林が分布していたものの，外観的には自然性が高いとはみえない地域であった．

ダム計画のうち，自然が大きく改変される地域には，ダム本体，貯水地やつけかえが必要な府道・市道など，永久構造物に覆われるか，水没して元の自然の回復が不可能なものと，事業が完成後はある程度自然の回復が見込める，ダムのコア材を採取する土取場や残土処分地がある．

図6.4はダム建設前の渓谷・渓流で，現在，こうした景観はダム湖に沈んでみられない．平水時の水量は多くなく，カワネズミ（*Chimarrogale platycephala*（Temminck））やヒダサンショウウオ（*Hynobius kimurae* Dunn）が棲息していた．

工事と並行した調査の結果，ダム地域は大半が戦後の人工林で，自然性はそれほど高くはないという評価だった．しかし，植物を例にとると，ユリワサビ

図 6.4　箕面川ダム湖に沈んだ渓谷（1976 年 12 月 5 日）

（*Eutrema tenue*（Miq.）Makino）やヒカゲワラビ（*Diplazium chinense*（Baker）C. Chr.）など，大阪には珍しい，渓谷の自然林に遺存的な種類が残存していた．

そうした自然が残された理由は，古くから勝尾寺という大寺の寺領であったことに求められる．明治以降，寺領の大部分は国有林に編入され，人工林化が進められたが，それでも一般の里山ほどは強い収奪にさらされなかった．こうした履歴が，二次林，人工林の外観をもちながらも，自然林時代の生物相を保存しつづけた背景にあり，それは「潜在的な自然の回復力の指標」として読みとるべきだとされた（吉良，1977）．

### 4.2　回復目標の設定

まず，自然回復の基盤となる植生の回復をどう考えるべきかを検討し，以下の 4 点を提示した．すなわち，

1）性急な人工的緑化は必要最小限にとどめる．

2）その土地本来の自然を回復目標にする．

3）潜在的な自然の回復力に頼り，気長に待つ．

4）自然の回復過程に手を貸すという意味での補助手段を考える．

吉良（1979）には次のように述べられている．「自然らしい自然はみな，数百年ないし数千年の時間の経過の産物である．その復活をはかるのに，数年の単位で早急に成果をえようとするのは，むりな話である．自然保護の対策はせめて数十年の単位で考えるようにしたい．」上記の提案は，こうした考えにもとづいている．

### 4.3　自然回復の手助け　—土を撒いてヤブをつくろう—

事前調査にひきつづき，自然の回復過程に手を貸すという意味での補助手段を考えるという路線に沿って，我々にできることを考えた．最終的な回復目標は箕面の自然林とし，渓谷の下半はイロハモミジ-ケヤキ林，斜面の中腹から上はアラカシ-ウラジロガシ林とした．植生を回復すれば，他の生物はそれに付随して回復するだろうと考えた．

回復目標をこのように設定したものの，実際に何をどうするかが課題であった．工事による直接的な自然の破壊をできるだけ小さくすることについては，現場でもいろいろと工夫された．たとえば，渓谷斜面に道路を建設する際には，どうしても谷底に土を落としやすい．そこで，斜面に仮の土留め柵をもうけたり，道路敷の下方に樹木を残しておき，そこに古畳を立てかけて下方へ土が流れないようにしたりするなど，さまざまな努力がされた（長谷川・上畑，1992）．道路設計にあたっても垂直擁壁や橋梁を多用するなどの工夫がされたが，筆者の専門外なので，ここでは詳しい紹介を控えておく．

筆者は自然回復の手助けとして，人間がなにをできるかを考えた．森林が伐採されたり，山火事に遭ったりした跡地が，比較的短い時間で緑を回復することはよく知られている．その理由は切株からの萌芽と，埋土種子の発芽と成長による．森林の表土中には，発芽力はあるが，森林が存続している時期には発芽しない生きた種子がたくさん眠っており，森林が破壊されるとそれらが一気に発芽して成長し，遷移の初期段階を担うことがわかっていた．また，二次遷移は低木林期以降，森林性で種子を運搬するヒメネズミ（*Apodemus argenteus* (Temminck et Schlegel)）が活動するようになって以後，急速に進むことが知られはじめた（金森，1977）．

この例をもとに，早く低木のヤブを作れば，それに伴っていろいろな動物が動きだし，遷移が促進されるのではないかと考えた．当時，ドイツの表土保全の考え方が日本に持ちこまれ，表土の重要性は指摘されはじめていたが，それはあくまで総合的な肥料としての表土であった．

筆者らが考えたのは，埋土種子の発芽と成長に期待して，森林の表土を初期の植生回復の促進に役立てるということであった．表土は土着の資源で，最近ではいろいろ問題になる遺伝的な撹乱もおこらない．そこで道路や，ダム湖の底に沈む森林表土をあらかじめ別の場所に保存しておき，それを工事終了後に裸地化した場所に撒きだせば，埋土種子の発芽と成長によって，植生回復を促進することにつながるのではないかと考え，その可能性をたしかめる実験を試みた．

## 5　課題解決型実験の方法と結果

実用化にあたり，あらかじめ調査すべきこととして，次の8項目を考えた．

1) 森林から採取した表土を裸地へ撒きだした場合，表土中の埋土種子が発芽して成長するか．
2) 埋土種子の質と量に森林タイプと場所の違いによる差異があるか．
3) どれだけの厚みで現地から表土を採取すればよいか．
4) 採取した表土をどれだけの厚みで撒きだせばよいか．
5) 採取した表土はどのようにして保存すればよいか．
6) 埋土種子起源の植物はどのぐらい成長するのか．
7) 何もしない場所と比べて効果があるのか．
8) 試験湛水で長期間冠水した表土中の埋土種子は冠水の影響を受けるのか．

以上の8項目について調査と実験を3年間にわたって実施して検討した（永野・梅原，1980）．

### 5.1　森林表土の撒きだしによる埋土種子の発芽と成長可能性

まず最初に，撒きだした森林表土中の埋土種子が発芽して成長するかについて検討した．建設残土の処分地の一部に，深層から得られた有機物を含まない土を盛り立ててもらい，表土の撒きだし実験区を1977年5月に作った．ダム地域に多いアカマツ林とスギ植林から実際に表土を採取して撒きだし，発芽と

**図 6.5**　調査用の糸張りが終わった表土撒きだし実験区（1977 年 6 月 1 日）（口絵 7）

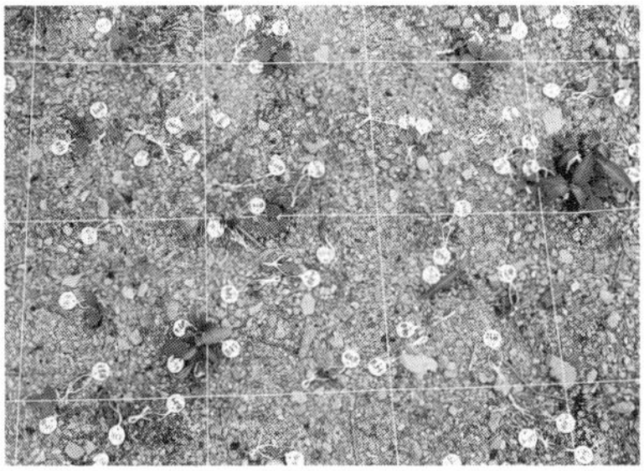

**図 6.6**　個体識別ラベルをつけた発芽個体

成長を追跡調査することにした．

残土処分地の平坦地と斜面に 1×10 m の木枠を各 2 本，計 4 本つくり，アカマツ林とスギ植林から表土を人力で集め，15-20 kg 入る米袋に詰めて残土処分地まで運搬した．運んだ森林表土 70-80 袋を 2 本ずつに撒きだした．撒きだし厚は約 5 cm である．実験区は発芽個体の位置を記録しやすくするために，1 m おきにクレモナロープ，20 cm おきにタコ糸を張って区画した（図 6.5）．その後，潅水も施肥も一切しなかった．

撒きだしてから 10 日から 2 週間で発芽が始まったので，個体が 7-8 mm に成長し，ラベルがつけられるサイズになった時点で，個体を識別するために番号を振ったラベルを発芽個体につけ（図 6.6），発芽位置を番号とともにマッピングした．発芽してからラベルをつけるまでのあいだは，発芽位置のマッピングだけをした．その後，初年度は 1 カ月おきにマッピングして新たな発芽，発芽した個体の生死，病害虫のようすなどを追跡調査した．

1 年目に発芽した植物のうち個体数が多かったのは，Fire Weed と呼ばれ，山火事跡に先駆的に優占するベニバナボロギク（*Crassocephalum crepidioides* (Benth.) S. Moore）とダンドボロギク（*Erechtites hieraciifolius*（L.）Raf. ex DC.）という一年生の帰化雑草であった．しかし，木本種も予想以上に多く，アカメガシワ（*Mallotus japonicus*（Linn. fil.）Müll. Arg.），クサギ（*Clerodendrum trichotomum* Thunb.），ネムノキ（*Albizia julibrissin* Durazz.），ヒメコウゾ

**図 6.7**　撒きだし5ヵ月後の実験区

上がアカマツ林，下がスギ植林表土撒きだし区.

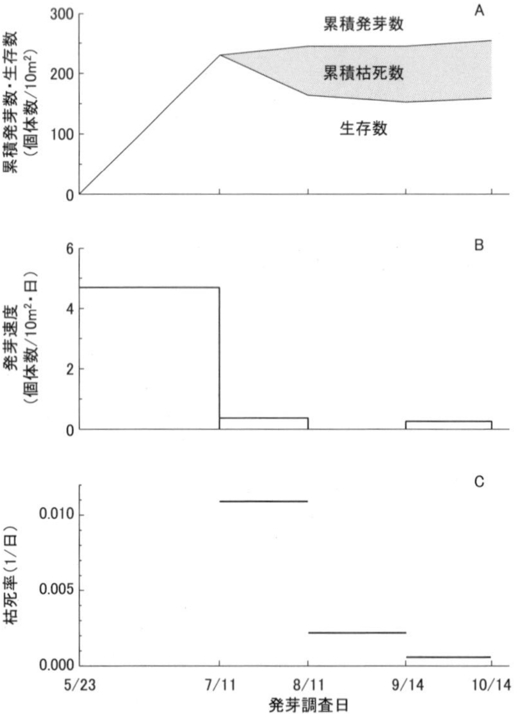


**図 6.8**　アカマツ林表土撒きだし区における発芽と枯死のパターン（1977 年）

累積発芽数・生存数（A），発芽速度（B）と枯死率（C）の時間変化.（梅原・永野，1997）

(*Broussonetia kazinoki* Sieb.)，ヌルデ（*Rhus javanica* Linn.）など，先駆低木とされる落葉樹が多数発芽した.

5 月に撒きだした平坦地の実験区は 9 月には図 6.7 のようになった．図の上側，アカマツ林の表土撒きだし区には草本が比較的少なく，木本が多かった．スギ植林の表土から 1 年で発芽した植物は 1×10 m$^2$ 枠内で 35 種 2,306 個体と多く，アカマツ林はやや少なかったが，それでも 10 m$^2$ 枠あたり 21 種 255 個体が発芽した.

平坦地のアカマツ林表土撒きだし区における発芽と枯死のパターンを図 6.8 に示す．1 年目の生残率は 65% であった．7，8 mm 以上になった個体の 1 年目の生残率は 85%程度で，ラベルをつけられるサイズまで成長した個体はあまり枯れな

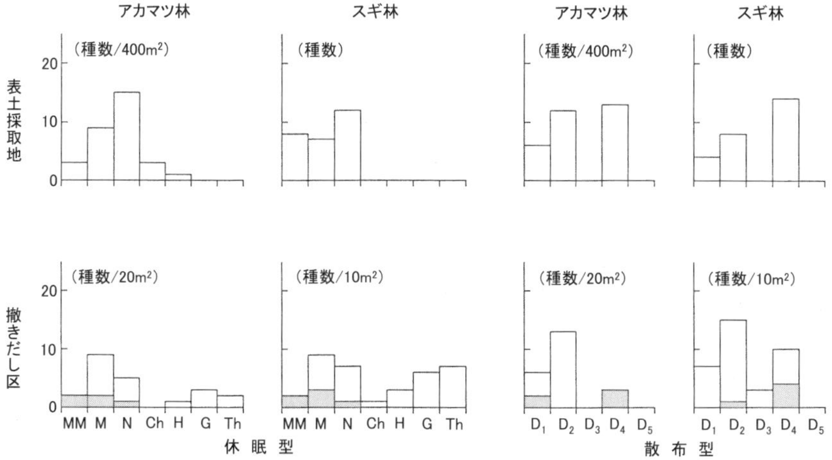


**図 6.9**　表土採取地の植生と，撒きだしてできた群落の種数にもとづく休眠型と散布型組成の比較

MM：大高木，M：中高木，N：低木，Ch：地表植物，H：半地中植物，G：地中植物，Th：一年生植物．$D_1$：風・水散布，$D_2$：動物散布，$D_3$：自動散布，$D_4$：重力散布，$D_5$：種子無形成．撒きだし区のハッチング部分は採取地との共通種数．（梅原・永野，1997）

かった．発芽速度は初期に大きく，発芽は早い時点で頭打ちになった．枯死は個体が小さいときに多く，ある程度大きくなると枯れなかった．

表土を採取した森林に生育する植物と，撒きだしで発芽した植物をラウンケアの休眠型と散布型（沼田，1947）に分類し，種数を比較した（図 6.9）．図中，撒きだして発芽した種数のうち，ハッチをかけた部分は，表土採取地との共通種数である．

休眠型では，表土採取地にはほとんど生育していない一年草（Th）や多年草（G・H・Ch）が撒きだしで発芽した植物に多く，木本種（MM・M・N）のうち，M や N は現存種との共通種が少なかった．

散布型では撒きだしで発芽した種に動物被食，付着散布（$D_2$）の種が多いこと，重力散布（$D_4$）を除いて，表土採取地と撒きだしで発芽した種の共通種は少ないことがみてとれる．

## 5.2　表土採取地の選択

1年目に森林表土を撒きだした結果，実用上十分と思える埋土種子の発芽と定着が確認されたので，2年目は立地，植生型や成長段階の異なる10ヶ所の森林から採取した表土を1×2mの枠内に撒きだし，ばらつきを検討した（表6.1）．

表土を採取した森林は二次林のアカシデ林，アカマツ林からスギ，ヒノキの人工林まで多様であった．1年目，2年目ともに潅水も施肥もせずに放置したが，表土と呼べるものがほとんどない尾根筋のアカマツ低木林（No. 10）を除き，どこからでも1年目と同様に，ヒメコウゾ，ヌルデ，ネムノキ，アカメガシワなどの先駆低木が多数発芽し，これらの発芽当年の生残率は高かった．尾根筋の表土がほとんどない場所を除き，どこから表土を採取しても，実用上の問題はないと考えた．

## 5.3　表土の採取厚の見積り

埋土種子は地表に近いほど多いことが経験的に知られていたので，5.1と2

**表6.1**　1978年の撒きだし実験で発芽した木本上位10種の累積発芽数と当年の生残率

| 種　名 | | 調査区番号 | | | | | | | | | | | 当年の生残率(%) |
|---|---|---|---|---|---|---|---|---|---|---|---|---|---|
| | | 1 | 2 | 3 | 4 | 5 | 6 | 7 | 8 | 9 | 10 | 計 | |
| *Broussonetia kazinoki* Sieb. | ヒメコウゾ | 10 | 8 | 1 | 5 | 2 | 1 | 6 | 28 | 1 | - | 62 | 64.5 |
| *Rhus javanica* Linn. | ヌルデ | 4 | 1 | 5 | 7 | 2 | - | 4 | 7 | - | - | 30 | 78.9 |
| *Albizia julibrissin* Durazz. | ネムノキ | 2 | 2 | 3 | 6 | 10 | 2 | 1 | 1 | 2 | - | 29 | 93.1 |
| *Mallotus japonicus* (Linn. fil.) Müll. Arg. | アカメガシワ | - | 1 | 6 | 2 | 8 | 1 | - | - | 1 | - | 19 | 78.9 |
| *Lespedeza homoloba* Nakai | ツクシハギ | 6 | - | 1 | 1 | - | 8 | - | - | 2 | - | 18 | 94.4 |
| *Aralia elata* (Miq.) Seem. | タラノキ | - | 2 | - | 2 | 2 | 2 | - | 1 | 1 | - | 10 | 40.0 |
| *Pinus densiflora* Sieb. et Zucc. | アカマツ | - | - | - | 2 | - | 1 | - | - | 1 | - | 4 | 50.0 |
| *Weigela hortensis* (Sieb. et Zucc.) K. Koch | タニウツギ | 3 | - | - | - | 1 | - | - | - | - | - | 4 | 50.0 |
| *Clerodendrum trichotomum* Thunb. | クサギ | - | - | 1 | 1 | - | - | - | - | 1 | - | 3 | 100 |
| *Cryptomeria japonica* (Linn. f.) D. Don | スギ | - | - | - | - | - | - | 3 | - | - | - | 3 | 0 |

（梅原・永野，1997）

項の実験では，地表から10 cm程度の表土を採取して撒きだしたが，実用にあたってはどの深さまでに埋土種子が多いかわかっていることにこしたことはない．

表土の採取厚の見積りには，埋土種子の地表面からの垂直分布様式がわかればよい．既存の埋土種子の垂直分布データは多くないが，そのほとんどを解析した．いずれも単位土量あたりの埋土種子密度は地表に近いほど多く，深くなるにしたがって指数関数的に減少する傾向がみてとれた．

図6.10は林・沼田（1964）と沼田・林ほか（1964）を改写したものである．地表面から20 cmも採れば，埋土種子のほとんどが採取できることになる．

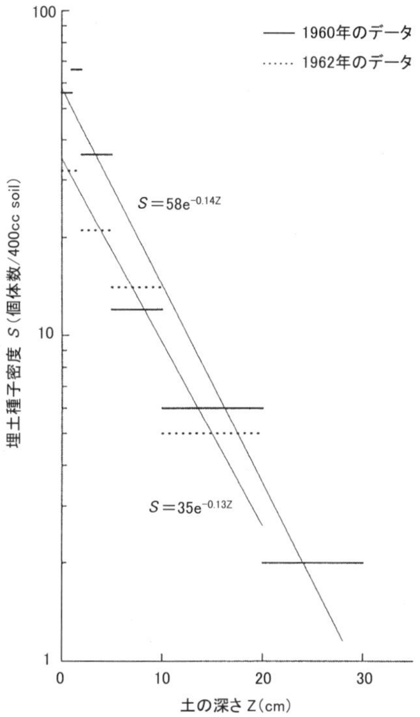


**図6.10**　埋土種子の垂直分布

沼田・林ほか（1964），林・沼田（1964）のデータから描く．（梅原・永野，1997）

## 5.4　表土の撒きだし厚の見積り

どの程度の厚みで表土を撒けばよいかを見積るために，表土の厚みを変えて撒きだす実験を，大学の圃場で実施した．プラスチック製のコンテナ（38×59×15 cm）に水抜きの穴をあけ，底にバーミキュライトを敷いた上に厚みを変えたスギ植林の表土を撒いた．表面積一定のコンテナなので，あらかじめ表土の堆積を量り，撒きだす厚みが約0.27，0.54，1.1，2.7，6.6 cmと，ほぼ対数刻みの5段階になるように制御した．撒きだし後，ほぼ毎週1回，マッピングして発芽種と生死を追跡調査した.

5.1と2項の現地実験では, 外部からの飛来種子は防除しなかったが, この実験では, 外部から風で運ばれる種子を排除するために, サランネットをかぶせたフレーム内で実験した（図6.11）.

図6.12の右側が表土の厚みが薄く, 左側が厚い. 同じ条件で2反復した実験だが, 土の薄い右側で発芽個体数が少なく, 厚い左側で多いのがみてとれる.

土の厚みと発芽個体数の関係を図6.13に示す. 2cmぐらいまでは急激に発芽個体数が増えるが, その後は増加傾向が緩やかになり, 発芽数は頭打ちになる. 実験したコンテナの表面積は一定だから, 表土中の埋土種

**図6.12**　土の厚みと発芽数の関係を調べた実験区
左が厚く, 発芽数も多く, 成長もよい.

**図6.11**　サランネットを張り, 発芽実験をしたフレーム内

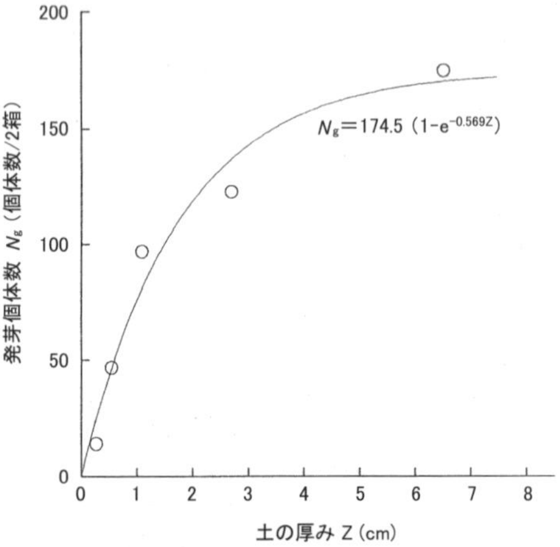


**図6.13**　土の厚みと発芽個体数の関係
（梅原・永野, 1997）

子数は厚みに比例するはずだが，発芽個体数は厚みに比例しなかった.

どの深さでも同じように発芽すれば，発芽数は土の厚みに比例するはずだが，実際は厚い部分で頭打ちがおこる．原因は厚い土の底におかれた種子には光が届かず，休眠を覚醒するための温度変化も小さいことが原因のようだ．また，小粒の種子は発芽をしても，下胚軸が地表面まで届かないこともおこる．このような原因が複合して，厚く撒くと発芽の頭打ちがおこると考えた．実験上は7 cm 程度の厚みで撒けばほぼ十分ということになる.

### 5.5　表土の保存方法の検討

ダム建設工事の工程上，採取した表土をすぐに利用できず，一定期間，保存せざるをえない場合が想定された．簡単なのは保存場所に積みあげておく方法だが，下層に置かれた種子が保存中に発酵などの影響を受け，発芽能力が低下したり，なくしたりする可能性が心配された．そこで，実際に表土の山をつくり，山から一定の期間ごとに表土をとり出し，5.4 項の厚み実験と同じようにコンテナに撒きだして発芽種と生死を定期的に調査した.

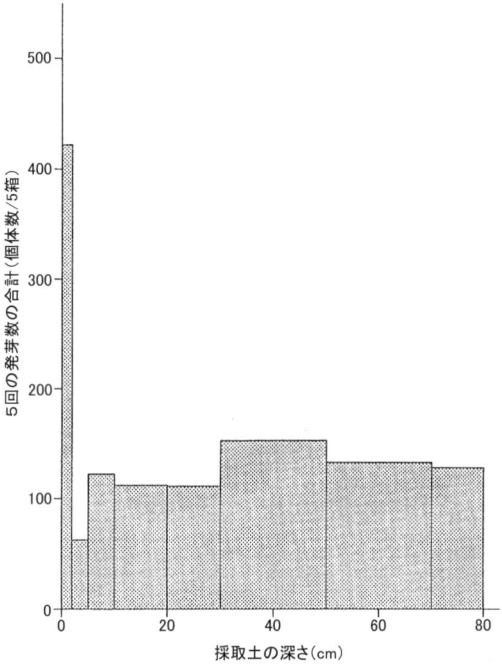


**図 6.14**　保存実験における採取深さ別の発芽数
5 回の撒きだし実験の合計.（梅原・永野，1997）

図 6.14 は 5 回の撒きだし実験の結果である．表土の山には，飛来種子の防御をしていないので，表面は

埋土種子以外に飛来種子の発芽も含まれている．表層の結果を外して考えると，表面から 10 cm 以下の土中に保存された種子は，1 年以上置いても発芽力をなくすことはなかった．実際には袋詰めして 2 年間保存されたが，施工前に試験的に撒いて確認した結果，実用上十分な個体の発芽が確認された（麻生ほか，1983b）．

## 5.6　埋土種子起源の群落の成長

5.1 項で 1 年目にアカマツ林の表土を撒いた斜面の実験区から発芽して成長した樹木の幹直径と高さを，毎年秋に測定した（永野・梅原，1983）．深層の土を積みあげた乾燥しやすい貧栄養な残土処分地にもかかわらず，アカメガシワは 4 年目で 2 m をこえる高さにまで成長した（図 6.15）．

## 5.7　対照地との比較

5.1 項の平坦地撒きだし区に隣接して，枠だけの放置区（$1 \times 10\ m^2 \times 2$）を 1 年目の 1978 年に設置した（図 6.16）．放置区内に生えた植物は種子が風で散布されたと考えられるアカマツや，動物に被食されて散布されたと考えられるクマノミズキ（*Cornus macrophylla* Wall.）などで，1979 年末の生残種は 7 種 19 個体とわずかだったので，表土撒きだしの効果は大きいと考えた（表 6.2）．

## 5.8　実験結果のまとめ

尾根筋の痩せたアカマツ低木林のような表土のない場所を除けば，どこの森林表土を撒きだしても，自然にまかせるよりはかなり早く，管理なしに先駆低木林を形成できることがあきらかになった．採取する表土の厚みは 20 cm 程度，撒きだす厚みも 7 cm 程度で十分と考えられた．ただし，あまり薄いと乾燥しやすく，実生は枯れやすいので，初期成長を考えると多少厚く撒くほうがよいといえる．

図 6.15　4 年経過したアカマツ林表土撒きだし区

図 6.16　表土撒きだし区に隣接して設置した放置区

表 6.2　放置区に自然に侵入した木本種と個体数

| 種　名 | | 侵入年 | 1978 | 1979 |
|---|---|---|---|---|
| | | | 個体数（/20 m$^2$） | |
| *Pinus densiflora* Sieb. et Zucc. | アカマツ | | 5 | 5 |
| *Cornus macrophylla* Wall. | クマノミズキ | | - | 6 |
| *Weigela hortensis* (Sieb. et Zucc.) K. Koch | タニウツギ | | - | 3 |
| *Cryptomeria japonica* (Linn. f.) D. Don | スギ | | - | 2 |
| *Lespedeza homoloba* Nakai | ツクシハギ | | 1 | - |
| *Clethra barvinervis* Sieb. et Zucc. | リョウブ | | - | 1 |
| *Zelkova serrata* (Thunb.) Makino | ケヤキ | | - | 1 |
| *Deutzia crenata* Sieb. et Zucc. ? | ウツギ？ | | - | 1 |

（梅原・永野，1997）

表土を積みあげて保存しておくことも，通気と排水のよい状態を保てば，2 年程度は問題がない．表面を覆わなければ，保存した表土の表面から 10 cm 程度までは発芽するが，それより深い場所の埋土種子は発芽せずに保存できた．

以上の実験結果にもとづき，森林表土の撒きだしによる先駆植生回復法の実用可能性は大いにあるという結論がみちびけた.

## 6　実用化への道

ダム湖やダム付帯施設による自然の消失は永久的で，とりかえしがつかない．しかし，その損失を別のかたちで埋め合わせることは不可能ではなく，それは，完成後のダム湖周辺の自然を，現在よりゆたかな，より質の高いものにする努力によって達成される（吉良，1977）．最近，これは今日のミティゲーション（代償）の原点ともいわれているが，当時考えたのは，箕面ではすっかり小さくなった自然回復の核となる林を，このダム建設工事をきっかけに，残土処分地とコア材の土取場に再生しようということであった．植林やアカマツ林を壊した跡地を将来，自然林に戻す方向で管理するために，コア材を採取する前に保存しておいた表土を撒きだし，それを植生回復の出発点にしようと考えたものである．

ところが，残土処分地とコア山を埋土種子起源の低木林から自然林に発達させようという提案は，受け入れられなかった．残土処分地とコア山は大阪府の所有地ではなく，国有林であったことから，着工前に国有林側と大阪府の間で，事業終了後は林地にして返すという約束ができていたからであった．当該地は保安林だったので，結局はヒノキを植栽して返還することになった．

せっかく効果を検証した森林表土の撒きだしによる植生回復法は，大規模な裸地には適用できず，ダム湖の常時満水位と洪水時満水位のあいだ（サーチャージ区間）のうち，急傾斜で表土が流亡した，かぎられた場所の植生回復に利用することになった．このための表土は貯水池の常時満水位以下の湖底に沈む森林表土をあらかじめ土嚢に詰めて保存しておき，それを利用することになった．

当時，表土保全という工種はなかった．そこで，筆者ではなく，大阪府の担当者の知恵だが，「貯水池に有機物がたくさん残されていると富栄養化が進むので，あらかじめとりのぞいたほうがよい」という理屈にもとづき，貯水池の常時満水位以下沈む表土をあらかじめとりのぞき，自然回復材料として使うことにしたわけである．1980年冬，試験湛水に先立ち，土嚢にして10,000袋，150 m$^3$の森林表土が貯水池から採取され，1982年まで2年間，袋詰めして野積みのまま保存された（図6.17）．

試験湛水は思ったように水位が上がらず，1980年秋～81年，81年秋～82年と1982年秋～83年にかけて計3回実施された（図6.18）．2回目の試験湛水に先立ち，貯水池斜面の表土が失われた場所を中心に，森林表土を土嚢から出して撒きだした．急傾斜地では土留柵

**図6.17**　ダム湖の常時満水位以下から採取され，袋詰めされた森林表土

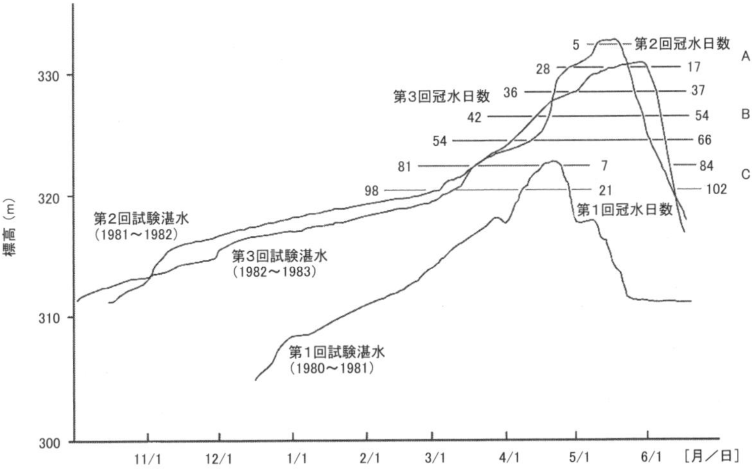


**図6.18**　試験湛水時の水位変化，調査プロットの位置および冠水日数
（藤田ほか，1990）

をして土嚢のまま，保存されていた表土が戻された．

## 7　貯水池の植生モニタリングと結果

試験湛水直前，サーチャージ区間の表土が残されている伐採跡地に，追跡調査用の調査区を4カ所に設置した．調査区ごとに常時満水位から洪水時満水位まで，冠水頻度が3段階（A～C）になるように，計12カ所の調査プロットを設けた（麻生ほか，1983a）．

図6.19は2回目の試験湛水後，洪水時満水位まで達していなかったが，出水期にかかるので水位が下げられた時期の貯水池斜面である．再生したアカメガシワは，試験湛水による冠水で地上部は枯死していた．

### 7.1　冠水と樹木の枯死，成長への影響

調査プロット内の樹木が，試験湛水によって受けた影響を知るために，ラベルをつけて個体識別した樹木の樹高，幹直径を試験湛水の前後で調査した（藤田ほか，1990）．図6.20は，プロットの冠水日数と，プロット内に生育する樹木地上部の冠水後の枯死率を示したものである．

試験湛水による冠水日数が20日以下の枯死率は，冠水しなかったプロットと変わらなかったが，冠水期間が長くなると，枯死率は高まる傾向にあった．100日も冠水すると，地上部はほぼすべて枯れていた．3回目の試験湛水は冠水日数

**図6.19**　3回目の試験湛水直前の貯水池斜面
回復植生の地上部は冠水で枯れている．

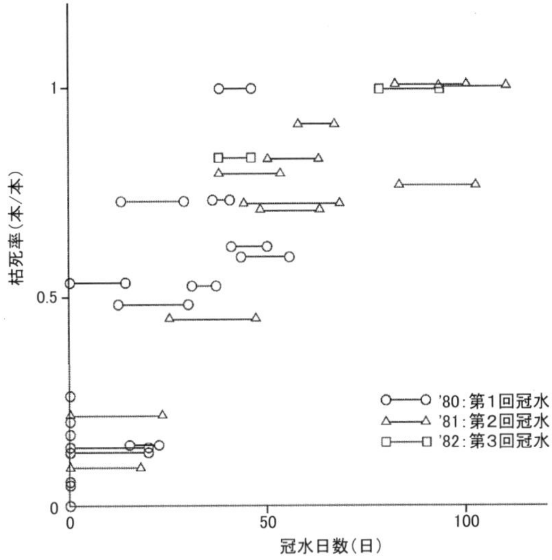


**図 6.20**　プロットの冠水日数と生育する樹木地上部の冠水後枯死率
（藤田ほか，1990）

のわりに，前2回より枯死率が高い傾向にあった．これは冠水の履歴効果とも考えられる．

図 6.21 にプロットごとの冠水日数と現存量増加倍率の関係を示す．現存量増加倍率は冠水日数が延びるにつれ，指数関数的に低下した．冠水がない場合，現存量増加倍率は約 2.5 で，地上部の現存量は前年の約 2.5 倍に成長したことになる．冠水日数 30 日で，枯死によって失われる量と，減水後に成長して増加する量が等しく，現存量の増加倍率はほぼ1になる．

一般的によく発達した森林ほど現存量の増加倍率は1に近づくとされている．冠水の影響が群落の現存量に関係なく等倍の増加倍率になるなら，よく発達した群落ほど回復にかかる時間は長くなるということになる．

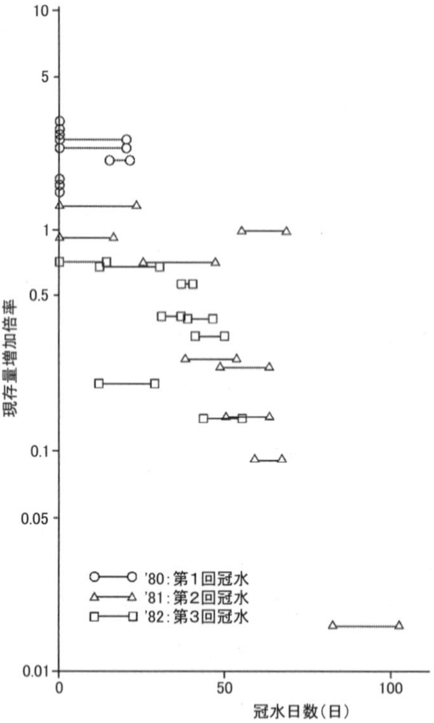


**図 6.21**　プロットの冠水日数と現存量増加倍率の関係
（藤田ほか，1990）

## 7.2　自然回復工事としての表土撒きだしの効果

図 6.22 は急傾斜地にシガラを組み，土嚢ごと表土を戻した直後の 1983 年と，1988 年の貯水池斜面である．口絵 8 は貯水池の表土撒きだし区域，撒きだし直前の 1982 年，5 年後の 1988 年と 15 年後の 1998 年の植生図である（山崎ほか，2000）．1982 年当時，試験湛水直後（2 回目）のサーチャージ区間のほとんどは，短年生草本群落で覆われていた．ふつう，この地域の二次遷移は短年生草本群落(1)，多年生草本群落(2)，先駆低木林(3)の順で進行する．表土を撒きだした場所がすみやかに 3 に遷移すれば，表土の撒きだしによる遷移の

**図 6.22**　貯水池の急斜面にシガラを組み，土嚢ごと表土を戻した直後（1983年）と1988年の回復植生

促進は目的を達したことになる．

表土撒きだし区域のA，B，Cは1988年の時点で(1)から(3)に遷移していた．撒きださなかった隣接区が(2)にしか遷移しなかったことから，表土の撒きだしは遷移の促進に効果があったといえよう．ただし，Dの撒きだし区域は1988年時点では(2)のままで，撒きだしの効果が認められなかった．この場所は工事中，危険物の貯蔵庫として利用されており，地盤の安定のために岩盤がむき出しになっていた．ここに撒きだした表土は水位の上昇によって流亡したと考えられ，埋土種子起源の低木林は発達しなかった．ところが今日，この場所は先駆低木林より遷移が進んでいる．表土が流れた裸地的な岩盤上に，緑陰透過光では発芽しないアカマツの種子が周辺から飛来して発芽し，アカマツ林が自然に回復したと考えられる．植生図の変化からみても，こうした一部の例外を除いて，表土の撒きだしは遷移の促進に効果があったといえるだろう．

図6.23はサーチャージ区間に設けた定置枠内に生育する樹木幹数の1988-98年の10年間の変化である（丸井ほか，2000）．合計10本以上の樹木を先駆種(C)，二次林種（D），極相種（E）に区分し，10年間の増減をみると，先駆種はこの10年間に大きく減少したが，二次林種は枯死と生残・加入が同程度，

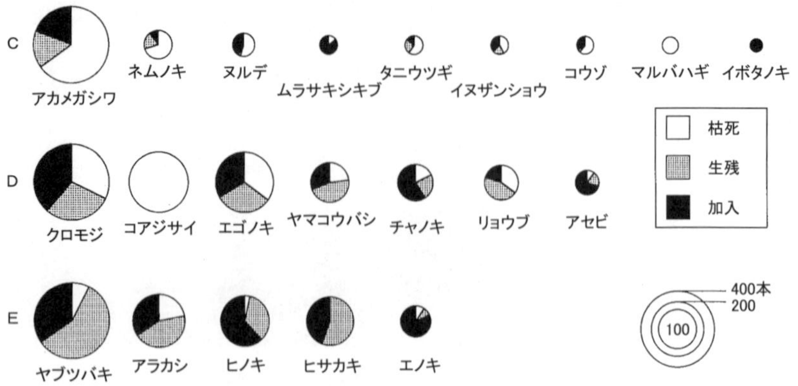


**図 6.23**　1988–98 年の 10 年間における定置枠内樹木の幹本数の変化
C は先駆種，D は二次林種，E は極相林種を示す．（丸井ほか，2000）

極相種は生残，加入が多いようだ．徐々に遷移は進んでいると考えられる．

## 7.3　現状と変化のきざし

森林表土の撒きだしは，すみやかに先駆低木林を形成し，最終的には渓谷斜面本来の植生であるケヤキ，エノキ（*Celtis sinensis* Pers. var. *japonica*（Planch.）Nakai）やイロハモミジの優占林におき換わることを期待した対策である．2000 年ごろから，エノキやクマノミズキはずいぶん増えてきた．ケヤキは貯水池斜面の伐採後，試験湛水で長期間冠水しなかった株から萌芽・再生した個体は成長している．しかし，エノキのような鳥散布の種以外の自然林構成種はなかなか増えない．

埋土種子起源のアカメガシワが樹高 10 m を超えるようになると，虫害によって枝折れや倒伏する個体があり，そこには林冠ギャップができる．すると次世代を担う種類が侵入したり，下層におかれた個体が成長したりするという変化がみえはじめていた．

「我々の理想をいえば，10 年，20 年の期間がすぎたとき，ダム湖や道路が，まるで昔からそこにあったもののように，まわりの自然界となじみ，人のこな

図 6.24　サーチャージ区間に低木林が回復した箕面川ダム（2008 年 9 月）

い日にはひっそり静まりかえっているようなたたずまいを作りだすことがのぞましい」．これはこの調査の当初に吉良（1975）によって掲げられた目標である．図 6.24 は 2008 年 9 月の箕面川ダムの貯水池である．ほぼおなじアングルの写真が，2006 年末に箕面市が全戸に配布したカレンダー，「箕面国定公園―森の花」の表紙に使われた．すこしは当初の目標に近づけたかと考えている．

## 8　今後の課題と展望

1975 年から今日まで，ほぼ 30 年にわたって箕面川ダム建設の事前調査，自然回復の促進手法の開発から工事後のモニタリングまで，ダム地域の自然環境の保全と回復にかかわってきた．自然回復については，次のようにまとめられよう．

1）回復の目標をはっきりさせる．

2）控え目に計画し，潜在的な自然の回復力を正しく見積もる．

3）自然の時計と人間の時計は進みかたが違う．回復には十分な時間をかける．

4）モニタリングによって自然の回復プロセスをきちんと記録する．

大阪府の努力によって，着手直前の自然が記録され（大阪府，1977），自然回復の促進手法が検討（大阪府，1980）されて保全対策が実施されただけでなく，ダムの完成時（大阪府，1983），5 年後（大阪府，1990），15 年後（大阪府，

2000）には自然回復状況のモニタリングが実施され，結果がすべて印刷公表されたことは特筆に価する．おそらく国内では他に類例がないだろう．2000年以降も節目の時期に調査が予定されていたが，残念ながら昨今の財政事情はそれを許さない．

筆者は1999年以降も毎年，上記の調査以外に学生の演習時に箕面川ダムを観察してきた．2000年時点ではアカメガシワ林の下層にエノキ，クマノミズキなど，次世代を担う樹種の稚樹が生育しはじめており，意外に早く，アカメガシワ林から先駆渓畔林への遷移が進みそうに思えた．ところが近年，別の要素が遷移を遅らせるだけでなく，偏った方向に導きつつある．それはニホンジカ（*Cervus nippon* Temminck）による食害である．2000年時点ではダム地域にまったく見かけなかったニホンジカは，2006年をすぎてからダム地域に出没しはじめ，2009年には林道沿いの草本だけでなく，貯水池斜面に回復したアカメガシワ林の林床にも食害が目立つようになった．部分的にはイワヒメワラビ（*Hypolepis punctata*（Thunb.）Mett. ex Kuhn），オオヒナノウスツボ（*Scrophularia kakudensis* Franch.）など，ニホンジカの不嗜好植物の群落もできつつある．

上記したような不測の事態に対応するためにも，モニタリングは定期的に続けることが望ましい．自然を望ましい状態に管理するためには，まず常に状況を把握し，次に必要な時期に必要な手が打てる体制，予算措置と自然の管理設計が必要である．自然の再生は建築や土木施設の建設と異なり，当初に大きな予算をつければできるというものではない．予算総額が同じなら，自然の発達に合わせ，必要な時期に必要な予算を執行できるようにするほうがはるかに効果的である．公共事業の場合，現在の制度では不可能なようだが，人間の時計を自然の時計に合わせるという意味からも，必要な制度改革には努力されるべきだろう．

### 文献

有岡利幸（1986）：森と人間の生活—箕面山野の歴史—．清文社，大阪．

麻生順子・永野正弘ほか（1983a）：樹木および埋土種子に与える冠水の影響．箕面川ダム自然回復工事の効果調査報告書，pp. 5-16．大阪府．
麻生順子・永野正弘ほか（1983b）：袋づめして保存した表土のまきだし実験．箕面川ダム自然回復工事の効果調査報告書，pp. 23-26．大阪府．
長谷川清・上畑憲光（1992）：箕面川ダムの自然回復工事の追跡調査結果について．ダム技術，74：49-58．
林　一六・沼田　真（1964）：遷移からみた埋土種子集団の解析 III，とくに成林したクロマツ期について．生理生態，12：185-190．
藤田泰宏・永野正弘ほか（1990）：試験湛水が植物の現存量におよぼした影響とその回復．平成元年度箕面川ダム自然回復工事の効果調査報告書，pp. 23-26．大阪府．
金森正臣（1977）：ネズミ，植物遷移に対する動物の関与．沼田　真（編）『群落の遷移とその機構』，pp. 273-277．朝倉書店，東京．
吉良竜夫（1973）：都市公害と自然．『現代都市政策 VI—都市と公害・災害—』，pp. 31-54．岩波書店，東京．
吉良竜夫（1975）：箕面の自然と自然保護．箕面生物研究会報，9・10：5-6．
吉良竜夫（1977）：総論．箕面川ダム自然環境の保全と回復に関する調査研究，pp. 10-16．大阪府．
吉良竜夫（1979）：自然の過保護．自然保護，210：3．
丸井英幹・永野正弘ほか（2000）：試験湛水から15年後の樹林の回復と成長．箕面川ダムにおける自然回復の状況調査報告書，pp. 31-48．大阪府．
永野正弘・梅原　徹（1980）：森林表土のまきだしによる植生回復法の検討．箕面川ダム自然回復の促進に関する調査研究，pp. 6-113．大阪府．
永野正弘・梅原　徹（1983）：表土のまきだしでできた群落の初期成長．箕面川ダム自然回復工事の効果調査報告書，pp. 27-47．大阪府．
沼田　真（1947）：植物の繁殖型について（植物群落解析の一方法Ⅲ）．生物，2：121-123．
沼田　真・林　一六ほか（1964）：遷移からみた埋土種子集団の解析 I．日本生態学会誌，14：207-215．
四手井綱英（1976）：森林生態系の物質生産．『森の生態学—森林はいかにして生きているか—』，pp. 94-222．講談社，東京．
大阪府（1977）：箕面川ダム自然環境の保全と回復に関する調査研究．
大阪府（1980）：箕面川ダム自然回復の促進に関する調査研究．
大阪府（1983）：箕面川ダム自然回復工事の効果調査報告書．
大阪府（1990）：平成元年度箕面川ダム自然回復工事の効果調査報告書．
大阪府（2000）：箕面川ダムにおける自然回復の状況調査報告書．
梅原　徹（1975）：箕面ダム自然環境の保全と回復に関する調査研究について．箕面生物研究会報，9・10：2-5．
梅原　徹（1977）：箕面ダム地域の植生について．箕面川ダム自然環境の保全と回復に関する調査研究，pp. 28-49．大阪府．

梅原　徹（2009）：里地・里山のなりたちと現在，そして今後．山本　聡・沈　悦（編）『成熟型ランドスケープの創出』，pp. 107-117．ソフトサイエンス社，東京．
梅原　徹・永野正弘（1997）：「土を撒いて森をつくる！」研究と事業をふりかえって．保全生態学研究，2：9-26．
山崎俊哉・丸井英幹ほか（2000）：箕面川ダム貯水池周辺の植生の変化．箕面川ダムにおける自然回復の状況調査報告書，pp. 9-29．大阪府．

（梅原　徹）

# 第Ⅲ部

# ダムによる生物の移動分断

# 第7章

# ダムによる河川昆虫の個体群分断

## 1　ヒゲナガカワトビケラの生活環

図7.1は，日本の代表的河川昆虫であるヒゲナガカワトビケラ（*Stenopsyche marmorata*）の生活環である．ヒゲナガカワトビケラの場合，河床にある石の裏側に多数の卵をまとめて産卵する．ふ化した幼虫は，4回脱皮して終齢，つまり5齢幼虫となる．幼虫は，石と石の間などにクモの巣のような網を張り，

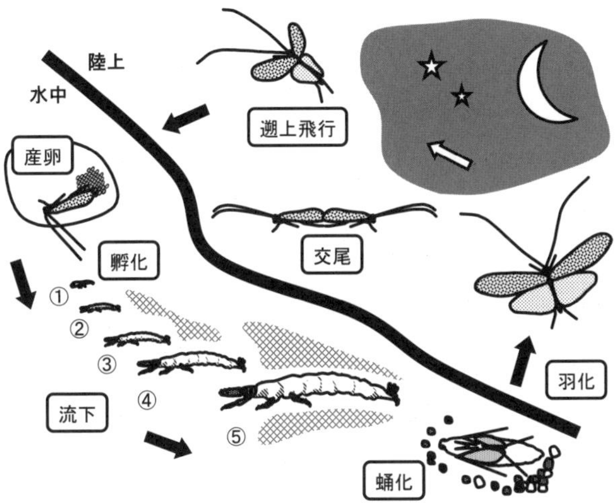


**図7.1**　河川昆虫の生活環

ヒゲナガカワトビケラを例にした．

巣を作る．網と巣の部分ははっきりとは区別できないが，流れてくる餌（有機物）をおもに捕捉する部分があるといわれている．4，5 齢になると，しっかりした巣網をつくるので，流されることは少なくなるが，若齢幼虫では，様々なアクシデントによって流されてしまうことが多い．幼虫には 3 対のしっかりした脚があるので，歩いて上流に移動することができないわけでもない．しかし，川の流れは強大で，個体群全体としてみれば，下流に移動することになる．やがて，蛹となり羽化するが，羽化した場所に産卵するとしたら，次世代はさらに下流に流されることになる．そこで，下流への幼虫期の移動を補償するため，成虫が遡上飛行し，上流に産卵するといわれている（コロナイゼーション・サイクルと呼ばれる）．特にヒゲナガカワトビケラの雌成虫では，顕著な遡上飛行が確認されている（西村，1987）．つまり，このトビケラを含めた多くの河川昆虫では，流程に沿った長い距離が，生活の場として必要ということになる．

## 2　ダムによる個体群の分断

移動性の高い河川昆虫にとっては，ダムのような移動障壁が作られると，様々な問題が生じる可能性がある．ダムによって個体群が分断されると，個体群サイズが減少する．最悪の場合は個体群レベルの絶滅から，種の絶滅に発展することになる．ヒゲナガカワトビケラのように広範囲に十分な個体数が維持されている種では，この程度のことで絶滅というのはあまりないかもしれないが，移動能力がもっと乏しく，個体群サイズがもっと極端に小さい河川昆虫の場合は，絶滅ということもありえる．絶滅しないまでも，個体群サイズの減少から絶滅に至る過程で，対立遺伝子頻度が変化したり，あるいは遺伝的多様性が低下したりといった現象が起きる可能性があり，それらを検出することでダムによる河川昆虫に対する影響の指標に使えるのではないかということも指摘されている（小川原ほか，2003；渡辺・大村，2005；林・谷田，2008）．

例えば，日本国内のダムによる個体群分断効果の検出例では，小川原ほか

(2003) はウルマーシマトビケラ (*Hydropsyche orientalis*) について，渡辺・大村 (2005) はヒゲナガカワトビケラについて，RAPD (random amplified polymorphic DNA) 法を用いて，遺伝的集団構造を解析した研究をしている．これらの研究によれば，ダムによる遺伝的交流の分断が検出されている．分断の影響は，堪水面積の大きなダム湖ほど大きくなっており，水生昆虫の移動に配慮した河川管理からみれば，許容可能なダム湖の規模があると考えられている．また遺伝的多様性は，都市化の影響や個体群サイズと関係があり，河川環境の指標としても利用できると考えられている．

## 3　河川昆虫の遺伝的集団構造

図 7.2 は，イワトビケラ類の一種 (*Plectrocnemia conspersa*) について，個体群間の地理的距離 (対数) と遺伝的差異の関係を示したものである (Wilcock ほか，2003)．この研究では，地理的距離を河川内，河川間，大陸と島嶼間というように，いくつかに分けて考察している．この研究によると，地点間の距離が近いと遺伝的差異も小さいが，陸地や海峡を境に階層レベルが変化した．陸地や海峡が，河川昆虫の移動を妨げているということは理解しやすいが，河川昆虫の遺伝的集団構造というのは，このように単純なものばかりではない．

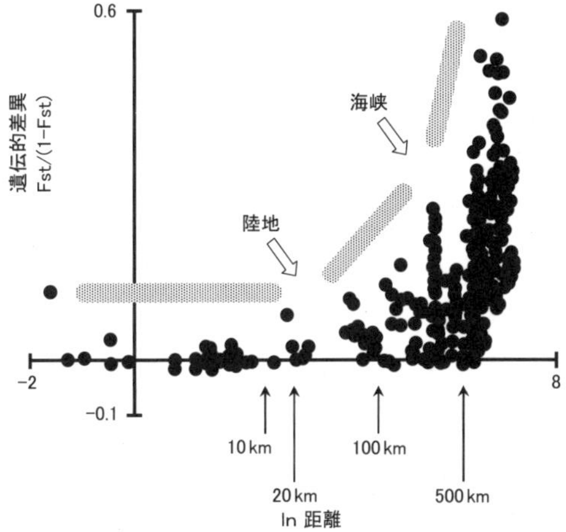


**図 7.2**　イワトビケラ類の一種 (*Plectrocnemia conspersa*) 33 個体群間の地理的距離 (対数) と遺伝的差異の関係
(Wilcock ほか，2003：Fig. 1. 3 を改変)

様々な河川昆虫について，

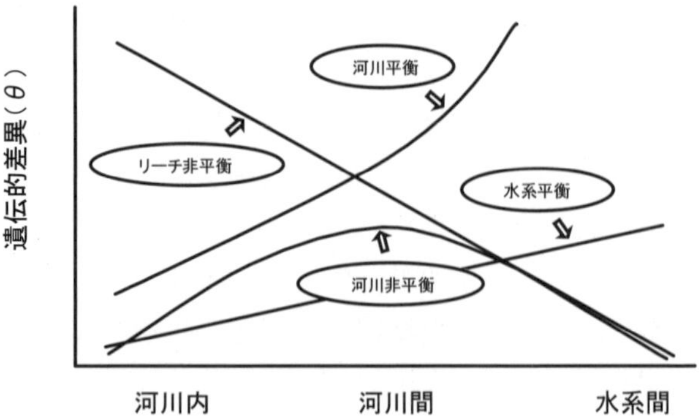


**図 7.3**　河川底生無脊椎動物の遺伝的差異（θ）と地理的スケールの関係および分化機構
（Monaghan ほか，2002：Fig. 5 を改変）

個体群間の遺伝的差異を，河川内，河川間，それから水系間といった空間的な階層レベルで比較すると，図 7.3 のように，様々な傾向が観察される（Monaghan ほか，2002）．それぞれの傾向については，どのような地理的スケールで遺伝的浮動と遺伝子流動の平衡が成り立っているかによって説明されている．平衡が成り立っているときには，空間距離と遺伝的差異の間に正の相関が認められ，IBD（isolation by distance）モデルと呼ばれるが（Slatkin, 1993），右下がりや，丘陵状のカーブのときは，遺伝的浮動と遺伝子流動が非平衡となっている．

水系平衡は広域分布種にみられる．水系内では遺伝的によく混合されているが，水系間では遺伝子流動が制限されている．河川平衡は，飛翔能力の乏しい（あるいは欠如）種にみられ，河川間でさえも遺伝子流動が制限されている．リーチ非平衡は，局所個体群がまばらに散在するように分布する種にみられる．局所的な創始者効果やビン首効果が頻繁に働くため，局所個体群内での遺伝的多様性は低いが，局所個体群間では遺伝的な差異がみられる．一方，広域的には，ランダムで偶発的な分散により，遺伝的によく混合されている．このような種では，年単位の時間的スケールでも遺伝的浮動が検出されている（Takemon ほか，1998）．河川非平衡は広域分布種にみられ，河川間での遺伝子流動は乏しいが，リーチ非平衡の種よりも個体数が多く河川内での分散力が高いため，河川内では遺伝的によく混合されている．地史的に新しい時代に，分布の一部を拡大した可能性もある．

以上の類別と各名称については議論の余地を感じるものの，河川昆虫の遺伝的集団構造には様々なパターンがあることがわかる．そして，ダムによる分断効果の検出が目的であれば，水系内では遺伝的によく混合されている種を対象とする必要がある．ヒゲナガカワトビケラの場合，流程分布が広く個体数も多いことや，顕著な遡上飛行が認められることなどから，この要求を満たしていると予想される．

## 4　分子マーカーの選択

遺伝子レベルの集団構造の調査手法としては，様々な技術が開発されている．比較的よく用いられているものについて，作業工程を図 7.4 に示した．それぞれに利点と欠点があり，目的によって使い分けられている．特異的 PCR (polymerase chain reaction) を行う場合，遺伝子の解析したい領域周辺の塩基配列について事前に知る必要があるが，国内の河川昆虫の遺伝子配列については，今のところデータベースへの登録数が少なく，未知領域の解析を可能にするためには，時間と労力を要する．それに対し，非特異的 PCR では，事前に配列情報を必要としないため，初期の研究ではよく活用されている．また，特異的 PCR では解析領域が限定されているが，非特異的 PCR では全ゲノムが対象となるため，解析領域の違いによる結果の偏りが抑えられる可能性がある．しかし，どの部分の配列を分析しているのかがわからないため，正しい結果が得られているのかどうかの判断は難しくなる．

特異的 PCR では，増幅産物の数や塩基数があらかじめわかっていることから，目的外の遺伝子による汚染（コンタミ）や非特異的反応に対するチェック機構が働くため，非特異的 PCR による手法より信頼性は高くなる．一般的に，最も信頼性が高いと考えられるのがシーケンス (sequence) 法である．シーケ

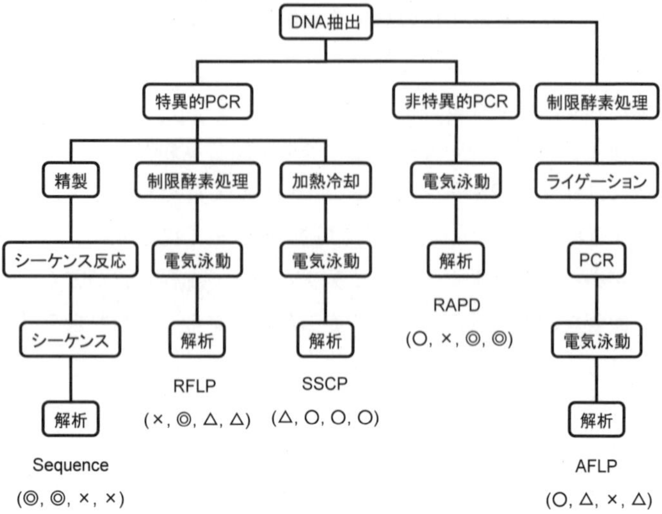


**図 7.4**　多型解析手法の作業工程と評価（情報量，正確さ，簡便さ，コスト）

評価は，個人的主観による．

ンス法というのは，シーケンサーと呼ばれる装置により塩基配列を決定する方法で，塩基配列の類似度から，結果の信頼性を判断することもできる．ただし，試料調製から解析までの工程が長く時間もコストもかかる．シーケンサーの初期導入コストが高く，これが利用できない環境では，直ちに実施するのは難しい．試薬も高価だったが，ランニングコストは，最近はやや軽減されてきている．

筆者らは，ヒゲナガカワトビケラ 59 個体について，ミトコンドリア遺伝子 COI（cytochrome oxidase subunit I）領域の一部（771 塩基）の解析をシーケンス法で実施した．これにより，6 種のハプロタイプを確認することができた．各ハプロタイプの遺伝子配列は，DDBJ（DNA Data Bank of Japan）に登録してある（AB 308379–AB308384）．

シーケンス法以外の方法では，PCR によって得られた増幅産物やその断片を，電気泳動によりバンドの数や位置の違い（塩基数や立体構造の違い）として検出することになる．前述の RAPD 法では，任意の配列のプライマーを用いて非特異的に増幅された複数の産物を，電気泳動により比較する．核遺伝子のように，複数種のコピーがある場合，シーケンス法ではクローニング（遺伝子を単離すること）が必要となり，さらに時間と労力を要するが，電気泳動による多型解析の場合は，複数種の遺伝子を同時に比較できるという利点もある．

PCR-RFLP（restriction fragment length polymorphism）法は，増幅産物を制限酵素で切断し，その断片サイズを比較する方法である．制限酵素で切れるかどうかは，制限酵素による認識部位の有無，すなわち塩基配列の違いを反映している．この方法は精度も高く，シーケンス法よりは簡易で初期導入コストも低いが，酵素の種類によっては高価なものもあり，ランニングコストが高くなることもある．

PCR-RFLP 法とは逆の発想で，ゲノム全体を制限酵素で切断してから，得られた多くの断片を PCR 増幅するのが AFLP（amplified fragment length polymorphism）法である．PCR を行うために，プライマー認識部位を含むカセットを，断片に連結（ライゲーション）する．RAPD 法と同様に，断片の由来がわからないことが弱点ではあるが，RAPD 法よりも安定した結果が得られる傾向がある．

PCR-SSCP（single strand conformation polymorphism）法は，増幅産物を加熱解離させた後に急冷し，塩基配列に依存した立体構造をとらせ，電気泳動により分離し，比較する方法である（図 7.5）．欠点は，比較可能な領域が数百塩基程度と小さいことである．また，本手法は，1塩基の差異をも検出可能な場合もあるが，実際には数塩基の差異は見逃されることもある．

筆者らの場合，シーケンス法による遺伝子配列の結果が事前に得られていたため，実際の配列と泳動パターンの比較が可能であったことや，簡易で精度も高く，初期導入コストやランニングコストも低いため，PCR-SSCP 法も併用した．ただし，解析可能な領域が異なることから，区別可能な SSCP タイプはシーケンス法によるハプロタイプよりも少ない5種となった．

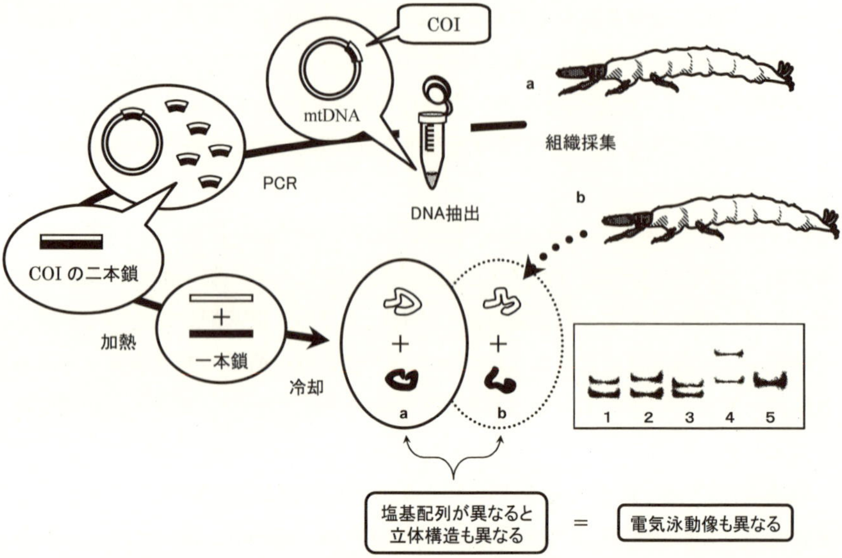


図 7.5　SSCP 法の概要

## 5　三保ダムにおける河川昆虫の個体群分断効果検出の事例

三保ダムによる河川昆虫の個体群分断効果を検出した事例（林・谷田，2008）を以下に紹介する．

### 5.1　三保ダムとヒゲナガカワトビケラ

三保ダムは，酒匂川（神奈川県）に建造された，堤高 95 m のロックフィルダムである．1969 年に着手され 1979 年に完成し，調査時までに約 30 年を経ていた．ダム直下には，ヒゲナガカワトビケラ幼虫が多数生息していた．成虫の飛翔高度は，水面から高くても 10 m 程度だが，普通はもっと低いところを飛ぶようである．したがって，堤高 95 m のダムを飛び越えることは難しいと思われる．ダムを飛び越えられたとしても，その先には丹沢湖と呼ばれる堪水面積2.18 $km^2$のダム湖が控えている．湖の入り口付近は深く産卵には不適で，産卵に適した場所は，さらに数km上流ということになる．ヒゲナガカワトビケラの成虫が遡上する距離は，少なくとも2km以上，おそらく3，4km程度と言われている（西村，1987）．ダム直下から上流側の産卵場への直線距離としては，メス成虫にとって移動不可能な距離ではないかもしれない．

### 5.2　三保ダムによるヒゲナガカワトビケラ個体群分断の検出

三保ダムを中心に酒匂川水系9地点と，相模川水系の2地点から，ヒゲナガガカワトビケラの幼虫か蛹を，各30個体ずつ（計330個体）採集した．それぞれ個別のガラスバイアルに入れて，エタノール中に保存した．組織の採集では，使用するたびにバーナーで赤熱したニードルとピンセットを用い，プラスチック製の使い捨てシャーレ上で作業し，別個体の遺伝子による汚染には特に注意した．この試料よりDNAを抽出し，PCR-SSCP法による解析を実施した．

三保ダム周辺に生息するヒゲナガカワトビケラのSSCPタイプの分布を図7.6に示した．ハプロタイプとは呼ばず，SSCPタイプと呼ぶのは，電気泳動によりすべてのハプロタイプを区別できたとは限らないためである．円グラフは，SSCPタイプ頻度を表している．一見して，タイプ1（白）の面積が目立つが，ダムの上流側の2地点のみタイプ3（黒）の面積が目立っている．これをみると，ダムを境界にSSCPタイプ頻度がかなり違っていることがわかる．SSCPタイプ頻度の違いを，遺伝的距離（$D$）（Nei，1972）で表したものが図7.7である．ダムを境に大きく二分されるが，ダム上流側の二つの支流間も，わずかながら離れているため，尾根による分断効果が現れているのかもしれない．分子分散分析（AMOVA：analysis of molecular variance）によると，酒匂川水系だけを対象に，ダムを境にして上流側とそれ以外の二つのグループに分け，階層レベルをグループ間，グループ内，地点内としたとき，遺伝的差異の61%（$p<0.05$）がグループ間の差異で説明され，グループ内で説明される差異は1%（n.s.）以下であり，ダムによる個体群分断の効果が検出された．

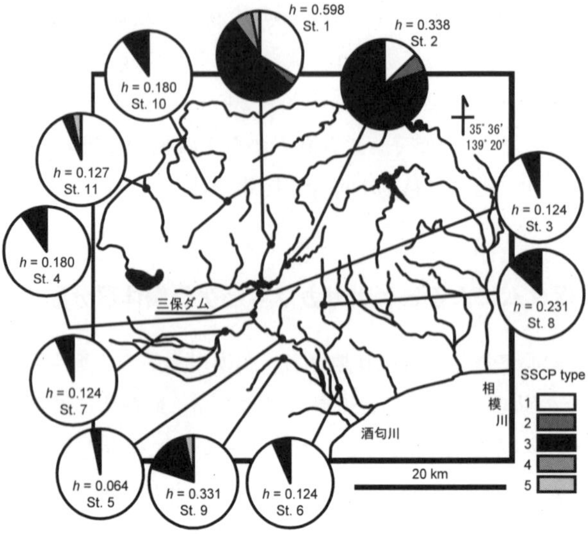


**図 7.6**　酒匂川水系周辺におけるヒゲナガカワトビケラの SSCP タイプの分布

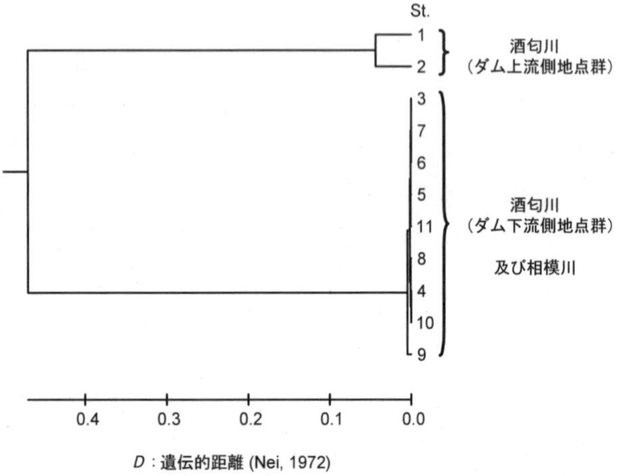


**図 7.7**　酒匂川水系周辺におけるヒゲナガカワトビケラ個体群間の遺伝的距離

SSCPタイプの多様度（$h$）（Nei, 1973）は，上流側で0.598および0.338と高くなっている．他の地点では，平均0.16と低い値になっている（図7.6）．個体群サイズが小さい方が，多様度が低くなると予想していたが，個体群サイズは明らかに下流の方が大きいと考えられ，予想とは異なっていた．酒匂川は「暴れ川」として有名な河川であった（神奈川新聞編集局，1978）．もしかしたら，ダムより下流のヒゲナガカワトビケラ個体群は，極端な個体数の減少と回復を経験したのかもしれない．この個体群の減少に伴い，遺伝的多様性が低下した（ビン首効果）可能性も否定できない．ただし，ヒゲナガカワトビケラの遺伝的集団構造の調査事例は少なく，さらに研究を進める必要がある．

酒匂川のヒゲナガカワトビケラの場合には，三保ダムにより個体群の分断が起きていることが明らかとなった．河川昆虫では，ヒゲナガカワトビケラよりも飛翔能力が劣るものが少なくないため，ヒゲナガカワトビケラに対する移動障壁は，他の多くの河川昆虫に対しても，同様あるいはそれ以上の移動障壁となっていると思われる．

豊かな河川生態系を維持するためには，その主要な構成要素である河川昆虫の存在は，極めて重要である．河川昆虫の保全を考えるためには，それぞれの種の生息や繁殖に一時的に必要な環境の整備だけではなく，生活環を完結させるために必要な流程に沿った移動を妨げないようにすることも重要である．遺伝的集団構造の調査は，長い流程を移動しながら生活環を完結する河川昆虫の保全を考える上で，極めて重要な情報を提供すると考えられた．

## 6　今後の課題と展望

遺伝的集団構造の解析は，生物の保全を考える上で極めて重要な情報を提供する．そのため，様々な遺伝的な解析手法を活用する場面が数多くある．遺伝子解析手法は，すでに多数開発され，キット化も進み，生物実験技術としては最も簡単な部類となってきた．しかし，最もネックとなるのが，遺伝子配列のデータベース登録の現状である．つまり，調査目的に合った領域に特異的な

PCRを行うためには，あらかじめ遺伝子配列の情報が必要なため，情報がなければすぐに解析を行うことはできないことになる．現在，国内の河川昆虫の遺伝子配列の登録数はまだ少なく，どの種についても個体群の比較を直ちに行えるという状況にはない．筆者らも，比較すべき領域を選定する以前に，未知領域の解析に多くの時間を費やした．今日，応用研究でなければ予算がつきにくい場合も多いが，基礎研究がなければ応用は困難である．より多くの河川昆虫について，より多くの領域についての遺伝子配列がデータベースに登録され，遺伝子レベルの調査事例も増えれば，河川昆虫の遺伝子解析を用いた河川評価も利用しやすくなるはずである．したがって，今後の，河川昆虫の遺伝子配列の登録数の増加に強く期待したい．

謝辞：本研究は，ダム水源地環境整備センターのWEC応用生態研究助成（平成17年度），および大阪府立大学大学院奨励特別研究費（平成18年度）の助成より実施した．大阪府立大学理学系研究科の副島顕子博士には，重要な実験設備を使用させていただいた．神奈川県環境科学センターの野崎隆夫博士には，採集に協力していただいた．この場で感謝の意を表する．

**文献**

林　義雄・谷田一三（2008）：ヒゲナガカワトビケラ（*Stenopsyche marmorata*）の遺伝的集団構造に対するダム湖の影響：神奈川県酒匂川水系での検討．応用生態工学，11：153-159.

神奈川新聞編集局（1978）：丹沢湖．神奈川新聞社，横浜.

Monaghan, M. T., P. Spaak, et al.（2002）: Population genetic structure of 3 alpine stream insects: influences of gene flow, demographics, and habitat fragmentation. Journal of the North American Benthological Society, 21: 114-131.

Nei, M.（1972）: Genetic distance between populations. American Naturalist, 106: 283-292.

Nei, M.（1973）: Analysis of gene diversity in subdivided populations. Proceedings of the National Academy of Sciences of the United States of America, 70: 3321-3323.

西村　登（1987）：ヒゲナガカワトビケラ．文一総合出版，東京.

小川原享志・渡辺幸三ほか（2003）：RAPD法による*Hydropsyche orientalis*（Hydarosychidae: Trichoptera）の遺伝的多様性に基づく河川環境評価—宮城県名取川水系を例として—．水環境学会誌，26：223-229.

Slatkin, M.（1993）: Isolation by distance in equilibrium and nonequilibrium populations.

Evolution, 47: 264-279.

Takemon, Y., H. Kanayama, et al. (1998): RAPD analysis on subpopulations of a mayfly species, *Epeorus ikanonis* (Heptageniidae: Ephemeroptera). Viva Origino, 26: 283-292.

渡辺幸三・大村達夫（2005）：ヒゲナガカワトビケラ（*Stenopsyche marmorata*）地域集団のRAPD解析によるダム上下流間の遺伝的分化の評価．土木学会論文集，790/VII-35：49-58.

Wilcock, H. R., R. A. Nichols, and A. G. Hildrew (2003): Genetic population structure and neighbourhood population size estimates of the caddisfly *Plectrocnemia conspersa*. Freshwater Biology, 48: 1813-1824.

（林　義雄）

# 第8章

# ダムの分断による淡水魚類の多様性低下

## 1　はじめに

ダムによる河川流域の分断が及ぼす淡水魚類の多様性への影響を，2001-2005年の5年間，国立環境研究所の中核プロジェクト「生物多様性の減少機構解明と保全プロジェクト」の中で研究した．本章では，北海道を主なフィールドとして行われたこのプロジェクトの研究成果を中心に話を進めることにする．この研究の目的は，ダムなどの河川横断構造物によって河川が分断されると，どんな種類の魚が，空間的に“どこで”，また定量的に“どれぐらい”影響を受けるのかを解明することにあった．

本章の後半では，ダムが外来魚の分布拡大と関係があるのか，どのような関係にあるのかについて，全国スケールで解析した結果についても，合わせて紹介する．

## 2　ダムと魚道，カルバート

河川法上，ダムは15 m以上の堤高を持つ河川横断構造物を指す．日本にダムは2,700基程度建設されているが，建設された年代別に色分けすると，ほとんどのものが昭和以降に作られていることがわかる（口絵9）．ただ関西地方には極めて年代の古いものもあり，飛鳥・奈良時代に農業用に作られたものが

**図 8.1**　さまざまな河川横断構造物

A：貯水ダム，B〜D：砂防ダム，E・F：取水堰もしくは頭首工.

いくつか現存する.

北海道を対象にした研究では，様々な河川構造物の中でも上の定義に従うダム（ここでは便宜的に貯水ダムと呼ぶ）に，土砂の流出をコントロールするための砂防ダムを含め，その両者（併せてダムと呼ぶことにする）の影響を評価した．河川を横断する構造物には様々なものがあり，例えば図 8.1 の A は貯水ダムであるが，B〜D は砂防ダム，また E と F は農業用の取水堰もしくは頭首工と呼ばれ，似たような構造物でもその目的や管理する主体によって呼び名が異なる.

生物の移動，特に魚類の遡上や降河への影響緩和を目的に，魚道の設けられたダムも少なくない．しかし非常に長大なもの，勾配のきついもの，あるいは土砂や倒流木でふさがれたようなものも多くあり，どの程度魚に利用されているのかしばしば疑問に感じることがある．魚道にとって重要なポイントの一つは，魚がその入り口（登り口または降り口）を見つけやすいかどうかにある．魚道から河川への流れ込みの流量が少ない場合，あるいは流れ込みの位置がダムの直下からはるか下流にある場合，その流れ込みを魚道の入り口と認識し，ダムを迂回して上流（あるいは下流）に行こうとする魚はまずないだろう.

**図 8.2**　カルバートを通過しようとするイトウ

生物の移動，とくに魚類の移動の分断は，通常，ダムに代表される落差のある構造物によって引き起こされる．しかし落差のない構造物でも生物の移動障害となることを，今から 20 数年も前に目のあたりにしたので，紹介したい．図 8.2 は，北海道北部の河川上流，林道が小さな支流を横切る所に建設されたボックスカルバートという全長 25 m ほどの人工構造物である．その内部はまったく平坦で落差はない．春の雪解けの時期に撮影したもので，水深はわずか 4–5 cm ぐらいながら勢いよく水が流れていた（図 8.2A）．ところが，この構造物の下，出口付近に 70–80 cm もある大きな魚が数匹溜まっていて，ときおり水しぶきを上げては，勢いよくカルバートの中に上流目指して突進する姿が目に入った（図 8.2B）．しかし，全長 25 m の 4 分の 3 ぐらいまで行ったところでいずれも力尽き，あえなく元来た所に押し流されてしまうのであった（図 8.2C）．何度も同じ光景は繰り返されたが，このカルバートを通過できた魚は一匹もいなかった．この魚は 2006 年に国際自然保護連合（IUCN）によって最も絶滅の危険度が高い Critically Endangered に指定されたイトウ（*Parahucho perryi* Brevoort）というサケ科魚類，日本最大の淡水魚であった．

## 3　北海道でのダムによる淡水魚類の多様性低下

### 3.1　現地調査

ダムによる魚類への影響評価は，まず初めに北海道日高地方を調査対象にして開始した（福島，2005）．この地域一帯の 36 の河川水系に，合計 125 地点の魚類調査地を設け，各地点の魚類相を投網と電気ショッカーを併用し，2005 年と 2006 年の夏季に徹底的に調べてまわった（図 8.3）．この地域は地形が急峻なために，発電用の貯水ダムや土砂災害を防ぐための砂防ダムなど，さまざまな横断構造物があり，調査地のなかにはダム上流に設けた地点，ダム下流の地点，あるいは上流から河口まで，ダムが一切ない河川もあった．

「ダムによって分断される」という意味について，ここでまず厳密な定義が必要であろう．ダムと調査地点との位置関係について，魚道の有無も考慮して三つの状態を定義した．まず「ダムなし」とは，調査地点から下流に向けて河口（海）までの間に一つもダムがなく，自由に魚が移動できる状態を指す．続いて「ダムあり」は，調査地点と河口の間に一つ以上のダムがある状態を指すが，そのすべてのダムに魚道がある場合と，最低一つは魚道のないダムがある場合とに分けて考えることにした．

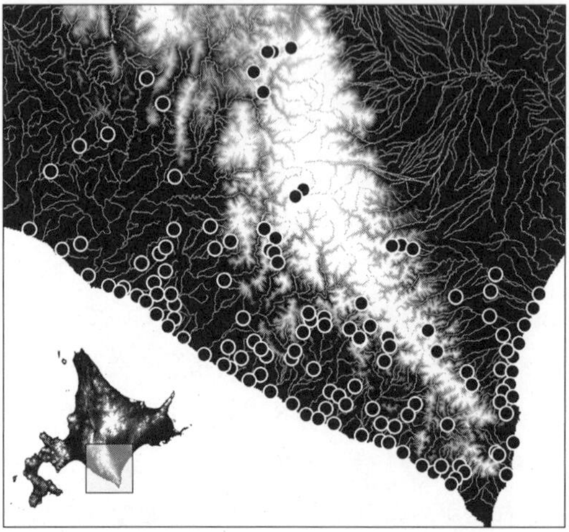

図 8.3　日高地方の魚類調査地点

北海道は，日本列島のなかでは比較的魚類相は貧弱だが，60–70種程度の淡水魚が生息することが知られている（後藤，1994）．図8.3にある125地点で魚類調査を行った結果を，採捕された淡水魚の密度のボックスプロットで示すことにする．まず一生を川の中，すなわち淡水で生活する純淡水魚のなかで，北海道に広く分布するフクドジョウ（*Noemacheilus barbatulus toni* Dybowski）をみることにする（図8.4）．この魚は三つのタイプの調査地点，すなわち「ダムなし」，「ダムあり魚道あり」，そして「ダムあり魚道なし」で，いずれも相当な数が採捕され，生息密度が高かった．平均値はボックスの中の丸印，およその分布レンジがカギかっこで，またはずれ値が個別のポイントで示されている．同じく純淡水魚のハナカジカ（*Cottus nozawae* Günther）も，ほぼ似たような傾向があり，むしろダムありの地点で密度が高い結果が得られた．

北海道には，サケ（*Oncorhynchus keta* Walbaum）に代表されるように，海と川を行き来する生活史を送る「通し回遊魚」と呼ばれる魚類が多く生息する．サケのほか，サクラマス（*Oncorhynchus masou* Brevoort），アメマス（*Salvelinus leucomaenis* Pallas）などがおり，これらは通し回遊魚の中でも遡河回遊魚と呼ばれ，海に下った後，産卵，繁殖のために再び川に戻ってくる魚である．日高地方で調査した125地点の採捕結果から，サクラマスとアメマスは，「ダムなし」の地点で密度が高く，ダムがあっても魚道がつくられていれば密度の低下は認められないことがわかる（図8.5）．ところ

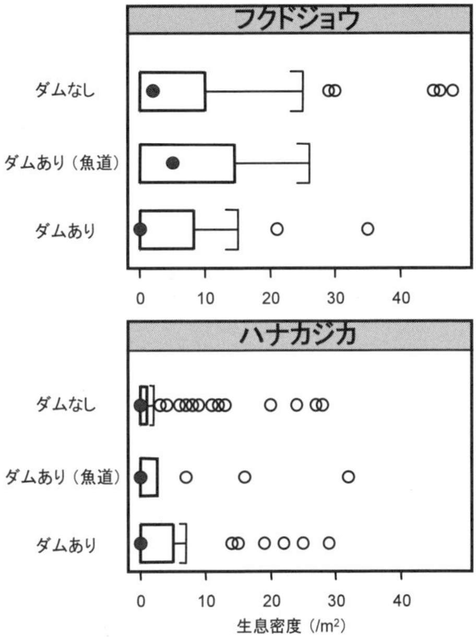


**図8.4**　純淡水魚の生息密度
（福島，2005）

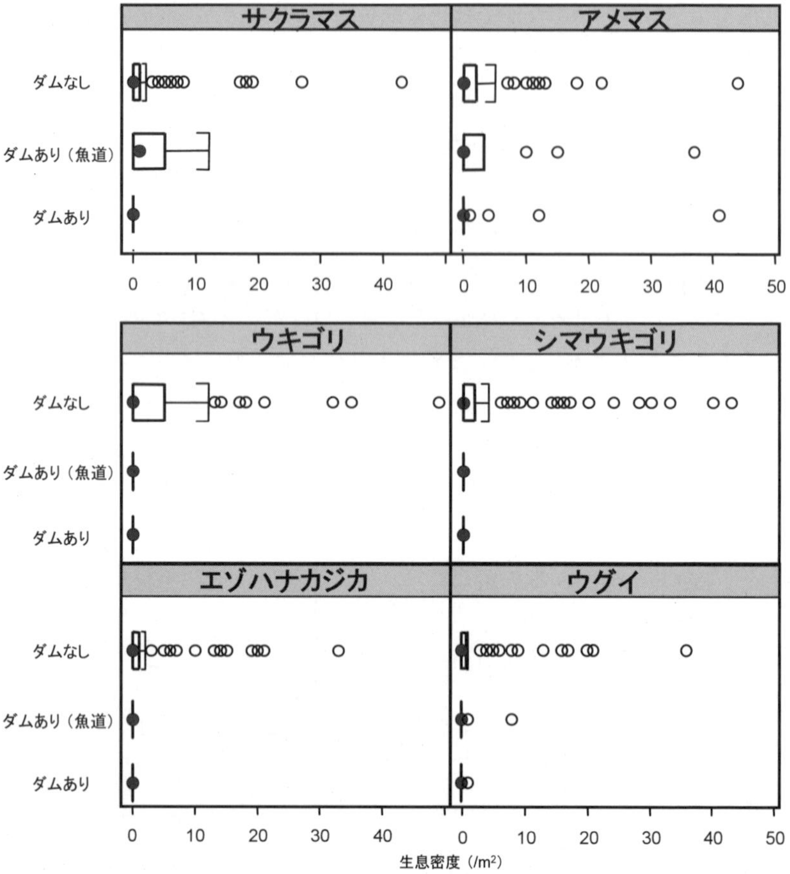


**図 8.5**　通し回遊魚の生息密度

（福島，2005）

が，「ダムあり」で魚道がなければ，サクラマスは一尾も採捕されず，アメマスも密度の明らかな低下が認められる．ただ魚道のないダム上流でも，陸封化されたアメマスの個体群があるようで，高密度で採捕された地点もある．

サクラマスやアメマスに対して，図 8.5 の下方にプロットされたウキゴリ（*Gymnogobius* sp.），シマウキゴリ（*Gymnogobius* sp.），エゾハナカジカ（*Cottus amblystomopsis* Schmidt），ウグイ（*Leuciscus hakonensis* Günther）といった小型

の回遊魚は，卵から孵化した後，直ちに汽水域に降下する両側回遊魚と呼ばれる回遊魚である．これらの魚類については，魚道の有無にかかわらず「ダムあり」地点でまったく採捕されることはなかった．ただウグイだけは，魚道のあるダム上流でかろうじて生息が確認されている．魚道の多くはサクラマスなど，遊泳力があり水産資源として価値の高い比較的大型の魚種を想定して設計されている．ここにあげた小型の回遊魚は，ウグイを除いて底生性の遊泳力に乏しい回遊魚である．魚道の効果は魚種に対し選択的であり，すべての魚類に有効なわけではないことが明らかになった．

### 3.2　データベースの作成

日高地方の現地調査からわかったダムの影響を，もう少し広い空間スケールで調べるために，過去に北海道で行われた魚類調査の報告書，論文，その他資料の中から，信頼性の高いものを選び出し，「いつ，どの場所で，どんな魚種が」採捕されたかについて全道スケールの淡水魚類データベースを作成した（福島，2005）．

データベース作成に使用した文献の数は 1,000 を超えた．古い記録は 1953 年にさかのぼり，魚類調査件数も 7,000 件以上を網羅した（図 8.6）．全道の貯水ダムの分布と属性については国土交通省から，また砂防ダムは北海道砂防災害課からデータを入手し，個々の属性を GIS で管理した（図 8.7）．そして，どこに何年につくられたダムがあるという「点」の情報から，ダムによって上流の流域がいつの時代から分断されたのかという「面」の情報に変換した．その手法は後ほど説明する．

北海道に貯水ダムは 160 基程度ある．これら貯水ダムによって分断された流域は，比較的道央付近に集中し，古くは 1913 年から生息環境が分断されている（図 8.8）．一方の砂防ダムはこれまで全道に 1000 数十基建設され，貯水ダムよりも河川のさらに上流に位置することが多いため，個々の分断流域は小さく全道広くに分散するが，やはり日高山脈には密集している．

このようにダムの分布を，その分断流域という面の情報に変換することに

**図 8.6**　北海道の過去 50 年間の魚類調査地点

文献数は 1,000 以上，1953 年からの記録で，魚類調査件数は 7,000 を超えた．

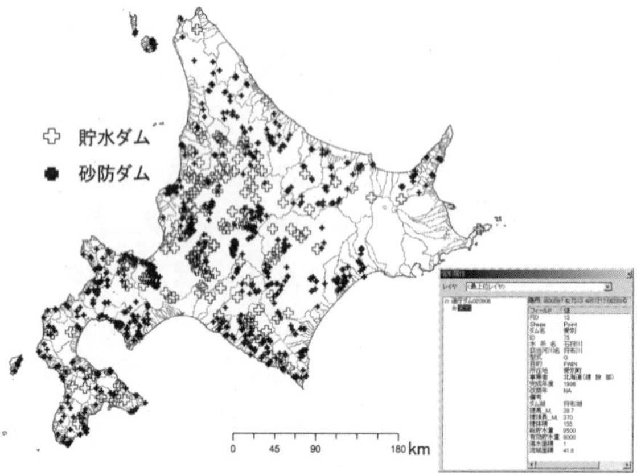


**図 8.7**　全道の貯水ダムと砂防ダムの分布

よって，一つ都合のよいことがある．それは先ほど示した 7,000 件といった膨大な魚類調査地点（図 8.6）について，どんなに古い調査でも，すべての地点に対して「調査時に」その下流にすでにダムが建設されていたかどうかを，直ちに知ることができることである．この分断流域図（図 8.8）の上に調査地点

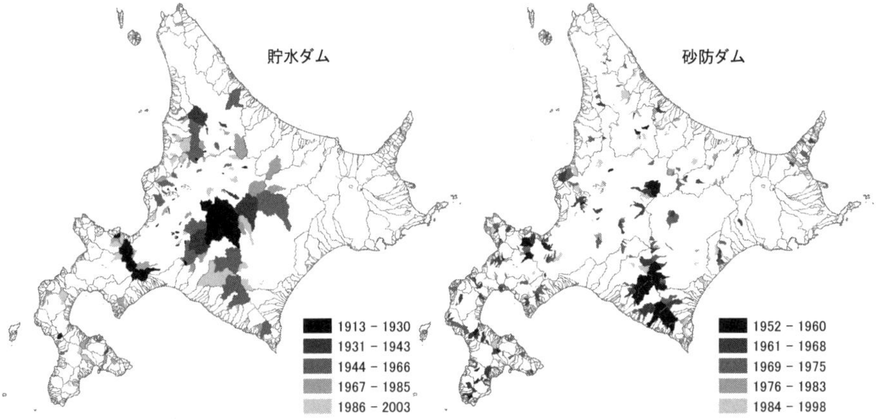


**図 8.8**　貯水ダムと砂防ダムによる分断流域

図（図 8.6）を重ね合わせたとしよう．各々の調査地点で，魚類調査年よりもその地点の分断年の方が古ければ，どんなに古い魚類調査でも既に下流に一つ以上のダムが存在し，生息環境が分断されていたと判断できる．反対に，魚類調査年が分断年よりも古ければ，その調査が行われた時には下流にダムがなかったことを意味する．そのように約 7,000 件の魚類調査を効率よく二つのグループに分けることができた．さらに調査年をもとに全データを三つの時代（70 年代とそれ以前，80 年代，90 年代とそれ以降）に分けると，合計六つのグループにデータを仕分けすることができる．各々のグループの中で，一調査当たりに採捕された魚類（北海道の在来魚に限る）の種数を調査地点の標高に対してプロットした（図 8.9）．

六つのパネルをみて最初に気づくことは，淡水魚類の種数が標高とともに指数関数的に減少することである．どの時代でもその傾向は認められる．しかし，90 年代以降の調査で，それ以前の二つの時代と比べて魚類の種数が全体的にやや多くなる傾向がある．これは恐らく 90 年代以降，魚類調査法に電気ショッカーが導入されるようになり，それ以前の網を用いた調査よりも採捕効率が格段に上がっていることを反映している．かつて網では採れなかった魚が電気ショッカーで採れるようになったことが，調査当たりの平均魚類種数を増

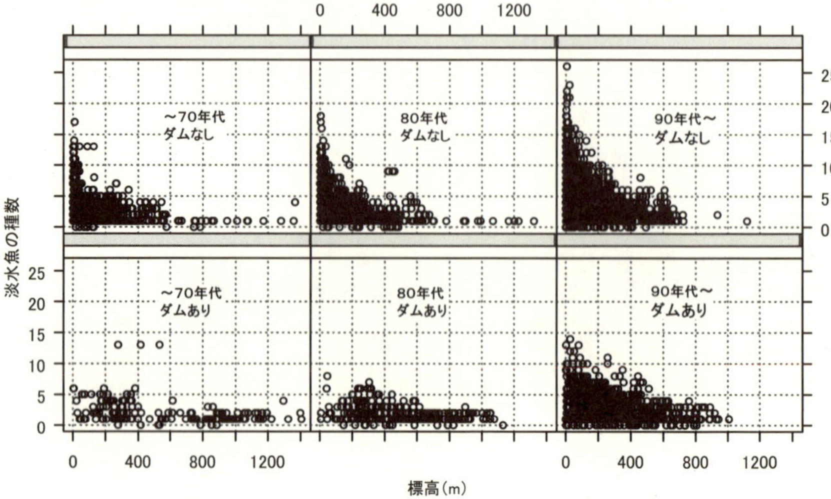


**図 8.9**　淡水魚の種数と標高，調査時期，ダムとの関係

加させている．

上段三つのパネル（図 8.9）は，いずれも調査された時点で，調査地点から下流に河口まで全くダムがないという状況で得られた魚類調査結果である．それに対し，下段三つのパネルには，下流にダムが少なくとも一つはあったという状況下で得られた調査結果を示し，上下のパネルを比べてみるとする．いずれの時代においても，明らかに調査一件当たりの魚類種数は「ダムあり」の条件下で低いことがわかる．そしてよくみると，標高の低い「ダムあり」の調査地点（<200 m くらい）で種数の低下量が著しいことがわかる．標高の高いところでは，「ダムなし」と「ダムあり」を比べても，さほど種数に違いはない．どうやら淡水魚の多様度に，ダムの影響は確実に表れているようである．そしてその影響は標高に依存するようである．そもそも標高は魚類の多様度を決定する最大の因子である．そして時代とともに変化する調査手法によって調査結果が左右されることもデータを理解する上で重要なポイントとなる．

## 3.3　モデルによる解析

北海道の淡水魚類の種数は，標高，調査年，またダムの影響の有無という要因によって決定されていた．これらの要因に調査地点の平均気温や降水量などを加えたものを説明変数とし，種数を目的変数とした回帰式を構築し，そのパラメータを推定した．出来上がったモデルを，今度は北海道全域に当てはめ，全道の淡水魚類の種数分布を推定した（口絵10）．色が赤いところほど種数が多く，青系統の色ほど種数が少ない．大雪山や日高，知床など，標高が高く地形が急峻なところに生息する淡水魚の種数は少ない．一方で石狩川，十勝川，釧路川，天塩川など，大きな河川の中下流域に広がる平野や湿原には魚類の種数が多く，多様度の高い魚類相が形成されている．

この分布図を拡大していくと，約1km四方のメッシュ構造が現れる．これは標準地域メッシュコードの三次メッシュと呼ばれるものである．日本の国土に対して，このメッシュサイズを単位として，地形，気象，あるいは人口，土地被覆などさまざまな属性がデータベース化され，国土地理院によって国土数値情報という形で整備されている．それらのデータや自前で作成した流域分断図（図8.8）からダムに関する変数を説明変数として採用し，先ほどパラメータ推定したモデルに代入し，メッシュごとの種数をはじき出したものが口絵10になる．この淡水魚類の種数分布であるが，実は二つのシナリオのもとで推定することができる．一つは，モデルに含まれるダム変数に，北海道のすべてのメッシュに対して強制的に0という値を与える推定の仕方である．もう一つは，各々のメッシュに対して，それが分断流域に含まれれば1を，含まれなければ0という値をダム変数に与える推定の仕方である．すなわち，前者は北海道に一つもダムがない原始的な自然状態での淡水魚の種数分布を再現し，後者は現在のダムの影響を加味した種数分布の現状を推定している．この二つの推定結果は肉眼で比較してもなかなか違いがみえてこないが，GIS上で両者を重ね合わせ，メッシュごとに差分をとってみると，地域的な種数の推定値の違いが良くわかる（口絵11）．ここで重要なことは，こうしてはじき出された種数の差が，ダムの影響に起因する淡水魚の魚種数（種の多様度）の減少量であ

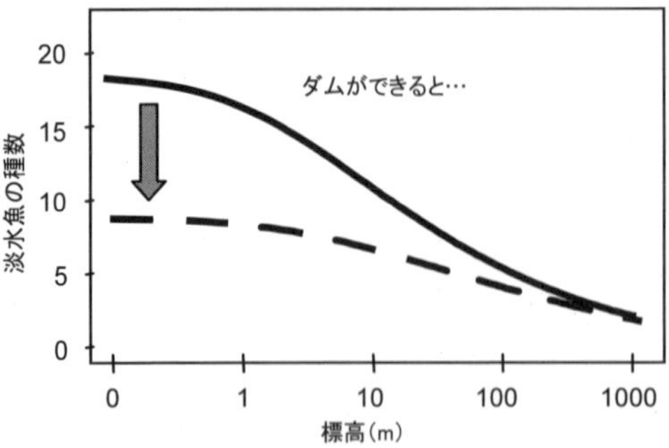


**図 8.10**　モデルから求めた淡水魚の種数と標高との関係

ることだ．二つのシナリオをつくるために唯一操作した説明変数はダム変数であるからである．この図から，北海道には大型の貯水ダムや砂防ダムによって淡水魚の種多様度がすでに減少してしまった地域が無数に，パッチ状に存在することがわかる．

この図では，色の濃いところほど種数の減少量が大きいことを表すが，よく見るとひとつひとつのパッチの中で標高の低いところほど種数の減少量が大きいことがわかる．これはすなわち，図 8.9 で観察された標高と（ダムによる）種数の減少量との相互作用をモデルでうまく再現していることを裏付けている．モデルで推定した種数と標高の関係を，「ダムなし」と「ダムあり」でグラフにすると図 8.10 のようになる．横軸は対数なので，図 8.9 と比べると多少変形してみえるが，まったく同じこと，つまり標高の低いところほど淡水魚へのダムの影響が深刻であることを意味している．平野や，極端な場合，河口にダムを建設することが，魚類の多様性にとっていかに大きな打撃となるかを物語っている．

さて，ここまでは一調査当たりの魚類の「種数」を目的変数としてモデルを構築し，それによる推定結果を説明してきたが，種数の中身，つまり魚種ごとに各地点で「とれたか／とれなかったか」という 1 と 0 の情報もある．その情報を目的変数とすれば，今度は魚種ごとの生息確率が推定でき，また生息確率に及ぼすダムの影響も定量的，空間的に評価できる（Fukushima ほか，2007）．

そこで北海道の主な淡水魚 40 種ほどに対し，目的変数を地点ごとの採捕記録の有無（とれたか／とれなかったか）としたロジスティック回帰分析を実施した．するとダムの影響が有意に生息確率に作用する魚種がいくつか検出された．スナヤツメ（*Lethenteron reissneri* Dybowski），サクラマス，シマウキゴリ，エゾハナカジカがそうである．スナヤツメは孵化後，川の流れにのって下流に分布を広げ，そこで川底の泥の中で幼生（アンモシーテス）として生活する．変態して成体となると産卵のため再び河川上流へと遡上するという，やはり流域内を広く回遊する生活史を持つ．残る3種の魚類は，すでに紹介した通し回遊魚にあたり，一生の間に海と河川との間を必ず行き来する．

これら4種の淡水魚類について，まずモデルで推定した生息確率の全道における分布図を示す（口絵12）．スナヤツメやサクラマスは，大雪山や日高山脈などを除いて全道一円に広く分布する．しかしシマウキゴリは沿岸の標高の低い地域にのみに分布し，またエゾハナカジカはさらに分布が太平洋沿岸の河口付近に限られる．これらの魚はダム変数，つまりダムによる流域分断の有無が生息確率に有意に影響していた魚である．この生息確率の推定に，先ほどと同じく二つのシナリオを想定し，ダムが全くないとしたときの生息確率分布と，現実の「ダムあり」と「ダムなし」を反映させた生息確率分布とをGIS上で重ね合わせた．そして生息確率の低下量の空間分布を地図で示したものが口絵13になる．色の濃いところほどダムによる生息確率の低下量が大きいことを意味する．生息確率の低下が著しい地域では，その種が地域的にすでに絶滅している可能性も十分ある．スナヤツメは，ダムの影響を受けた地域が全道にパッチ状に散在する．サクラマスは，それがやや大きなパッチで数は少ないながら，道央から道南にかけて生息確率が広範囲で低下している．シマウキゴリでは非常に小さなパッチが道東を除く地域に広がる．エゾハナカジカはもともと生息域が限られるが，ダムの影響は日高地方で特に顕著である．このように回遊魚を中心にダム建設によって魚類の生息確率は著しく低下してきた．その影響の空間分布や規模は，種ごとに一様ではなく，当然のことながらもともとの生息分布によって異なる．種ごとに異なる影響の度合いが，最終的には種多様性への影響（口絵11）に複雑に反映されているのであろう．

### 3.4　点から面への情報変換

分断流域図の作成において，ダムという「点」の情報をどのようにして「面」の情報に変換したかを簡単に説明する．GISのソフトにはネットワーク解析機能があり，あるポイントを起点にして，その上流域を探し出すことが比較的容易にできるようになった．しかしここでは「環境動態モデル用河道構造データベース」（鈴木ほか，2003）を用いて分断流域図を作成した．このデータベースは，国土地理院が発行する国土数値情報データに基づいて，日本全国の河川の流域構造を，それらを構成する小流域単位に分割し，その結合関係がわかるような一種の連関表にしたものである．河川を河口から上流へ遡ると，支流が合流する地点で流れは二手に分かれる．さらにその上流で別の支流が合流し，また二手に分かれる．これを何度も繰り返し，各々の支流の源流（水源）に至るのが河川ネットワークである．一つ一つの河川区間に固有な番号を振り，どの河川区間の上流にどの番号の河川区間が来るのかを，全国に約38,000ある河川区間に対して表にしたものである．

本章の最初に紹介した日本全国のダムの分布図（口絵9）を，この河道構造データベースを使って分断流域図という面の情報に変換したものが口絵14である．全国のダムを起点として，それらの上流域を上の連関表をもとに検索し，ダム完成年に基づいて色分けしたものである．日本の国土の大部分がすでにダムによる分断流域であること，またそのほとんどが昭和以降に建設されたダムによって分断されていることがこの図からわかる．近畿・四国地方にある飛鳥・奈良時代の灌漑用ダムは，ごく小さな分断流域を生じている．それと比べると，昭和以降に建設されたダムがいかに大規模で，広範囲に流域を分断しているかがよくわかる．

## 4　ダムと外来魚

ここまでダムが在来の淡水魚類の多様性を低下させているという話をしてきたが，ダムがもともと日本に生息しない外来魚，あるいは日本在来でもその水系に元来生息しない魚を増加させ，その分布拡大に寄与していることもわかってきた．全国の分断流域図（口絵14）に対し，全国スケールの水生生物データベースである「河川水辺の国勢調査」の魚類データを重ね合わせ，その結果を

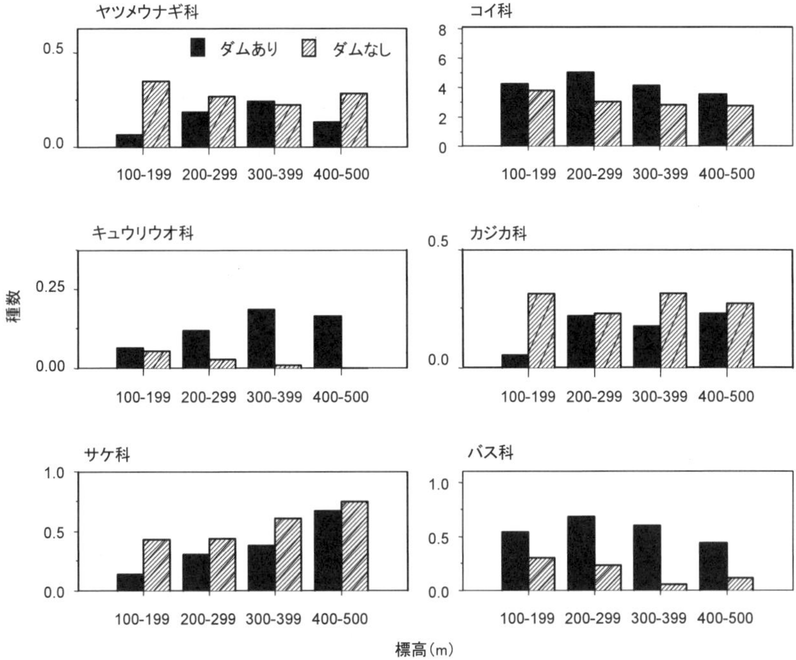


**図 8.11**　日本全国におけるダムの有無と淡水魚の種数

Han ほか（2007）を改図.

グラフで集計した（Han ほか，2007）．ここでも，ダムで分断された調査地点とダムのない調査地点とについて，調査の行われた標高帯を横軸にとり，地点当たり（一調査当たり）の淡水魚の平均種数を科別に表している（図 8.11）.

ヤツメウナギ科は回遊性が高いこともあり，「ダムあり」の調査地点では「ダムなし」と比べて種数が少ない．特に標高 200 m 以下でその差が大きい．同様にダムの負の影響がみられたのはサケ科，カジカ科である．サケ科に回遊性の魚類が多いことはすでに述べたが，カジカ科の中にも両側回遊性の回遊魚が多い．キュウリウオ科，コイ科，バス科の魚は反対に「ダムあり」の地点で種数が多い．これはダム湖という大きな止水域を好適な生息環境とするキュウリウオ科のワカサギ（*Hypomesus transpacificus* McAllister），コイ科のコイ（*Cyprinus carpio* Linnaeus）やフナ（*Carassius gibelio langsdorfi* Valenciennes），またバス科のオオクチバス（*Micropterus salmoides* Lacépède）やブルーギル（*Lepomis macrochirus* Rafinesque）がダム湖に人為的に放流されてきたことを反映しているに違いない．アメリカ大陸から持ち込まれたバス科を除いて，いずれも日本在来の魚である．しかしダム湖に放流される日本在来魚は他の水系から持ち込まれることも多く，その意味で「国内外来魚」と呼ばれることもある．

北海道にも国外あるいは国内（主に本州）からの外来魚がすでに多く定着しており，いくつか代表的な種についてその分布図を示す（図 8.12；Han ほか，2008）．図には北海道の主な河川の流域界も描かれている．これら 12 種のうち，タモロコ（*Gnathopogon elongatus* Temminck et Schlegel），モツゴ（*Pseudorasbora parva* Temminck et Schlegel），コイ，ゲンゴロウブナ（*Carassius cuvieri* Temminck et Schlegel），タイリクバラタナゴ（*Rhodeus ocellatus* Kner），ナマズ（*Silurus asotus* Linnaeus），カムルチー（*Channa argus* Cantor）は，ほとんどの記録が道内最大の河川である石狩川（一部，天塩川）からのものである．ドジョウ（*Misgurnus anguillicaudatus* Cantor）は道東を除いて，またニジマス（*Oncorhynchus mykiss* Walbaum）はほぼ全道に分布する．ブラウントラウト（*Salmo trutta* Linnaeus），アマゴ（*Oncorhynchus masou ishikawae* Jordan and McGregor），ギンザケ（*Oncorhynchus kisutch* Walbaum）のサケ科 3 種の記録は決して多くないが，石狩川に限らず道内に広く点在する．外来魚の道内における分布には二つ，あるいは三つのパターンが存在するようだ．これらの空間パターンについて，環境要因との関係が明らかになるように CCA（canonical correspondence analysis）を行い，その解析結果をプロットした（図 8.13）．先ほどの石狩川に記録が集中したコイ科魚類やナマズ，カムルチーはいずれも第二象限にプロットされている．そしてこれらの魚種ともっとも正の相関が高かった要因は，流域面積である．つまり石狩川や天塩川など大きな河川流域に固有な種であることを意味する．これらの大河川は道内でも流域人口が高く，開拓の歴史も古いため，国内外からこれまで多くの魚類が人為的に持ち込まれてきたのであろう．それに対し，ニジマス，ギンザケ，ブラウントラウト，アマゴといったサケ科魚類のグループはすべて第一象限にある．これらの魚類の

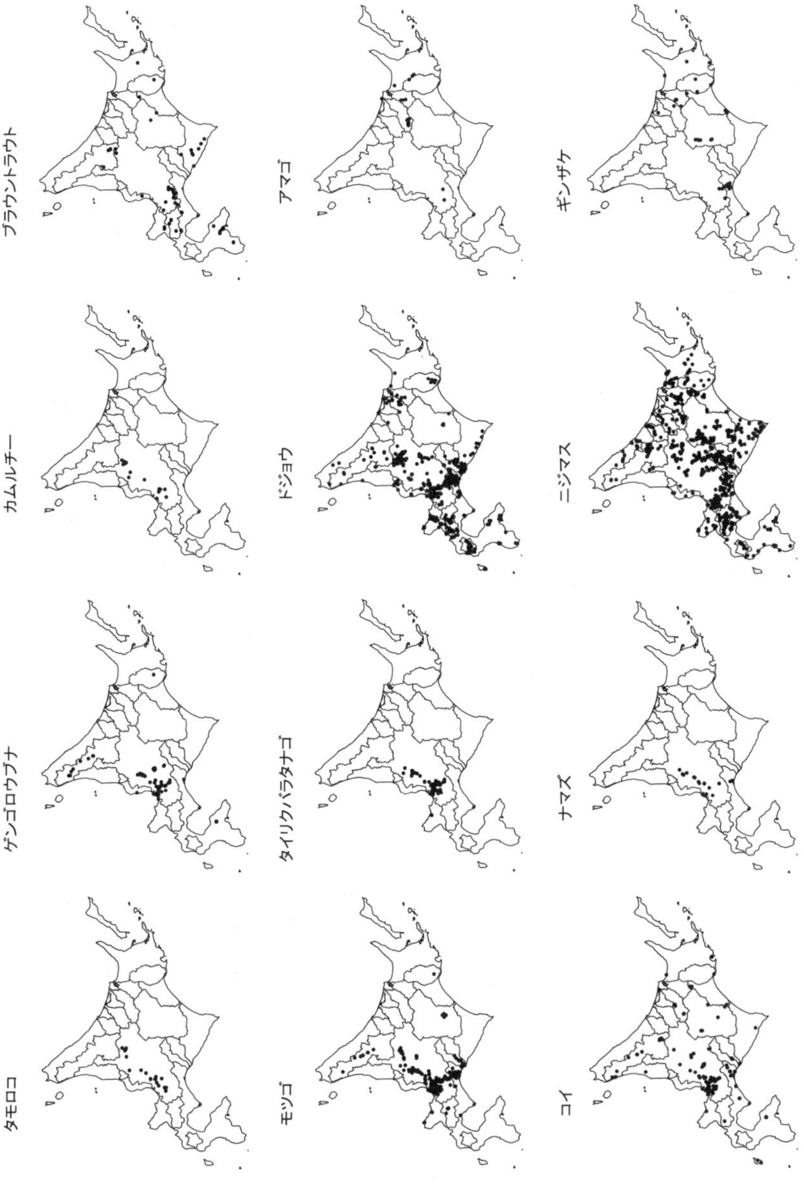


**図 8.12**　北海道の外来魚分布

Han ほか（2008）を改図.

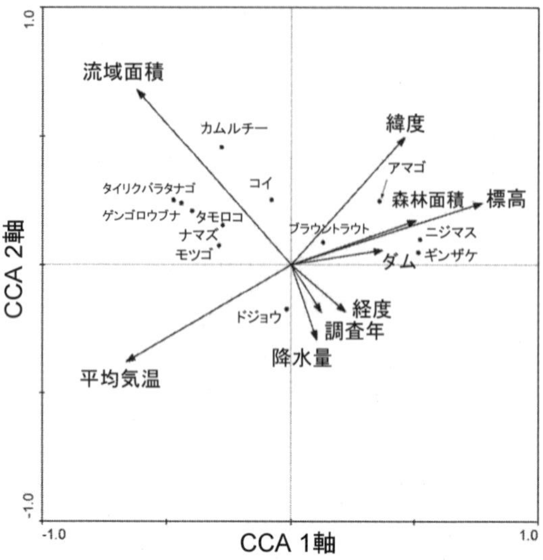


**図 8.13**　外来魚の分布と環境要因

Han ほか（2008）を改図.

空間分布は緯度，標高，森林面積などと正の相関関係にあり，これはまさに冷水性のサケ科魚類の好適環境に他ならない．もうひとつ，ダムとの相関が強く表れており，これはダム湖やその上流で数多くの採捕記録のあることを意味している．北海道のダム湖は，外来魚の中でも冷水性で釣り人に人気の高いサケ科外来魚の定着・分布拡大に寄与してきたことが想像できる．

## 5　今後の課題と展望

ダムをはじめとする河川横断構造物は，回遊性の淡水魚類を地域的に絶滅に追い込み，結果として淡水魚類の種多様度を著しく低下させてきた．ダムの影響は標高の低い場所に建設されたものほど大きく，そのようなダム上流で淡水魚の種数の低下が著しいことがわかった．ダムの影響を緩和するのが目的の魚道であるが，その効果は限定的であり，遊泳力の乏しい小型の回遊魚には効果が期待できないことも明らかとなった．さらにダム湖は，多種多様な外来魚が侵入，定着しやすい環境を持ち，彼らの分布拡大を促してきた可能性もわかってきた．

これまで，個別のダムについて，その影響を現地調査から評価した研究事例は多かった．しかし生物分布とダムの分布をデータベース化し，河川の流域構造との関係を空間的に解析することで，複数のダムの複数の生物への影響を同時に定量化し，広域的に評価できることを示した．この手法を用いた研究のひとつの展望として，「すでに建設されたダム」ではなく，「現在計画されているダム」に対して，その潜在的な生態リスクを建設前に評価することがあげられる．リスクが非常に高い，あるいはダムによるベネフィットを大幅に超えるコスト（生態系サービスの損失など）を伴うことがわかれば，建設の見直し（建設予定地の変更または中止）も科学的根拠に基づいて速やかに進むだろう．日本では大型ダムの新たな建設に対して，幸いなことに非常に慎重になってきている．しかし東南アジアなど発展途上の国々では大規模ダムの建設計画は枚挙にいとまがない．インドシナ半島 6 カ国を流れるメコン河などが，まさにダム開発のホットスポットとして注目されている．このような河川流域においてここで紹介した手法を応用したいところであるが，本手法に欠かせない生物データのデータベース化が最大の課題かもしれない．

もうひとつ，ダムの影響評価に向けて本手法の応用可能性が考えられる．それは老朽化した大型ダムの撤去が現実化した時代の話であるが，それまで分断されていた流域がダム撤去に伴いどのように海との生物的つながりを回復するか，つまりどの程度の生物多様性の回復が見込まれるかを事前に知る手がかりとすることである．コンピュータの画面上，あるダムを撤去した際に消滅する分断流域を地図上で確認し，その流域で再生可能な生物多様性を見積もり，具体的にどんな在来生物がよみがえる可能性があるかを推定することは，本章で紹介した手順をまったく逆にたどればよいだけのことである．

## 文献

福島路生（2005）：ダムによる流域分断と淡水魚の多様性低下—北海道全域での過去半世紀のデータから言えること—．日本生態学会誌，55：349-357.

Fukushima, M., S. Kameyama, et al.（2007）: Modelling the effects of dams on freshwater fish distributions in Hokkaido, Japan. Freshwater Biology, 52: 1511-1524.

後藤　晃（1994）：川と湖の魚たち—由来と適応戦略—．石城謙吉・福田正己（編）『北海道・自然のなりたち』，p. 207．北海道大学図書刊行会，札幌．

Han, M., M. Fukushima, et al.（2007）: How do dams affect freshwater fish distributions in Japan. Ecological Research, 23: 735-743.

Han, M., M. Fukushima, et al.（2008）: A spatial linkage between dams and non-native fish species in Hokkaido, Japan. Ecology of Freshwater Fish, 17: 416-424.

鈴木規之・村澤香織ほか（2003）：環境動態モデル用河道構造データベース．国立環境研究所研究報告，第179号．

（福島路生）

# 第 9 章

# 底面穴あきダムの生態学的可能性

## 1 はじめに —穴あきダムとは—

「穴あきダム」は通称であり，制御可能なゲートなどを持たず，固定された大きさの開口部のみを持つダムを仮に「穴あきダム」と呼んでいる．固定された大きさの開口部を通過する水量が制限されることで，洪水の流出量を制御する仕掛けである．洪水時には上流の貯水部に水などが貯められる．しかし，ゲートを持たないため，非洪水時には水を貯めることはできないので，利水容量は持たない．

ダム堤体に固定サイズの開口部があるだけでは，生態的に重要な河川の連続性は担保されない．本章で紹介する島根県の益田川ダムのように，開口部と河床面が同一のレベルにあることで初めて，魚などの水生動物の連続性が確保されるという生態機能を持つことになる．このタイプの穴あきダムは，今のところ日本では一定規模以上では益田川ダムだけと聞いている．ただし，計画中のダムには採用する予定が多いという．土木関係者のなかには，このタイプを「治水専用ダム」という人もいるが，この表現は多目的ダム，利水ダム，電力ダム，農業用ダムといった表現と同列であり，ダムの特性を示す適切な表現とは思われない．ダム管理者などは「流水型ダム」と呼んでいるが，流水とダム（貯水池）はそもそも背反する概念であり，洪水時には貯水機能があるので，この表現にも抵抗がある．本章では，タイトルにあるように「底面穴あきダム」と呼ぶこととし，生態学の研究者からみて，興味深く将来的な可能性がある部分と，さらにもう少し工夫の余地がある部分との両面について，益田川ダム現地での観察事例をもとに紹介する．

点検や緊急時に利用できる制御ゲートを持つ「穴あきダム」もあるが，益田川ダムは完全に制御ゲートがない穴あきダムである．したがって，ダムをコントロールする必要はまったくないはずだが，とても立派な管理事務所が建てられていた．

筆者は最近，いろいろなダムをみて非常に驚くことが一つある．工事を実施する側では当然のことなのかもしれないが，ダム本体の工事費の，2-3 倍，ときにはもっと多くの事業費がダムの周辺にばらまかれていることである．例えば熊本県の川辺川ダムは，周辺工事はほとんど終了していて本体工事のみが残っている状態であるが，工事費にすると，7-8 割はすでに投入済みという計算になる．中止が声高に叫ばれている群馬県の八ッ場ダムでも同様である．同じ建築工事でも，建物などとダムとは施工のプロセスが，かなり違っているという印象を受ける．

## 2　益田川ダムの地理と背景

益田川ダムの位置を図 9.1 に示す．益田川は決して大きくない川だが，古くは奈良と密接なつながりがあった．奈良東大寺の中興の祖である重源が，この流域にやってきて木材を搬出し，奈良に大仏を再興する仕事をしたとの記録がある．

パンフレット（島根県益田川ダム HP，2010）に掲載されている益田川ダムの完成写真を図 9.2 に示す．試験湛水のための満水操作時のもので，恐らくこれが唯一の満水時の写真となり，大洪水がなければ今後は二度と見ることはない風景のはずである．

この水系に関しては，益田川ダムだけが注目されるべきではなく，それとペアになっている笹倉ダムも穴あきダムだった（図 9.1）．これら笹倉ダムと益田川ダムを併せて運用するのが，島根県の方針である（図 9.3）．先の管理事務所

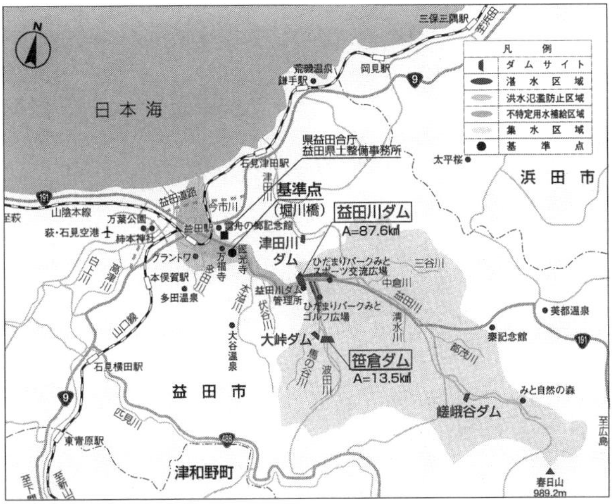


**図 9.1**　益田川流域概念図

島根県益田川ダム HP より.

**図 9.2**　益田川ダム試験湛水

島根県益田川ダム HP より.

**図 9.3**　ダム連携（半直列配置）

島根県益田川ダム HP より.

は，笹倉ダムの管理もしており，二つのダムのペア（連携）運用であるため，管理所を完全にはなくせないようである．笹倉ダムについてはゲートなしだったダムにゲートをつけて，農業用給水のために使おうという計画である．つまり，益田川ダムと上流の笹倉ダムとの両方を併せて，半直列的に配置して，治水と利水を両立させようという島根県の計画であり，益田川ダムを治水専門のダムにし，農業利水のほうは笹倉ダムに負担させるわけである．大きいほうの

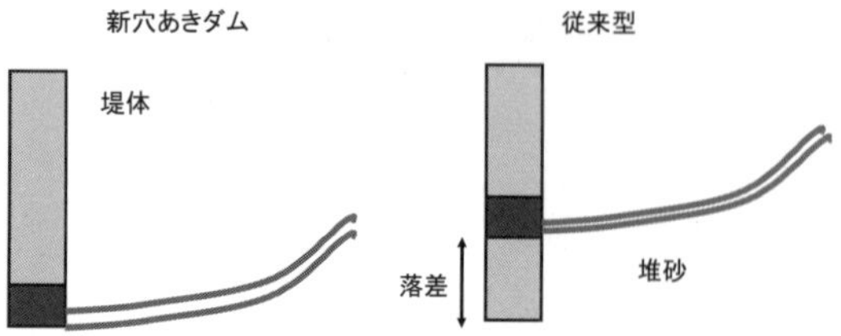


**図 9.4**　「新」穴あきダム

底面開口ゲートレスダム（底面穴あきダム）と従来型の穴あきダムとの最大の違いは，底面（すりつけ）に開口し，落差がないことである．

本流ダムに治水をしっかり担わせるという，よく工夫された方法と思われる．笹倉ダムは，筆者が見学した 2006 年当時はまだ開発途中だったが，現在は完成している．なお，この水系のさらに上流に，古くて小規模だが，本格的な穴あきダムで，箕面川ダムのように自然とマッチしたダム（嵯峨谷ダム）があると聞いている．この益田川には，何回か訪問する機会があったが，このダムを見ることはできなかった．

大阪府能勢町にある天王ダムも穴あきダムと聞いている．ただし，益田川ダムのように開口部を底にすりつけた底面穴あきダム（図 9.4 左）ではなく，下流の河床面より開口部が高くなっているので，ダム湖は水面を持つことになる（図 9.4 右）．そのため，下流とは生態的に分断されることとなる．利水機能を持たないダム計画が増えてきており，大阪の槇尾川ダムも，穴あきダムにする計画があるが，ゲートを付け開口部を河床から上げることで，ダム湖の一部には水を貯める計画である．水を貯めることで，下流への維持流量を供給できるといった利点はある．しかし，生物の立場で考えるならば，せっかくの穴あきダムなら，開口部は本来の川底にすりつけるべきである．治水専門で運用するならば，それは十分に可能である．怪しげな「維持流量」の確保や慣行水利権の確保のために，ゲートをつけるのは，本末転倒と思われる．河川には，一定の洪水撹乱が必要なことは，今では広く受け入れられるようになった．河川の渇水も，川の自然現象と考えたほうがいいのかもしれない．

利水のためにダムに水を貯めなくてよいとすると，この穴あきダムを含めて様々な方法が開発可能になる．ダムをつくりながらも，上下流の連続性を確保することや，生態系への負荷を小さくする方法には，まだ多くの工夫の余地がある．

## 3　ダムの上流側の実態

**図 9.5**　益田川ダム堤体直上（口絵 15 も参照）

ダムの底面にゲートレスの水門が 2 門ある．開口部の保護網が見える．上流にあるのは仮締切（転流工）で今は流木防止に利用．

図 9.5 は，益田川ダム上流側からみたゲートレスの水路である．開口部は，下流の河床面にすりつけてある．現地を訪れた 2006 年 8 月には，すでに一回やや大きな規模の洪水を受けており，上流側にはかなりの量の砂が溜まっていた．2 門の開口部の直上にはステンレスでできた頑丈な金属網が張ってある．

益田川ダムには，もう一つ興味深い構造がある．工事のときの転流工（水を一時的に廻すための仮ダム）の一部がそのまま残してある．大きな流木を止めるために残したとのことだった．転流工の残骸は景観的にはあまりよくないが，流木を止めて開口部を守るには効果があるようである．

**図 9.6**　ダム上流側

砂の堆積が顕著であるが，この時は大きな洪水は受けていなかった．景観的には大きな砂防堰堤の上流に類似する．その後の大きな洪水で砂はフラッシュされたと聞いた．

図 9.6 は，もう少し遠

**図 9.7**　試験湛水による樹木の枯死（口絵 16）
ダム湖内の樹木の伐採は行わなかった．針葉樹は枯死したが，広葉樹の生残は多かったという．今後のダムと河畔林管理への示唆を与える．

景でダム上流を広くみた景観である．ダムにはゲートがないが，洪水時あるいは洪水からの水位低下時には流速が落ちて，上流側には砂を置いていくようで，かなりの量の砂が溜まっている．この砂は，その後も洪水を受けてかなり入れ替わったり，増減したりしているようで，砂がどんどん堆積していくことはないようである．

写真の砂は，一回目の洪水で溜まった砂だが，山地渓流によくある比較的大型の砂防堰堤の上流側のように，砂が堆積した平瀬が長々と形成されている．流水型と称しているゲートレスの穴あきダムにしても，河川環境に対しては一定の負荷を与えることになる．ただし，平水時には河道の流れ以外には水のない状態であるため，砂を除去したいとか，下流へ砂を運びたいという場合には，水面を持っているダムに比べて作業は非常に簡単である．湖内へブルドーザーを入れて砂を搬出することも，特段の仕掛けがなくてもできる．

試験湛水中はサーチャージ水位まで貯水した．そのときは，数カ月にわたって水を貯めていたはずである．ダムの上流側で枯れている樹木は，みた限りではほとんどスギ，ヒノキといった針葉樹だった．スギ，ヒノキはほぼ全滅したが，枯れずに残っているのは広葉樹のようだ（図 9.7）．つまり，ゲートレスの穴あきダムで，試験湛水をすると，水没した湖内の斜面は広葉樹に樹種転換ができることになる．ダムの運用開始後も洪水を受けて水に浸かっている期間はそんなに長くないので，斜面も広葉樹中心の新しい樹林となる可能性があり，これもかなり大きな利点かもしれない．ただ，枯死した樹木をどう処分するかは別の問題である．マッチ棒のような細いスギ林が枯れた状態で放置されている現状は，景観的にはあまりよくない．

## 4　ダムの下流側の実態

ダムの堤体より上流の方は，いろいろな可能性があっておもしろい．しかし，下流側はもう一工夫足りない状態であり，かなり改良の余地がある．

下流側には，コンクリートを打ったタタキが広がって，下に副ダムがつくられている（図9.8，9）．平水時にも連続性が確保される穴あきダムだが，このタタキには落差がある（図9.10）．しかも，細いところへわざと水を集めるために，平水時でもかなりの流速のある流れ（溝）を，魚は遡上しなければならない（図9.11）．益田川ダムの紹介パンフレットには，魚がするすると遡上する絵が掲載されているが（図9.3），少なくとも平水時は，そんなに容易ではない．適度の増水時のほうが，かえって魚は遡上しやすいかもしれない．

この水路には，洪水時にはかなり流速が出ることを警戒してか，ステンレスが張ってある（図9.11）．しかも，直線水路である．短時間しか滞在しなかったため，魚影はみえなかったが，かなりの数のモクズガニ（*Eriocheir japonica*）が水路を懸命に上がるのがみられた．水路にはステンレスが張ってあり表面ツルツルのため，モクズガニは，途中まで上がって流され，また上がってきて流されるということを繰り返していた．ここに，長いひもを1本垂らしてや

**図9.8**　ダム堤体（下流側）
長いコンクリートの水路を持つ．

**図9.9**　ダム下流

**図 9.10**　副ダム直下のタタキ

**図 9.11**　穴（ゲート）の直下流（口絵 17）
水路はステンレス板で補強されている．

れば，モクズガニは上がれるはずである．このような細かい工夫も必要だろう．なお，2008 年に益田川ダムを再訪したときには，ロープは設置されていたものの，下流までは垂らされてはいなかった．

全体的に安全重視で過剰な工事がしてあるという印象である．副ダムとか，ステンレスの張ってある水路は，見かけは立派だが，生態的には大問題と思われる．本当にこういう副ダム構造が最良のものか，ダムの専門家に聞いてみたいところである．もう少し工夫して，とくに下流側から堤体を越えるところまでの構造に配慮してほしい．現状のままでは，平水時の連続性には課題がある．しかし，中小規模の増水時には，上下流の連続性はよく保証されるかもしれない．

ダム堤体の直上には，図 9.12 のように非常に細かい砂が溜まっており，水理学の教科書か模型の水路のようだった．ヤナギ（*Salix* sp.）の実生が生育するよりも少し大きな粒径の土砂が堆積している．小粒径の砂や泥は，中小洪水でかなり下流へ流出すると思われる．いずれにしても，この益田川ダム群の再開発は，洪水災害に対する防御であり，渓流の河川事業としては非常にユニークな例だと思われる．

本来の益田川ダムで持っていた利水機能を受け持つのが，先にも触れた笹倉ダムという益田川ダムとペアで運用するダムである．こちらで農業用利水機能

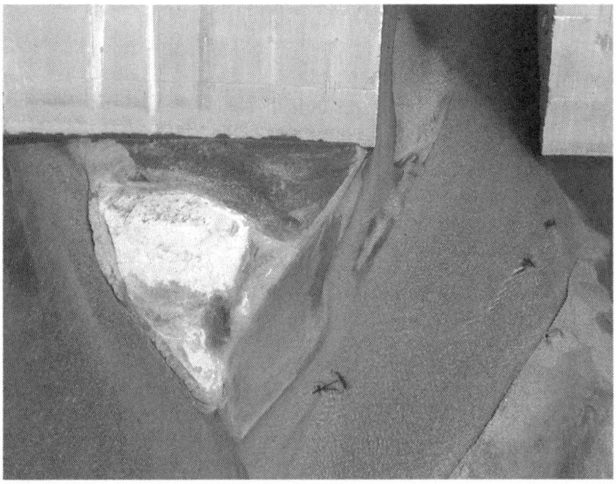

**図 9.12**　ダム堤体直上（口絵 18）
小粒径の砂が堆積しており，まるで土砂水理学の教科書のようである．

**図 9.13**　笹倉ダム
益田川ダムとペアで運用され，利水などを受け持つ．

を持ち，水系としては元の利水流量を確保している．図 9.13 は再開発の現場で，既設ダムの改良工事にもかかわらず，かなり大きな工事になっている．再開発のダムといっても周辺整備を行わないと，地元の人は了承してくれないのか，近くには非常に立派な公園があった．

筆者は学生時代に京都府の宇川で調査を行ったことがある．1-2 m 程度の低い農業用堰にも魚道はあったが，洪水のたびにみお筋が変わって，魚道はすぐ使えなくなっていた．それを地元にいた漁業組合員の大下さんというベテランの方が，アユが遡上するころになると稲藁の土のうを積んで，仮の魚道を作っていた．魚のことをよく知っていたので，大下さんが作った仮魚道は一発でアユが遡るということだった．川魚の保全には，そのようなソフトな管理がふさわしく，ステンレスを張って未来永劫に管理しようという発想自体が間違っているのかもしれない．

## 5　穴あきダムの課題

益田川ダムのような底面穴あきダムは，河川の連続性を謳っているが，もう少し工夫が欲しい．一番のポイントはコンクリートの長い水路であり（図 9.8），これは改良されるべきである．ステンレス補強は，部分部分では行わなければいけないが，三面張りで完全にやる（図 9.11）のは極めてよくない．生物にとっては，比較的傾斜の緩く流速の遅い流路でも，途中に休み場がないのは，カニだけではなくて魚にとっても非常につらいものである．途中で少し休める場所を作るべきである．魚道では落差が注目されがちだが，問題はそれだけではない．

どの程度のモニタリング調査がされたかも問題であろう．これだけの先進的な試みをしたので，日本中から見学者が来るらしいが，説明に耐えるような生物的モニタリングをしてほしいものである．ダムの上から 1 時間眺めていれば，あの水路ではモクズガニは上がれないというのはすぐにわかるはずである．魚類生態学者が，事前にどの程度アドバイスしたか知らないが，生態学的には平水時の水路の設計は明らかに誤っている．

洪水時に何が起こるかも問題である．恐らく中小洪水でも，水門からはまさに高圧洗浄機のような状態で水が出るので，うまく通過できないかもしれない．本ダムに比べて副ダムはとくに難しいと思われる．本ダムについては，少し水位が上がったときに一番スムーズに魚類などは移動できるかもしれない．そのような洪水の規模や頻度も調べる必要がある．小洪水時あるいは中洪水時に，開口部やその上下流がどのような水理状態になっているか，そのときに，どのように生物が反応しているかをまずは調べてほしい．

上流側は基本的には良いと思われる．ただし，現在のような堆砂が続くことで，底質環境，とくに河床間隙がどの程度劣化しているか，それによって全体として生態系はどの程度劣化しているかということも精査する必要がある．ダムの後背（上流側）河道と比べて，許容できる範囲なのか，もう少し工夫が必要か，そういう調査も必要である．堆砂が，洪水などの流況レジームに対して，どのように変動していくかという調査は，それほど難しくないので，ぜひ，モデルケースとして調べてほしい．まずは，リサーチとモニタリングをやらないと，次の「いい穴あきダム」ができないと痛感した．これからいくつもの穴あきダムが計画されている．それらのダムを良くしていくためにも，この益田川ダムの水理環境，生態環境，それからどのような管理をするかということについて，モニタリングを十分にやってほしいと強調しておきたい．

ダム湖に水がないというのは，改良工事やモニタリングなど仕事がしやすい状態である．ユンボやブルドーザーなどの土木機械もすぐ入るので，砂の排出とか移動も従来のダムより簡単な方法があると思われる．そういう意味では，非常に可能性の大きなダムと思われるので，ぜひ様々な試行を期待している．

**文献**

島根県益田川ダム HP（2010）http://www.pref.shimane.lg.jp/kasen/dam/masudagawa

（谷田一三）

# 第10章

# 渓流魚のための河川管理
## —繁殖促進と在来個体群保全—

## 1　はじめに

日本の河川湖沼に生息する在来のサケ科魚類として，イトウ（*Parahucho perryi* Brevoort），オショロコマ（*Salvelinus malma malma* Walbaum），ミヤベイワナ（*S. m. miyabei* Oshima），アメマス（*S. leucomaenis leucomaenis* Pallas），ニッコウイワナ（*S. l. pluvius* Hilgendorf），ヤマトイワナ（*S. l. japonicus* Oshima），ゴギ（*S. l. imbrius* Jordan and McGregor），サクラマス（*Oncorhynchus masou masou* Brevoort），サツキマス（*O. m. ishikawae* Jordan and McGregor），ビワマス（*O. m.* subsp.），ベニザケ（*O. nerka nerka* Walbaum）が挙げられる．オショロコマとミヤベイワナは亜種の関係にあり，基亜種はオショロコマである．また，アメマス，ニッコウイワナ，ヤマトイワナ，ゴギは一般にイワナと総称され，それぞれ亜種の関係にあり，基亜種はアメマスである．ヤマメと呼ばれる魚がいるが，これはサクラマスの河川型であり，アマゴはサツキマスの河川型である．ヒメマスはベニザケの湖沼型である．

これらの他に，カワマス（*Salvelinus fontinalis* Mitchill），レイクトラウト（*S. namaycush* Walbaum），ブラウントラウト（*Salmo trutta* Linnaeus），ニジマス（*Oncorhynchus mykiss* Walbaum），ギンザケ（*O. kisutch* Walbaum）などのサケ科魚類が日本の川や湖に生息するが，これらは外来種（国外移入種）である．サケ（*O. keta* Walbaum）やカラフトマス（*O. gorbuscha* Walbaum）は在来種で

**図 10.1**　河川上流域

あるが，川に生息するのは生活史の一時期（産卵と仔稚魚）に限られる．

河川上流域はよく渓流と呼ばれる（図 10.1）．一般に，標高が高く，角張った大小の石が点在し，水温が低い．そこに，在来種として北海道であればオショロコマやアメマス，サクラマスが生息し，本州以西であればアメマス，ニッコウイワナ，ヤマトイワナ，ゴギ，サクラマス，ヤマメ，サツキマス，アマゴが生息する．これらの魚は，かつて山間部の貴重な食料資源であったが，現在ではその価値はそれほど高くなく，旅館や民宿などで料理のひとつとして出されることが多い．いっぽう，これらの魚の遊漁者数は年間のべ約 179 万人（平成 15 年度）にのぼり（農林水産省情報統計部，2005），サケ科魚類は近年では釣りのためのレジャー資源として重要である．また，山間部や水源地の良好な環境の指標として国民の関心の高い自然資源でもある．

河川上流域には，砂防や治山，治水，利水のための堰堤やダムが数多く建設されている（図 10.2）．堰堤のうち，高さが 15 m 以上のものをダムと呼び，5 m 未満のものを床固工と呼ぶことがあるが，本章ではそれらを総称して「堰堤やダム」あるいは「堰堤・ダム」と呼ぶことにする．堰堤やダムが数えられた例は少ないが，山梨県に少なくとも 1 万基以上（遠藤ほか，2006），北海道に砂防と治山のものが計 36,100 基（玉手・早尻，2008）あるので，全国には数十万基あると推測される（中村ほか，2009）．堰堤やダムは河川の環境を改変し，多くの場合サケ科魚類の生息状況を悪化させる（例えば高橋，1993；前川，1999）．

「堰堤やダムをなくせ」と言うのはたやすいが，実現するのは難しい．「魚のことを考えたら，堰堤やダムはないほうがよい」というのが一般的な考え方で

**図 10.2**　砂防堰堤（左）と取水ダム（右）

あるが，堰堤やダムはおそらく今後も作られるし，今あるもののほとんどは撤去されずに残ると思われる．もちろん，堰堤やダムの有用性や不要性は科学的に議論されなければいけないが，筆者はここで「堰堤やダムが現(げん)にあること」，そして「これからも作られること」を前提に，堰堤やダムのある川でサケ科魚類のために我々ができることを考えたい．

## 2　堰堤やダムのある川でのサケ科魚類の生態

「何をできるか」を考える前に，堰堤やダムのある日本の河川上流域でのサケ科魚類の生態研究の知見を簡単に整理する．

### 2.1　イワナやヤマメはどこで産卵するのか？

中村（1998, 2006）は栃木県の北西部を流れる利根川水系鬼怒川の上流域において，鬼怒川本流に生息するイワナとヤマメ（図 10.3）の個体数と本流から支流への産卵遡上数を調査した．この水域に元々生息するイワナは分類学的にはニッコウイワナであるが（細谷，2000），アメマスをもとに養殖されたり，その種苗にニッコウイワナを交配させて養殖された種苗が漁業協同組合などによって放流され，それらの魚と交配したため，この水域のイワナは純粋なニッコウイワナではない（中村，2001）．また，アメマス，ニッコウイワナ，ヤマ

図 10.3　イワナ（手前）とヤマメ（奥）（口絵 19）

トイワナ，ゴギは一般にイワナと総称されるので，以降，これら 4 亜種をまとめてイワナと記す．

イワナやヤマメの産卵期は秋であり，鬼怒川上流では 10 月中旬から 11 月中旬である．そこで，産卵期に先立つ 8 月下旬に鬼怒川本流のダムとダムの間の約 4.5 km の水域で潜水観察によって両種の成魚サイズの魚を計数した．その結果，個体数はイワナでは 120 尾，ヤマメでは 114 尾であり，種間で統計学的な有意差は認められなかった（本章では有意水準を 5% 未満とする）．次に，産卵期間中に，その水域に流入するある支流に遡上する魚をトラップですべて採捕した．実際には雨による増水の影響でトラップが機能しない日が数日あったが，ほぼ全数を採捕できた．その結果，成魚の採捕数はイワナでは 70 尾，ヤマメでは 29 尾であり，イワナのほうが有意に多かった．つまり，本流に生息する成魚の数はイワナとヤマメで大差ないが，支流への産卵遡上数はイワナのほうが多いのである．この調査はその後数年間，東京水産大学（現東京海洋大学）の学生諸氏によって行われ，遡上数に年変動はあるが，同様の傾向が認められた．これらのことから，イワナ，ヤマメともに支流に産卵遡上し，その性質はイワナのほうが強いということがわかった．

### 2.2　どのような支流で産卵するのか？

イワナやヤマメが支流に産卵遡上するという結果が得られた．次に知りたいのは，これらの魚がどのような支流で産卵するかである．イワナやヤマメは河床の礫底を尾鰭で叩くように掘って窪みを作り，そこに産卵する．卵が産み付けられた場所を「産卵床」という．潜水観察調査を行った区間を含む鬼怒川本

**図 10.4**　支流の入り口に建設された砂防堰堤
手前の流れが本流である.

流の約12kmの水域に6本の支流が流入する．そこで，それらの支流について，形成されたイワナの産卵床の数と環境要因との関係をみた（中村，1998）．いずれの支流も，本流との合流点からわずか数百mの地点に魚道のない堰堤・ダムや滝があり（図10.4），魚はそれらを越えて遡上できない．本流との合流点から支流内の最初の遡上阻害物までの間の距離を「遡上可能距離」という環境要因として計測した．その他に，「本流上流の遡上阻害物までの距離」（本流との合流点から本流の上流にある堰堤・ダムまでの距離），「河床勾配」（本流との合流点から支流内の最初の遡上阻害物までの間の河床勾配），「流量」（支流の流量）を計測した．

産卵期間中に数日おきに踏査して確認した産卵床数について上記の環境要因との関係を解析した結果，「本流上流の遡上阻害物までの距離」との間に有意な負の相関が，「遡上可能距離」との間に有意な正の相関がそれぞれ認められた（図10.5）．本流上流の遡上阻害物までの距離との間に負の相関があるということは，つまり本流の堰堤やダムのすぐ下流に流入する支流ほど産卵床数が多いということである．一般にイワナは定着性が強いが，数kmを移動する個体も少なくない（Nakamuraほか，2002）．産卵場所を探して本流を遡上してきたイワナが堰堤やダムで遡上を止められ，代わりの遡上河川として堰堤・ダムのすぐ下流に流入する支流に入るためにそのような現象が起きると推測される．産卵期以外に産卵以外の目的で移動して，前記と同様の経緯で堰堤・ダムの下流の支流に遡上し，秋に産卵する個体もいると考えられる．

いっぽう遡上可能距離との間に有意な正の相関があるということは，本流と

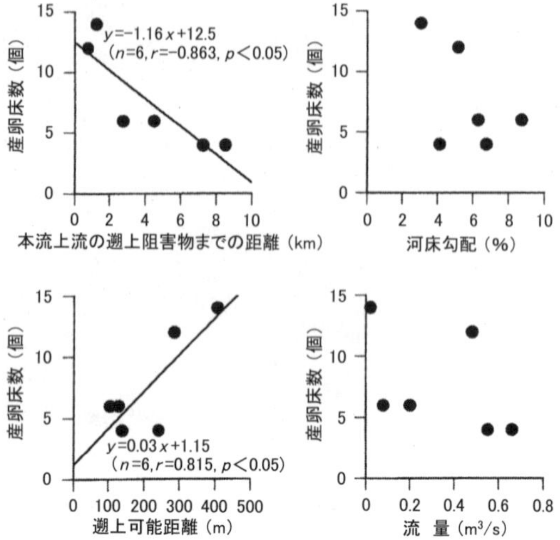


**図 10.5**　支流におけるイワナの産卵床数と環境要因との関係

（中村，1998）

の合流点から最初の堰堤・ダムまでの間の距離が長い支流ほど産卵床数が多いことを示している．距離が長ければ長いほど，産卵適地の数が確率論的に多くなるためであろう．

## 2.3　在来個体群はどのような場所に生息しているのか？

遺伝子がそれぞれの生息地に固有である同種の集団を在来個体群という．生物多様性のひとつである遺伝的多様性の保全の観点から，在来個体群は保全されたほうがよい．在来個体群は，サケ科魚類では天然魚，原種，地付きの魚などと呼ばれる．

鬼怒川の大支流である湯西川とその支流群について，聞き取り法（中村，2001）によってイワナ在来個体群の生息分布調査を行った．その結果，在来個体群は本流の最上流部や支流の魚道のない堰堤・ダム，滝の上流に生息していると推定された（図 10.6）．漁業協同組合や遊漁者が養殖種苗をそのような水

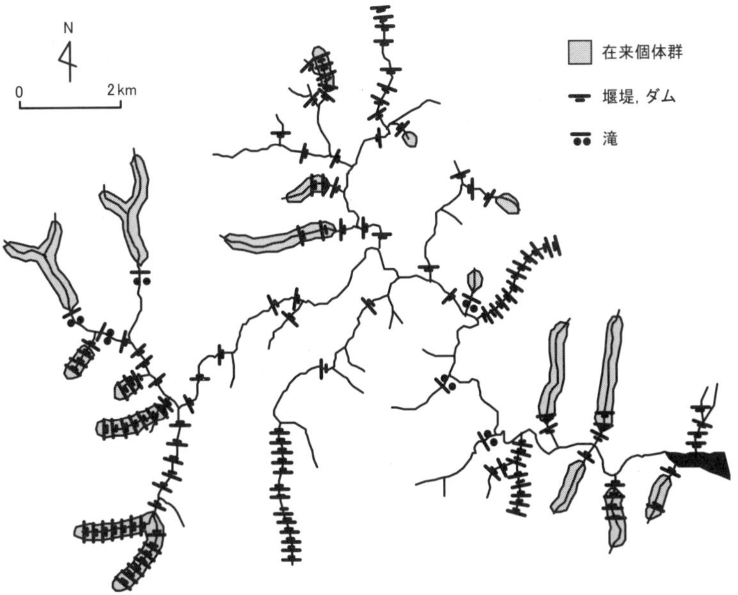


**図 10.6**　利根川水系鬼怒川支流湯西川におけるイワナ在来個体群の生息分布
中村（2001）を改図.

域に放流しなかったり，下流に放流された種苗が堰堤・ダム，滝で遡上を止められたために，その上流にかろうじて在来個体群が残っているのである.

同一河川に流入する隣接する支流のイワナ在来個体群について，支流間で形態（脊椎骨数などの計数形質や体側の白点径などの計量形質）を比較した結果，多くの形質について有意な変異が認められた（Nakamura，2003）．また，遺伝的変異も認められた（Kubota ほか，2007；Kikko ほか，2008a；Kikko ほか，2008b；山本ほか，2008；Kikko ほか，2009）．サケ科魚類については，どのような遺伝子集団が保全の単位（例えば進化学的重要単位 ESU：Evolutionary significant unit）であるかまだ明確でないが，遺伝的に固有性のある個体群は残すように努めるのが無難であると考えられる.

在来個体群の個体数はそれほど多くない（Kikko ほか，2009）．また，生息場所の距離は短く，流量も少ない（中村，2001）．一般に，個体数が少なく，生息範囲が狭いと，個体群の絶滅確率は高くなる．近親交配が進んで遺伝的多様性が低下し，卵や精子の質が低下したり，病気に対する抵抗性が低下したりするからである．サケ科魚類の在来個体群の多くは堰堤・ダムの建設に伴ってその上流の狭い場所に隔離された．その後徐々に遺伝的多様性は低下し，絶滅確率は高まっていると考えられる．実際に絶滅（Morita and Yamamoto, 2002；遠藤ほか, 2006）や奇形の出現（Morita and Yamamoto, 2000；Sato, 2006）が報告されている．

遺伝的多様性が低下しなくても，個体数が少ないと偶発的に性比が雌雄のどちらかに偏って，効率的な産卵が行われなくなるということもある．また，前記のようにサケ科魚類の在来個体群は河川上流の短距離の隔離水域に生息しているので，遺伝的多様性の低下のような魚の側の問題がなくても，川の水が枯れたり，台風などの出水で流されるなどして絶滅する危険がある．

以上の知見，すなわち「イワナ，ヤマメには支流に産卵遡上する性質がある」，「本流の堰堤・ダムのすぐ下流の支流や，遡上可能距離の長い支流ほど産卵床の数が多い」，「在来個体群は堰堤・ダムの上流に隔離分布しており，絶滅の危険性が高まっている」に基づいて，イワナ，ヤマメの自然繁殖促進と在来個体群保全のための河川管理方法（自然繁殖促進：中村（1998），在来個体群保全：中村（2009a））を考案したので，それらを紹介する．

## 3　自然繁殖促進のための河川管理<br>―堰堤・ダムの空間配置法―

水源から川（本流）が流れ下り，途中で多くの川（支流）が合流する．そして，すでに堰堤・ダムがあったり，これから建設されたりする．そのような条件の異なる水域における自然繁殖促進のための河川管理方法として次のことが考えられる（図 10.7）．

### 1）自然環境の保たれた支流

図 10.7A は自然環境が保たれた支流である．堰堤やダムがなく，護岸も施されておらず，川に沿った林道もない．そのような支流は実際にはなかなかない

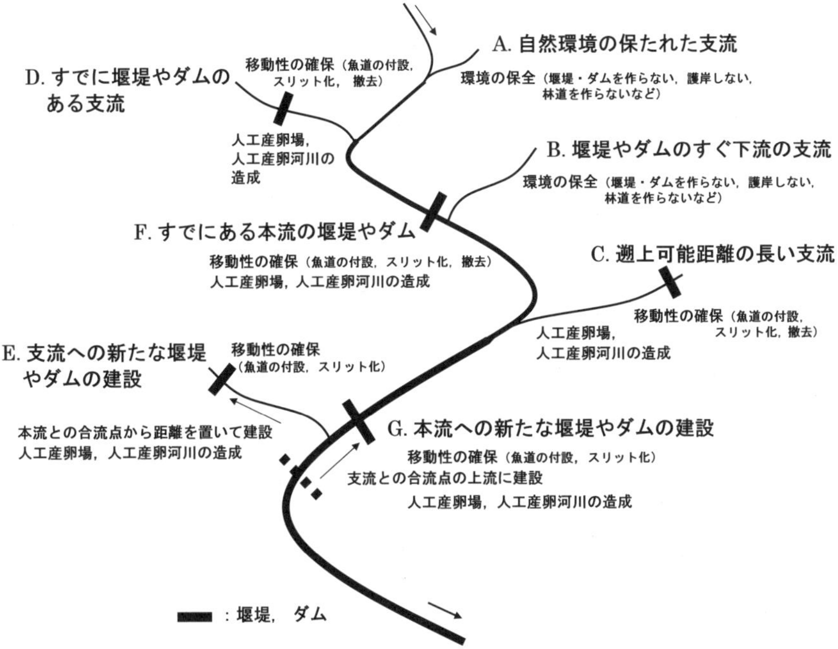


**図 10.7**　イワナ，ヤマメの自然繁殖促進のための河川管理案（堰堤・ダムの空間配置法）

が，流量の少ない小支流で散見される．鬼怒川における調査では，流量が 0.02 トン/秒，つまり毎秒 20 リットルととても少なく，流れ幅が 1-2 m の小支流でもイワナとヤマメは産卵遡上していた（図 10.8．中村，1998）．このことから，流量が少なくても自然度の高い支流は産卵河川として保全するのがよい．今後も堰堤やダム，護岸，林道などを作らないようにする．

### 2）本流の堰堤やダムのすぐ下流に流入する支流

図 10.7B は本流の堰堤・ダムのすぐ下流に流入する支流である．このような支流では，前記のように他の支流にくらべて産卵床が多く形成される傾向があるので，支流 A の場合と同様に環境を保全する．

### 3）遡上可能距離の長い支流

図 10.7C は支流内の最初の堰堤やダムが本流との合流点からなるべく上流にあり，遡上可能距離が長い支流である．このような支流については，本流との

図 10.8　鬼怒川の小支流

図 10.9　イワナ，ヤマメの人工産卵場（口絵 20）

合流点とそのような堰堤・ダムの間に新たに堰堤・ダムを作らずに遡上可能距離を長いまま保つ．また，支流内の最初の堰堤・ダムに魚道を付ける，スリット化する，撤去するなどして移動性を確保し，本流からの遡上魚がより上流まで行けるように改善することも有効である．それらができない場合は，堰堤・ダムの下流に人工産卵場（図 10.9）を造成するという方法もある．

人工産卵場の造成技術はすでに開発されている（中村，1999a，b）．堰堤・ダムに魚道がなかったり，あっても機能していないと，イワナやヤマメは遡上を止められて，その下流の数少ない産卵場所で複数のペアが産卵する．その結果，前のペアが卵を産んだ産卵床を次にやってきたペアが掘り起こす．この現象を「重複産卵」というが，重複産卵が起きると，前に産み付けられた卵が流されたり傷つけられて死んでしまう．遡上阻害を起こしている堰堤・ダムの下流に人工産卵場を造成すれば，重複産卵の頻度を軽減できる．人工産卵場の発展型である人工産卵河川（図 10.10）の造成技術もすでにある（高原川漁協・神通川水系砂防事務所，2007；中村ほか，2009）．

**4）すでに堰堤やダムのある支流**

すでに堰堤・ダムがあり，図 10.7C のように遡上可能距離が長くない D のような支流では，やはり堰堤・ダムについて魚の移動性を確保する．それができない場合は人工産卵場や人工産卵河川を造成する．

図 10.10　イワナ，ヤマメの人工産卵河川

**5）新たに堰堤やダムが建設される支流**

図 10.7E の支流のように，やむをえず新たに堰堤・ダムを建設する場合には，魚道やスリット化により移動性を確保する．また，堰堤・ダムを本流との合流点からなるべく距離を置いて建設するという方法がある．そうすることにより，遡上可能距離が長く残り，より多くの産卵を期待できる．魚が遡上できる低ダム群工（低い落差の堰堤を複数設置する工法：高橋，2000）にするという方法もある．移動性の確保，本流との合流点から距離を置いた建設，低ダム群工の採用ができない場合は，人工産卵場や人工産卵河川の造成を行う．

**6）本流の堰堤やダム**

図 10.7F のような本流に作られた既存の堰堤・ダムについては，支流の場合と同様に，移動性の確保，人工産卵場・人工産卵河川の造成という方法がある．

いっぽう，図 10.7G のように本流に新たに堰堤・ダムを建設する場合は，移動性の確保の他に，支流との合流点の上流に作るという方法がある．そうすることにより，堰堤・ダムができたあとも下流水域にいる魚がその支流に遡上でき，産卵場所としての機能が失われずにすむ．

## 4　在来個体群保全のための河川管理　―絶滅回避法―

在来個体群を残存させるためには，個体群を上流に残している堰堤やダムに，あえて魚道を付けたりスリット化しない．撤去もしない．そうすることにより，下流に生息している非在来個体群（放流された養殖種苗やそのような魚と在来個体群との交配魚）を今後も遡上させず，在来個体群との交配を起こさせずにすむ．多くの場合，堰堤やダムは魚に対して負の影響を及ぼすと考えられているが，堰堤・ダムのおかげで在来個体群が残されている．その役割を今後も担ってもらうのである．

ただし，そのようにして残された在来個体群が永続的に生息し続けるとは限らない．前記のように遺伝的多様性の低下や偶発的な出来事で絶滅してしまう可能性がある．在来個体群の絶滅を回避するために，以下のようなより積極的な方法がある（中村，2009a）．

なお，遺伝的多様性が低下していく過程で，有害遺伝子が排除されるという考え方もある．しかし，ここでは集団遺伝学の基本的な考え方，つまり隔離されて小集団化すると遺伝的多様性は低下し，絶滅確率が高まるというシナリオに基づいて話を進める．

### 1）持ち上げ法

在来個体群の生息域の多くは，堰堤やダムでさらに分断されている．最近の研究で，在来個体群の遺伝的多様性はそのような分断された生息域の中でも，上流の堰堤・ダム間の小集団ほど低いということが明らかになりつつある（栃木県水産試験場 久保田仁志氏，私信）．このことから，より上流の魚ほど絶滅しやすいと考えられる．そこで，在来個体群の生息域の中のより下流の堰堤・ダム間の，相対的に遺伝的多様性の高い小集団の魚を人為的に上流に運んで放流する（図10.11）．そのような魚との交配により，上流の魚の遺伝的多様性を高め，多様性の高くなった魚が次第に降下するのを待って生息域全体の遺伝的多様性を高める．

ただし，非在来個体群の魚を間違えて上流に運んで放流しないように注意す

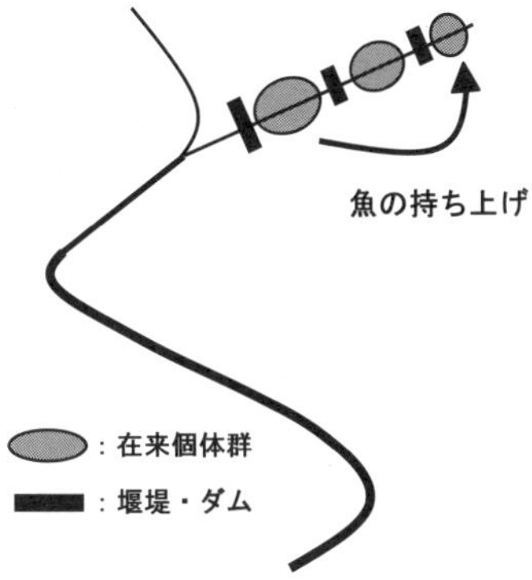


図 10.11　持ち上げ法

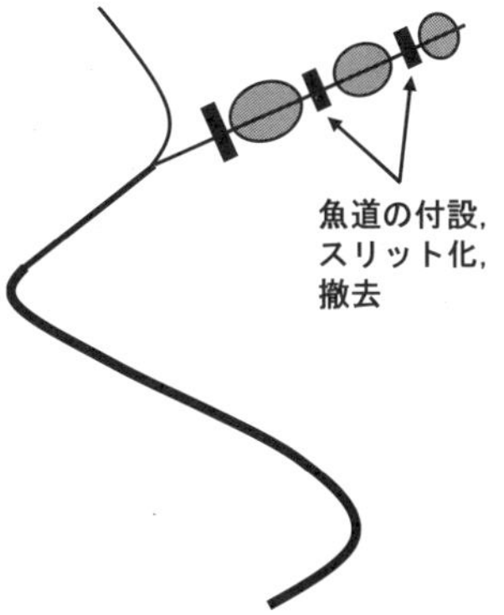


図 10.12　移動促進法

る必要がある．また，この方法では持ち上げ放流した魚の程度までにしか遺伝的多様性を高められないので，絶滅を延伸させる効果しか期待できない．

**2）移動促進法**

この方法は，在来個体群の生息域内にある堰堤・ダムの魚の移動性を確保して，下流に生息するより遺伝的多様性の高い魚を自力で遡上させ，上流で交配してもらうことにより生息域全体の遺伝的多様性を高めるというものである（図 10.12）．ただし，持ち上げ法と同様に，この方法も絶滅を遅らせるにとどまる．

**3）個体群間移植法**

ある川をみた時に，複数の支流に在来個体群が残っている場合がある．そこで，それぞれの支流の在来個体群の適当な尾数の魚を，在来個体群が生息する別の支流に人の手で移植して交配させる（図 10.13）．それによって，支流ごとでは低かった遺伝的多様性を高くする．

前記のように，サケ科魚類では同じ川であっても支流間で遺伝子組成が異なることが報告されている．つまり，支流ごとに遺伝的固有性がある．個体群間移植法を行うと，支流ごとの遺伝的固有性が失われる．しかし，支流ではなく，川や水系という単位で在来個体群を残すことができる．支流ごとの遺伝子組成の違いは実は元々のものでなく，堰堤やダムによる隔離の結果起きた現象

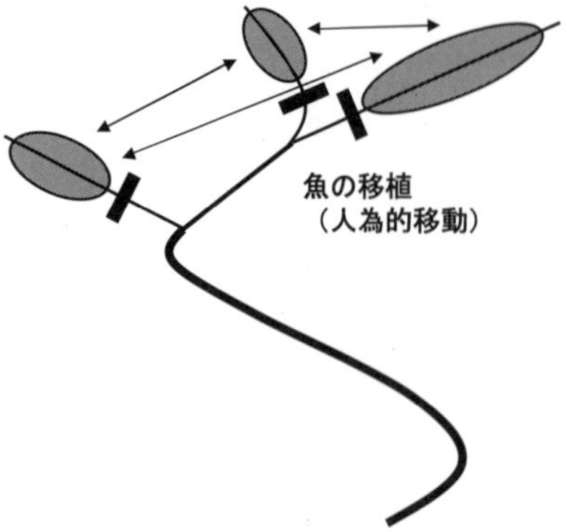


図 10.13　個体群間移植法

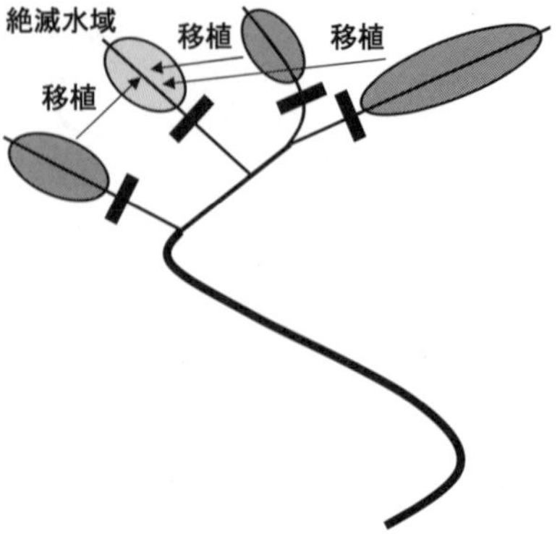


図 10.14　絶滅水域移植法

であるとすると，同じ川の支流間での魚の移植は問題ないという考え方も成り立つ．

この方法でも，非在来個体群を間違えて移植しないように注意する．また，いろいろな支流の在来個体群を交配させるので，持ち上げ法や移動促進法にくらべて遺伝的多様性を高める効果があると考えられる．複数の支流を対象にこの方法を実施しておくことによって，すべての支流で水枯れや台風による出水が起きなければ，いずれかの支流に在来個体群を残すことができる．

**4）絶滅水域移植法**

複数の支流の在来個体群の魚を適当な尾数ずつ，同種の魚がいなくなってしまった支流の堰堤・ダム，滝などの遡上阻害物の上流に移植して交配させ，それぞれの元の支流よりも遺伝的多様性の高い個体群を創出するという方法である（図 10.14）．

この方法では，移植先の支流の魚が絶滅した原因を確認しておく必要がある．頻繁に水が枯れたり，台風などで頻繁に出水があるような支流に移植しても，魚は定着しない．この方法であれば，非在来個体群を間違えて移植してしまっても，元の支流の在来個体群を残すことができる．ただし，適当な移植先がなかなか見つからないという難点がある．

### 5）メタ個体群構造復元法

それぞれの支流において在来個体群を残す役割を果たしている堰堤・ダムの下流の非在来個体群を除去して，上流の在来個体群が降下して増えるのを待つ．あるいは採捕して下流に放流する．同時に，堰堤・ダムに魚道を付ける，スリット化する，もしくは撤去して，魚が上下に移動できるようにする．これらのことを，本流も含めてその川における対象種の元々の生息域の下限まで進めて，かつての生息分布と移動性を復元する（図 10.15）．そうすることで，魚は本流の中や支流との間を自由に移動して，生息域全体として遺伝的多様性が増大する．

支流のような個別の場所に生息する同種の集団を「局所個体群」と呼ぶ．また，個体の移動が可能な，つまり遺伝子の交流のある局所個体群の集合体を「メタ個体群」と呼ぶ．メタ個体群構造復元法とは，そのような個体群構造を復元することである．

この方法が在来個体群の絶滅回避の最も効果的なものであると考えられる．この方法であれば，生息域が拡がるので，水枯れや出水で絶滅する可能性も低くなる．ただし，多くの費用と人手が必要である．

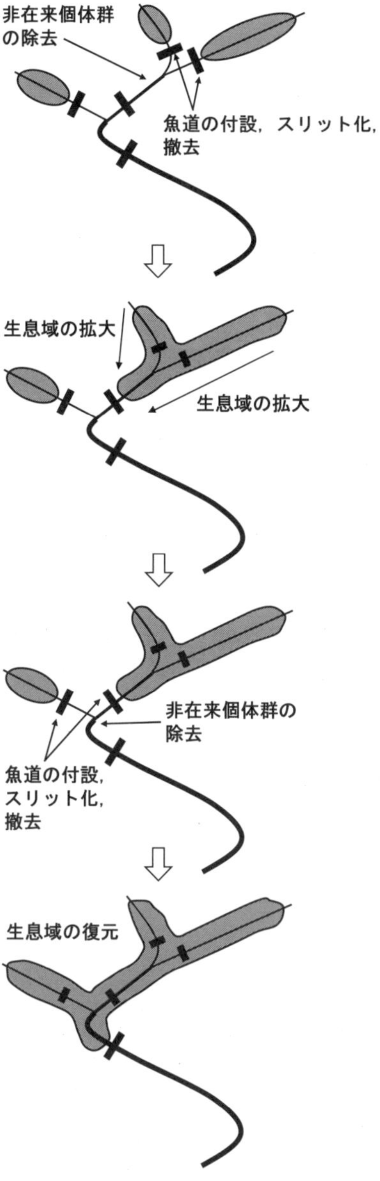

図 10.15　メタ個体群構造復元法

なお，今まで紹介した方法を実施する上で，当然行わなければならないことがある．それは，在来個体群の生息域にその個体群とは別系統の種苗を放流しないようにすることである．

また，今回紹介した工学的な河川管理方法の他に，水産学的な資源管理方法がある．禁漁（魚の採捕を禁止する），解禁期間の短縮（採捕できる期間を短くする），尾数制限（採捕できる，あるいは持ち帰れる魚の数を制限する），人数制限（採捕者の数を制限する），体長制限（小型・若齢の魚を持ち帰らない），キャッチ・アンド・リリース（採捕した魚をすべて川に戻す）などである．これらを実施することを「漁獲制限法」と呼ぶ（中村，2009b）．在来個体群保全だけでなく，前記の自然繁殖促進についても，漁獲制限法を併用することでさらなる効果を期待できる．

## 5　今後の課題と展望

以上のように具体的な方法をいくつか提案したが，いずれの方法にも問題点がある．

例えば，3 節の自然繁殖の促進方法（堰堤・ダムの空間配置法）の 5)，すなわち支流に堰堤・ダムを新設する際に本流との合流点からなるべく距離を置いて作るという方法についてであるが，その堰堤・ダムに魚道などを付けないと，堰堤・ダムの上流の狭い範囲（短い距離）に魚を隔離することになってしまう．その結果，遺伝的多様性が低下して，隔離された個体群が絶滅する可能性がある．また，支流の中のより上流で工事が行われ，作業用道路も奥まで作られるので，環境への負の影響が大きくなる．

また，同じく 6）の本流に堰堤・ダムを新設する場合に支流との合流点の上流に作るという方法であるが，多くの場合堰堤を支流との合流点の下流に作るのは，その支流から出てくる土砂を止めるためであると考えられる．しかし，守らなければならない人の生命・財産などがその支流のすぐ近くにないのであれば，必ずしも支流合流点の直下に作らなくてもよいと考えられる．流域一貫

（中村太士，1999）という理念に基づいて川全体を見渡して，対象とする支流の合流点よりも下流に堰堤・ダムを作って土砂をコントロールすることは可能であろう．

すべての価値や立場を満足させるような方法はなかなかない．しかし，今回提示した方法を参考にすることによって，堰堤・ダムの新たな建設計画を立てることができると考えられる．ひとつの案として採択し，現場の状況に合わせて修正を加えて実施するのがよい．

いっぽう，4節の在来個体群の保全方法（絶滅回避法）についてであるが，「持ち上げ法」，「個体群間移植法」，「絶滅水域移植法」について，現在水産庁の「渓流資源増大技術開発事業」の中で実証研究が行われている．この事業は平成24年度までの予定なので，その年度末にはそれぞれの方法について有効性や実施の難易度などの評価が得られると考えられる．これら以外の方法，すなわち「移動促進法」と「メタ個体群構造復元法」については，我々水産サイドではできない．国交省などの河川管理者に実施を頼ることになる．前記のように，「持ち上げ法」，「個体群間移植法」，「絶滅水域移植法」には在来個体群の延命効果しか期待できない．「移動促進法」も同様である．やはり根本的な解決方法である「メタ個体群構造復元法」の実証研究を行う必要がある．

筆者は河川型サケ科魚類，特にイワナ，ヤマメの生態研究を1985年から始めて，今年（2010年）でちょうど四半世紀になる．当初はこれらの魚がどういう生活をしているのか知りたかった．次にこれらの魚がなかなか増えない原因を知りたくなった．そこで，堰堤・ダムの悪影響の解明研究に取り組んだ．しかし，その後筆者はそれまでとは異なる方向の研究も始めた．本章で紹介してきた影響回避技術の開発研究である．もう，河川管理者と水産や生態の関係者がいがみあう時代ではない．河川管理について，水産・生態関係者は往々にして「やってはいけないこと」を主張するが，筆者は「やれば，少なくとも現在よりよくなること」を提案してきたつもりである．国民の大切な財産である川や魚を守るために，河川管理者と水産・生態関係者が協力すべきである．例えばイワナ，ヤマメの人工産卵河川の造成技術も両者の協力によって開発され（高原川漁協・神通川水系砂防事務所，2007；中村ほか，2009），全国に普及しつつある．筆者は河川管理者との協同の準備をしている．「堰堤・ダムの空間配置法」や「移動促進法」，「メタ個体群構造復元法」の実証実験を，ぜひとも河川管理者と一緒に実施したいと考えている．

## 文献

遠藤辰典・坪井潤一・岩田智也（2006）：河川工作物がイワナとアマゴの個体群存続に及ぼす影響．保全生態学研究，11：4-12.

細谷和海（2000）：サケ科．中坊徹二（編）『日本産 魚類検索 全種の同定』，pp. 299-304. 東海大学出版会，東京.

Kikko, T., Y. Kai, et al.（2008a）: Genetic diversity and population structure of white-spotted charr, *Salvelinus leucomaenis*, in the Lake Biwa water system inferred from AFLP analysis. Ichthyological Research, 55 : 141-147.

Kikko, T., Y. Kai and K. Nakayama（2009）: Relationships among tributary length, census population size, and genetic variability of white-spotted charr, *Salvelinus leucomaenis*, in the Lake Biwa water system. Ichthyological Research, 56 : 100-104.

Kikko, T., M. Kuwahara, et al.（2008b）: Mitochondrial DNA population structure of the white-spotted charr（*Salvelinus leucomaenis*）in the Lake Biwa water system. Zoological Science, 25 : 146-153.

Kubota, H., T. Doi, et al.（2007）: Genetic identification of native populations of fluvial white-spotted charr *Salvelinus leucomaenis* in the upper Tone River drainage. Fisheries Science, 73 : 270-284.

前川光司（1999）：渓流魚の生態と砂防工事の影響．太田猛彦・高橋剛一郎（編）『渓流生態砂防学』，pp. 89-105. 東京大学出版会，東京.

Morita, K. and S. Yamamoto（2000）: Occurrence of a deformed white-spotted charr, *Salvelinus leucomaenis*（Pallas）, population on the edge of its distribution. Fisheries Management and Ecology, 7 : 551-553.

Morita, K. and S. Yamamoto（2002）: Effects of habitat fragmentation by damming on the persistence of stream-dwelling charr populations. Conservation Biology, 16 : 1318-1323.

中村太士（1999）：流域一貫　森と川と人のつながりを求めて．築地書館，東京.

中村智幸（1998）：イワナにおける支流の意義．森　誠一（編）『自然復元特集 4　魚から見た水環境―復元生態学に向けて／河川編―』，pp. 177-187. 信山社サイテック，東京.

中村智幸（1999a）：鬼怒川上流におけるイワナ，ヤマメの産卵床の立地条件の比較．日本水産学会誌，65：427-433.

中村智幸（1999b）：人工産卵場におけるイワナの産卵と産着卵のふ化．日本水産学会誌，65：434-440.

中村智幸（2001）：聞き取り調査によるイワナ在来個体群の生息分布推定．砂防学会誌，

53：3-9.

Nakamura, T (2003): Meristic and morphometric variations in fluvial Japanese charr between river systems and among tributaries of a river system. Environmental Biology of Fishes, 66: 133-141.

中村智幸（2006）：渓流に生きる知恵—イワナとヤマメの共存機構—．猿渡敏郎（編）『魚類環境生態学—渓流から深海まで，魚と棲みかのインターアクション—』，pp. 2-22．東海大学出版会，秦野.

中村智幸（2007）：イワナをもっと増やしたい！．フライの雑誌社，東京.

中村智幸（2009a）：天然魚の絶滅を回避する方法．中村智幸・飯田　遙（編）『守る・増やす渓流魚』，pp. 91-95．農山漁村文化協会，東京.

中村智幸（2009b）：渓流釣り場のゾーニング管理．中村智幸・飯田　遙（編）『守る・増やす渓流魚』，pp. 47-58．農山漁村文化協会，東京.

Nakamura, T., T. Maruyama and S. Watanabe (2002): Residency and movement of stream-dwelling Japanese charr, *Salvelinus leucomaenis*, in a central Japanese mountain stream. Ecology of Freshwater Fish, 11: 150-157.

中村智幸・徳田幸憲・高橋剛一郎（2009）：人工産卵河川におけるイワナの産卵と当歳魚の動態．応用生態工学，12：1-12.

農林水産省情報統計部（2005）：2003年（第11次）漁業センサス.

Sato, T. (2006): Occurrence of deformed fish and their fitness-related traits in Kirikuchi charr, *Salvelinus leucomaenis japonicus*, the southernmost population of the genus *Salvelinus*. Zoological Science, 23: 593-599.

玉手　剛・早尻正宏（2008）：北海道における河川横断工作物基数とサクラマス沿岸漁獲量の関係．水利科学，52：72-84.

高橋剛一郎（1993）：砂防工事における生態環境保全／改善．玉井信行・水野信彦・中村俊六（編）『河川生態環境工学』，pp. 209-219．東京大学出版会，東京.

高橋剛一郎（2000）：魚道の評価を巡って．応用生態工学，3：199-208.

高原川漁業協同組合・国土交通省神通川水系砂防事務所（2007）：渓流魚の人工産卵河川のつくり方．中村智幸・高橋剛一郎・谷田一三・太田猛彦・徳田幸憲編.

山本祥一郎・中村智幸ほか（2008）：ミトコンドリアDNA分析に基づく関東地方産イワナの遺伝的集団構造．日本水産学会誌，74：861-863.

（中村智幸）

# 第Ⅳ部

# ダムの下流への影響

# 第 11 章

# 河川・海岸の土砂動態と土砂管理

## 1　はじめに

筆者は，ダムとはかなり距離がある海岸や海が専門である．本章の内容は，海からみるとダム湖はどのようにみえているのか，という話である．筆者の所属する大学がある遠州灘沿岸に限らず，近年わが国では砂浜の減少（海岸侵食）が大きな問題となっている．この海岸侵食問題がダムとどのように関わっているかについて知っていただくことで，ダムが抱える課題を考えるきっかけになればと思う．

最初に結論から言えば，海岸の砂浜がやせていく大きな原因の一つがダムにあるということである．以下に，広い砂浜を有する遠州灘海岸の海岸侵食の実態と要因について述べる．さらに，いま国土交通省によって計画されている天竜川ダム再編事業の概略を紹介する．最後に，今後土砂という国土の環境基盤をどうやって管理していくべきなのか，という点についても若干問題提起したい．

## 2　遠州灘海岸と天竜川

遠州灘海岸（図 11.1）は，静岡県の御前崎から伊良湖岬まで，約 110 km に

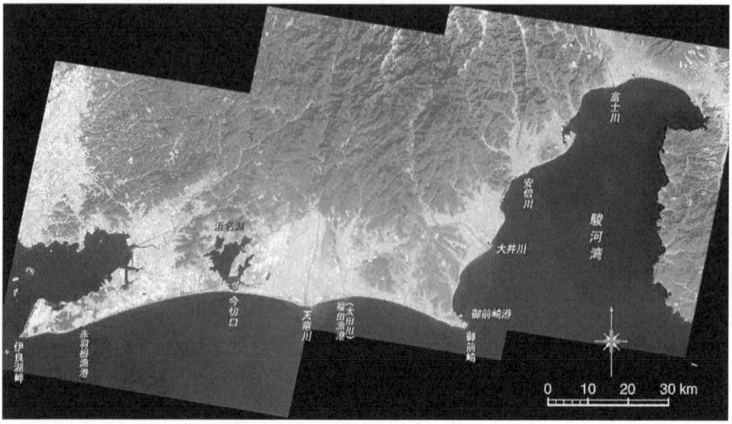


**図 11.1**　遠州灘と天竜川（口絵 21）

JERS-1 衛星画像より宇多が作成.

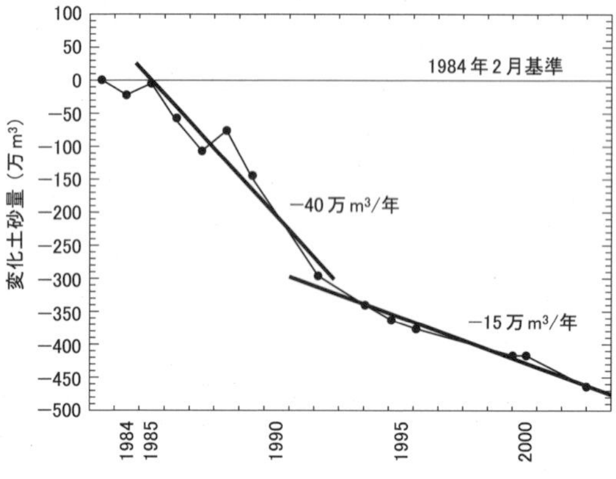


**図 11.2**　天竜川河口テラスの土砂量の変化

静岡県・遠州灘沿岸侵食対策検討委員会資料を基に作成.

わたる太平洋に面した海岸である．この遠州灘海岸に土砂を供給する主要な河川は天竜川である．天竜川が運んできた土砂が，河口付近に堆積して長年の間に河口デルタをつくり，このデルタの上に浜松などの都市が形成された．海に供給された土砂はまた，徐々に波の作用で東西に振り分けられ，遠州灘の長大な砂浜を形成したのである．

しかし，1956 年に天竜川で佐久間ダムの建設という大きな土木工事があり，河川の土砂の流れが断たれた．この影響が，現在に至るまで河川だけでなく海岸の土砂環境も大きく変えてきている．静岡県が近年の河口テラスの土砂の減り方を調査した結果（図11.2）によれば，1990 年ごろまでは年間約 40 万 $m^3$ ずつ減少していることがわかる．最近では，年間約 15 万 $m^3$ しか減っていないが，これはすでに河口テラスの土砂が枯渇状態になっていると見ることができる．その影響で，周辺海岸への土砂の供給が大幅に減少し，徐々に河口の東西の海岸の砂浜がやせてきている．

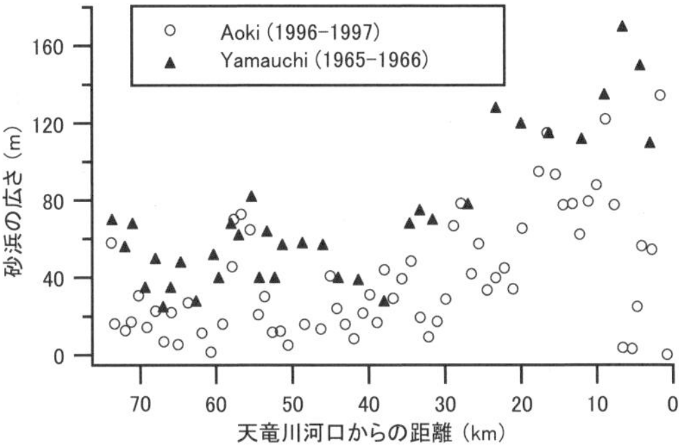


**図 11.3**　天竜川以西の海岸の砂浜幅

**図 11.4**　中田島砂丘の現状
国土交通省浜松河川国道事務所，2004 年撮影.

図 11.3 は天竜川河口から伊良湖岬までの砂浜の幅を測定した結果を示したものである．筆者ら（青木ほか，1999）が測定した結果を○で，山内（1967）が測定した結果を▲で示している．砂浜の幅の定義が必ずしも同じではないので単純に比較できないが，30 年の間にやはり全体的に砂浜は狭くなっていることがわかる．

さらに，最近になって大きな問題になっているのは，天竜川河口付近から少し西に位置する，日本三大砂丘の一つと言われている中田島砂丘である（図11.4）．ここ 50 年ほどで砂丘前面の砂浜が 200-300 m 侵食され，それと同時に砂丘の低地化によって砂丘に水たまりができるような状況まで生じている．この地域は東海・東南海地震による大津波の来襲が予想されており，海岸侵食の問題が沿岸住民の大きな心配事となっている.

## 3　海岸構造物の影響

浜名湖の湖口（今切口）は，以前は自然の砂州があったが，1950年代から70年代にかけて行われた導流堤の建設によって，大きく海岸地形が変化したところである（図11.5）．導流堤の目的は河道の確保や航路維持だが，写真にみられるように，この導流堤の影響でかなりの土砂が今切口の東側に溜められ，西側の海岸に流れにくくなり，西側で砂浜の侵食が生じている.

このように，全体として河川から流れ出る土砂が減少しているという状況に加えて，海岸に導流堤のような土砂の動きをとめる構造物が造られてきたことも，海岸侵食が生じた一因である．ダムは，山から海への土砂の流れを遮断する一つの大きな障害であるが，海岸に造られる構造物にも，この導流堤のように砂の動きを止めるダムのような効果があり，土砂の流れの下手側に侵食問題を生じさせるのである．すなわち，一概にダムの影響だけで海岸侵食が起こっているというわけではないことも認識しておく必要がある．要するに，土砂には山から海への一連の流れがあり，その流れをどこかで遮ると土砂の配置にアンバランスが生じて海岸侵食が顕在化するのである.

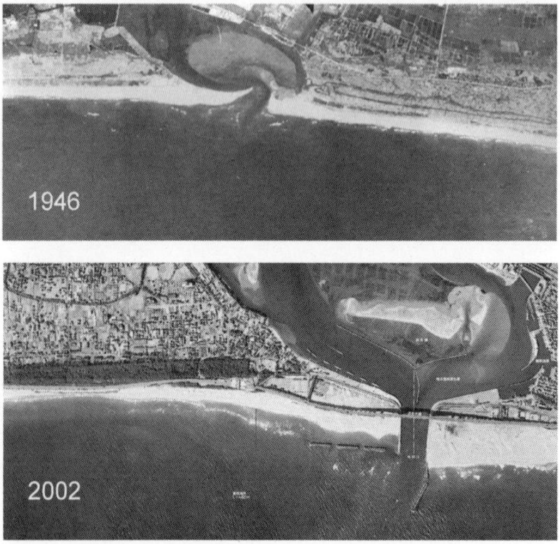


**図11.5**　浜名湖今切口周辺海岸の変化
国土地理院および静岡県の空中写真より.

図11.6は，天竜川から渥美半島までの全体的

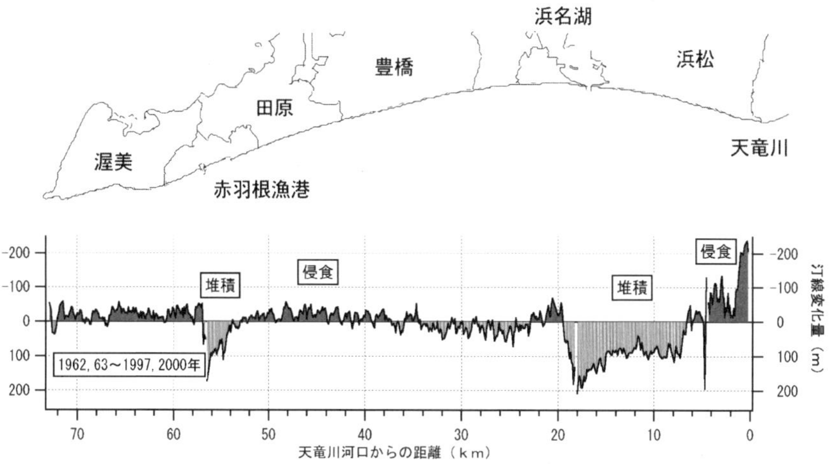


**図 11.6**　天竜川以西の海岸の汀線変化

な汀線の変化を空中写真をもとに解析したものである．1960 年代から 40 年ほどの間に天竜川河口付近でかなり侵食が進んでいるが，一方で砂がたくさん堆積したところもあり，汀線の変化が凸凹していることがわかる．これより，ダムの影響は今のところは河口から数 km の範囲にしか明確には現れておらず，広域での侵食や堆積は，構造物の建設などの影響が大きいと考えられる．しかしながら，前述のように河口付近の土砂のストックが欠乏してきているので，ダムの影響はこれから徐々に東西に拡大すると思われる．それを模式的に表したのが図 11.7 である．天竜川流域は土砂生産が非常に大きく，ダムがなかった時代には土砂が過剰に海岸に供給されてきたと考えられる．ダムを作ったことで実質的に供給土砂が減ったのだが，河道や河口にストックされていた土砂が，ダム建設後 50 年程度の間は海岸の砂を養ってきたと考えられる．

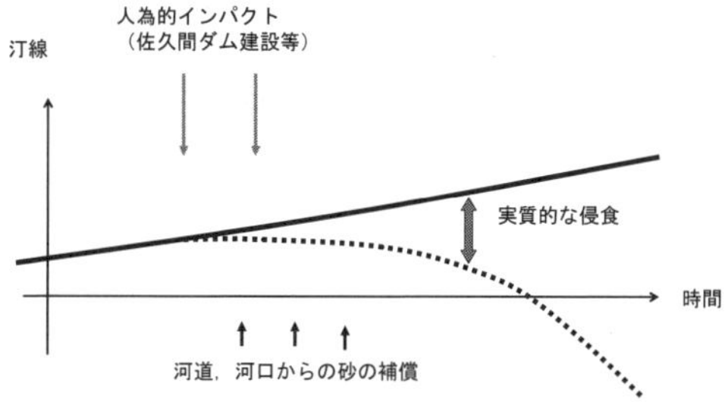


**図 11.7**　遠州灘海岸の汀線変化の概念図

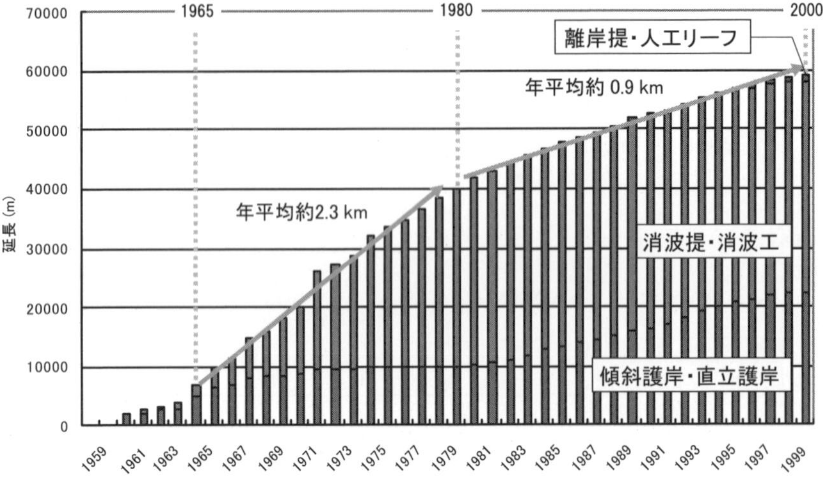


**図 11.8**　海岸保全施設の延長（愛知県渥美半島表浜海岸）

今やそれらのストックがなくなってきており，今後は大きなインパクトが海岸に出てくるのではないかと予想されている．

**図 11.9**　アカウミガメの足跡
NPO 法人表浜ネットワーク提供.

海岸侵食の問題が生じると，管理者（国や県など）は国土保全と防災のために種々の海岸防護構造物を建設する．図 11.8 は，愛知県渥美半島の太平洋岸での海岸保全施設の設置状況を示したものである．これより，ほぼ年間 1.5 km 程度の割合で，海岸がブロックや護岸で人工化されてきたことがわかる．すなわち，海岸の砂浜が侵食されると，単に砂浜がやせるだけではなくて，海岸が加速度的に人工化していくのが通常である．

図 11.9 は，1 つのシンボル的な光景である．産卵のために上陸したアカウミガメがブロックに突き当たり，産卵できずに帰っていった足跡を撮った写真で，マスコミでも取り上げられた．たとえブロックを乗り越えて産卵しても海へ帰れないとか，ふ化した稚ガメがブロックを乗り越えられない，といったさまざまな障害も生じている．現在は，自治体がこのブロックを撤去する事業を行っている．実際にはブロックを転用する計画であるが，事業者・管理者にも，近年は大きな発想の転換が求められている．

## 4　天竜川のダム再編とその影響の予測

天竜川のダム再編計画は，佐久間ダムのように土砂の流れに大きな影響を与えるダムについて，ダムに堆積する土砂をダム堤体をバイパスさせて下流側の河道へ供給しようというものである（http://www.cbr.mlit.go.jp/hamamatsu/gaiyo_dam/tenryu.html）．この事業のもっとも大きな引き金となったのは，上に述べた遠州灘の海岸侵食への対応である．河川管理の面からみると，河道に土砂を流すのは水の流れを阻害することにつながるためデメリットが多いが，土砂の問題を河川のみの問題ではなく，河口から先 100 km に及ぶ海岸とその背後地の問題としてとらえると，ダムから土砂を解放することのメリットは非常に大きいと言える．このダム再編事業は，2004 年（平成 16 年）度から検討が始まり，どうやってダムから砂を排出するかという工法の問題，土砂を流すことによる環境影響の問題について検討され，2010 年現在は事業化の段階にある．

図 11.10 は，佐久間ダムが完成して 50 年でどの程度土砂がダムに溜まっているかを示したものであるが，佐久間ダム以外のダムも含めると約 2 億 $m^3$ の土砂がダム湖内に溜まっており，そのうち約半分が佐久間ダムへの堆積である．このような大量の堆砂が，わずか 50 年ほどの間に起こったわけであり，ダムが土砂環境へ及ぼすインパクトがいかに大きいかが容易に想像できる．

このようなダムの影響以外に，実は案外大きいと思われるのが建設資材とし

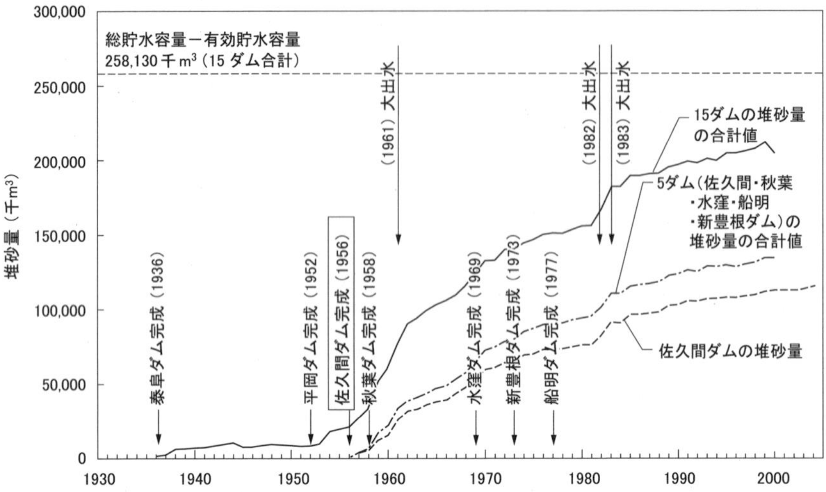


**図 11.10**　天竜川のダム堆砂量の経年変化

国土交通省中部地方整備局・天竜川ダム再編事業環境検討委員会資料を基に作成.

ての砂利採取の問題である．今ではかなり規制されているが，下流域でもまだ年間約 25 万 $m^3$ 程度採取している．佐久間ダムや秋葉ダムからも採取しており，全部合計すると年間約 100 万 $m^3$ が建設資材として系外に取り出されている．こういう人為的なインパクトが意外に大きいのが，土砂問題の特徴でもある．

宇多ら（1991）の検討結果では，ダム建設前は天竜川から年平均約 200 万 $m^3$ の土砂が海に出ていたが，現在ではほぼ 1/10 程度に減少していることがわかっている．一方，土砂の質の問題も重要である．よく知られているように，河道には大きな石がみられ，海岸には砂が多く，海の深いところには細かなシルト分が多い．すなわち河川は，シルト，砂，礫という様々な質の土砂を流下させながら，シルトは海の深いところに，砂は海岸に，礫は河川にというふうに，それぞれの居場所に適切に振り分ける効果があることになる．しかしながら，ダムは土砂を一気に止めてしまい，自然の淘汰（ソーティング：選別）作用を失わせてしまっているのである．ダム再編事業においては，このような土砂の質のコントロールも重要なポイントである．

表 11.1　数値シミュレーションによる河口排出土砂量の比較

| 粒径群 | ダムなし（仮想） | ダムあり（現状） | 排砂実施 |
|---|---|---|---|
| シルト（～0.106 mm） | 161 | 72 | 95 |
| 砂（0.106～0.85 mm） | 92 | 22 | 80 |
| 砂礫（0.85 mm～） | 2 | 3 | 3 |

26ヵ年（1979-2004）の年平均値，単位：万 $m^3$/年．出典は図 11.10 と同じ．

ダム再編事業の検討に当たって，数値モデルを使って予測した結果を紹介する．モデルは，粒径群別に土砂の輸送量を計算するもので，結果の一例を表 11.1 に示す．粒径を三つのサイズに分け，今あるすべてのダムがないと仮定をした「ダムなし」の場合，現状の「ダムあり」の場合，およびダム排砂を実施した場合の三つのケースについて，約 26 年間についてシミュレーションを実施した結果である．これより，排砂を実施すると，海岸での砂の供給量の回復が大いに見込めるので，ダム再編事業は海岸侵食対策にとって非常に重要な事業である．ただ，それでもまだいろいろと問題は残されている．

川から砂が排出されなくなったことが現在の最も大きな問題であるが，もし今，昔と同様に大量に砂が海に出てくるようになったとしたら，これもまた大きな問題をもたらす可能性がある．というのは，すでにいろいろな侵食対策が行われているために，海岸では土砂が移動しにくくなっているところも多い．さらに，港が土砂で埋まったり，河口が浅くなって氾濫が起こりやすくなるということも考えられる．そのような問題にすべて対応し，海岸で土砂をうまく流す方法を準備しておかないと，大量に出てくるようになった土砂をうまく捌けないことも起こりうるのである．

## 5　今後の土砂管理の課題

大気，水，土砂に関するほとんどの環境問題は，何らかの物質が輸送されることによって生じている．すなわち，そこには輸送する媒体と輸送される物質がある．土砂を輸送するのは，波や流れが主たるものだが，人が動かすこともある．砂が動く空間スケールには，流域から海までを含めた「流砂系」という概念があるが，一方で土砂を管理する側の空間スケールとしては，例えばヨーロッパのように国を越えたスケールもあれば，地方行政単位のスケールもある．いずれにしても，流砂系のスケールと土砂管理のスケールは一致していないのが普通である．

水や土砂の環境基盤を行政単位で管理する場合，質と量の管理，すなわち，水質をよくし水量を確保したい，土地面積や砂浜を確保したいという発想になりがちである．量と質を管理主体ごとに独立して管理するとき，管理のスケールと環境問題のスケールが一致しない場合には，問題を環境のスケール全体で最適化することができず，局所的にしか最適化できなくなるという問題が内在している．一方，物質の輸送量，例えば水や土砂の流れる割合（フロー）で管理することを考えると，隣接する管理主体を抜きにしては考えられないため，汚染物質の輸送量とか，土砂の輸送量などを，管理主体を越えて受け渡すような環境管理が可能となる．すなわち，土砂管理については，管理する範囲での土砂量（ストック）に目を向けるのではなく，管理区域にどのぐらいの土砂が入ってきてどのぐらいの土砂を出すのかということを目標に置いて管理していくことが望ましい．

すなわち，海岸線を守るという目的だけではなく，適切な量と質の土砂の受け渡しを管理目的にすることを，今こそ実現すべきである．そのための体制やモニタリングの指標なども整備・検討されなければならない．

**文献**

青木伸一・真田誠至・歌津宏康（1999）：天竜川以西の遠州海岸の汀線変化と沿岸漂砂量分布の推算．海岸工学論文集，46：661-665.

宇多高明・坂野　章・山本幸次（1991）：遠州海岸の1960年代以降における海浜変形．土木研究所報告，183(2)：23-70.

山内秀夫（1967）：渥美半島海岸における海浜礫の分布傾向について．群馬大学教育学部紀要，人文・社会科学編，17(13)：153-167.

（青木伸一）

# 第 12 章

# 河川の有機物動態とダムの関係

## 1 はじめに

ダムは流域内の生物群集を分断化するだけでなく，河川による物質輸送過程にも変化を与える．上流域から輸送される物質には，土砂，栄養塩，有機物，ミネラルなどがあり，サイズや化学的特性が多様である．前章で解説した土砂動態に引き続き，ここでも調査事例を紹介しながら河川の有機物動態とダムの関係を記述する．

第 I 部で記述されたように，ダムによる水の滞留は河川では卓越しないさまざまな生物活動を生じさせる．有機物分解による二酸化炭素の発生，嫌気化に伴うメタンの発生，動植物プランクトンの増殖，アユの陸封化など，これら生物作用はすべて物質の変換を伴うため，ダム貯水池は巨大な反応器とも考えられる．もちろん，河川でも周辺生態系や大気との物質の交換があり，本章で述べるように河川内でも物質変換作用は働いている．しかし，ダム建設に伴う反応器の形成は，河川生態系におけるその変換機能とは様式が大きく異なるため，ダムにより物質と生物の両者において不連続性が生じる．ダム湖およびダム河川の生態系を理解するためには，両者の相違，そしてダムという不連続点で生じる現象を理解することが重要である．

水中の有機物は生物による生成物であるが，その一方で生物が利用する資源でもある．特に上流域の河川では，周辺から流入する落葉などの有機物が水生動物の主要な餌となっており，有機物に支えられる食物連鎖が形成されることが多い．これは腐食連鎖と称され，一般に知られる一次生産（光合成）を基盤とする食物連鎖（生食連鎖）と異なる．よって，河川内での有機物動態を理解することは，その場における生物群集や食物連鎖を理解することにつながる．生物種や生物量を決定する要素は餌資源に限らず，生息場の物理的条件，水質，日射，種間関係など多くある．その中で，餌資源は水生動物の体を形作る元素であり，エネルギーでもある．また，有機物動態には細菌や真菌類などの微生物から動植物プランクトン，水生昆虫，魚類など多くの生物が関わるため，有機物動態は水域生態系を理解する一つの興味深い切り口となる．

以下，河川における有機物動態を概説し，河川生態系との関係をまとめる．その上で，ダムが河川の有機物動態に与える影響を，主に揖斐川と長良川における調査事例に基づき，有機物の物理的また化学的特性の両面から評価したい．

## 2　河川の有機物動態

### 2.1　物理化学的特性

有機物とは炭素原子を構造の基本骨格とする化合物の総称であり，そのうち二酸化炭素やダイヤモンドなどの単純な物質を除いたものである．河川に存在する主要な有機物を，サイズと生物利用性に分けてみてみると図 12.1 のように整理できる．ここでの生物利用性とは微生物分解や動物による消化吸収のされやすさを概念的に示したものであり，高い生物利用性は水生生物の餌資源として利用価値が高いことを意味する．利用性の高い有機物には比較的サイズの小さい糖類やタンパク質などが多く，それらは水中に溶存態として存在する．サイズが大きいものでは動物遺骸が利用性の高い有機物であり，サケの遺骸がイメージしやすいが，魚類や水生昆虫などの遺骸も河川に存在する．一方，生物利用性が低いものにはサイズが大きい落葉，落枝，倒流木などや，それらの分解生成物であるフミン物質（土壌や堆積物を構成する動植物由来の分子量数百〜数十万の天然有機物の総称）がある．人間の食物と対応づけるとわかりやすい

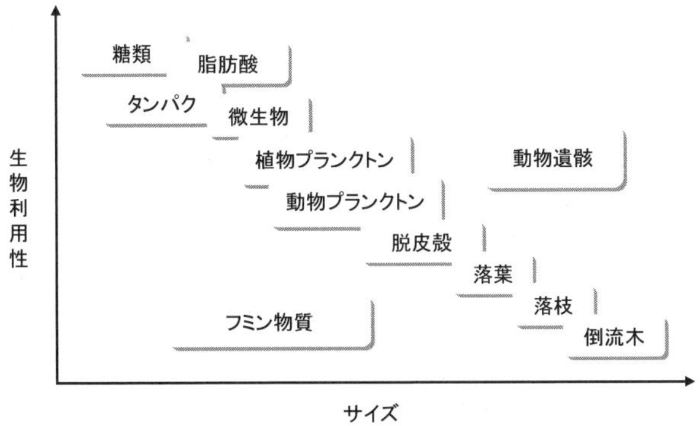


**図 12.1**　河川や湖沼にみられる代表的な有機物

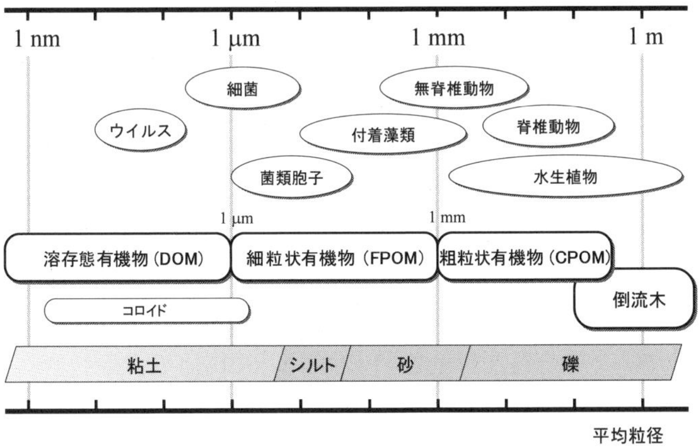


**図 12.2**　サイズによる有機物の分類

ように，動物が利用する有機物は動物が消化吸収できる易分解性物質が多く，逆に難分解性のものは主に細菌や真菌類などの微生物によって分解される．

河川の有機物動態はそのサイズと起源に着目するとわかりやすい．河川生態学では，有機物をサイズにより主に四つに分類する場合が多く，サイズにより分けられたものを画分と称する．それらは図 12.2 に示したように溶存態有機物，細粒状有機物，粗粒状有機物，倒流木である（吉村ほか，2006）．一番小さなものは溶存態有機物（DOM：dissolved organic matter）で，水中に溶解して

A. 倒流木
B. 小川に堆積する落葉
C. 河岸に堆積する落葉
D. 瀬に堆積する落葉

**図 12.3**　河川に堆積する倒流木や落葉（口絵 22）

いる有機分子を示し，一般に孔径 1 μm 程度の濾紙を通過するものである．粒径 1 μm～1 mm のものは細粒状有機物（FPOM：fine particulate organic matter），1 mm 以上のものは粗粒状有機物（CPOM：coarse particulate organic matter），それから倒流木に分類される．生物個体と対応させると，DOM は微生物であるウイルスや細菌と同程度，FPOM は菌類胞子や藻類の細胞，それ以上の CPOM は無脊椎動物である昆虫，脊椎動物である魚類，それから水生植物と同程度のサイズである．よって，ダム湖内で植物プランクトンが増殖すると FPOM に対応する有機物が増加し，下流河川を流下することになる．

倒流木は上流域や氾濫原でよくみられ，図 12.3A のように河川に横たわると堰のような効果があり，そこに多様な水理条件が創出される．また，落葉は主に森林を流れる上流域に多くみられ，河岸，瀬（流れが速く浅い場所），淵（流れが緩やかで深い場所）など流れや河床の条件に応じて流下・堆積するため，河川空間の中に偏在する（図 12.3B～D）．次に小さい有機物が FPOM であり，その顕微鏡写真を図 12.4 に示した．河川の中流域で採取した FPOM を濃縮して実体顕微鏡でみたものが図 12.4A・B であり，粒子状や糸状の多様な有機物

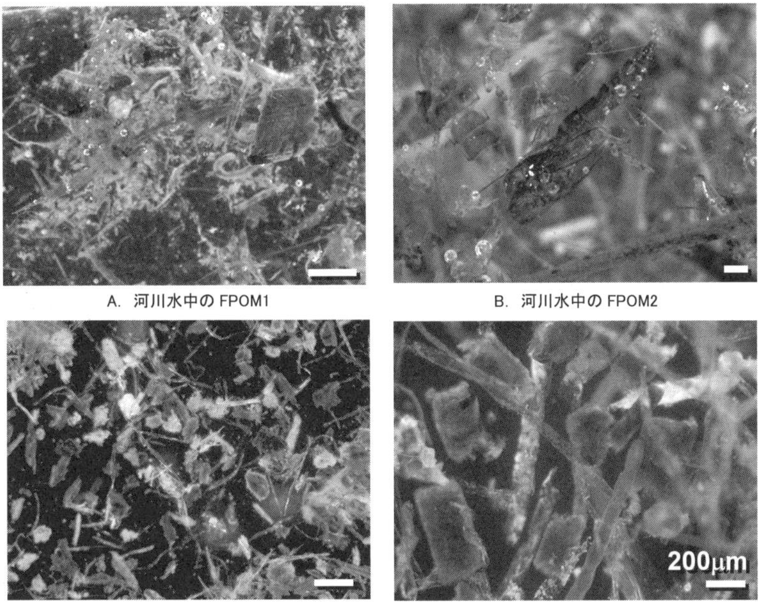


**図 12.4**　河川を流下する FPOM（細粒状有機物）

が混在していることがわかる．これらは流量が安定しているときに採取した FPOM であるため，動植物の死骸も多く，水生昆虫の脱皮殻も観察できる．図 12.4C・D は底生動物の摂食作用により生じた FPOM であり，木片もしくは糸状藻類をヨコエビに与えた結果として生じたものである．一部に円筒状のものがあるが，これはヨコエビの糞であり，排泄物も FPOM などの粒状有機物を構成している．

なお，河川の有機物は自然生態系由来のものが多いが，都市域では各種排水が河川に流入するため，各画分の有機物濃度やその化学的特性は人為的な影響を受けている．下水処理水中に粒状態に比べて溶存態の有機物が豊富に含まれると，下流河川では溶存態有機物の割合が増加することになる．

## 2.2　生態学的特性

河川生態系において有機物がどういう役割を果たしているのだろうか．その役割は主に四つに整理できる．それらは，(1)水生動物の生息場の形成，(2)下流域や海域への物質輸送，(3)微生物へのエネルギーと栄養塩の供給，(4)水生動物へのエネルギーと栄養塩の供給である．水生動物の生息場の形成とは，例えば図12.3にあるように倒流木が流れを変化させて淵を形成するような作用であり，生息場の物理条件が変化する．堆積した落葉などのCPOMは携巣型トビケラ（カクツツトビケラ（Lepidostomatidae），エグリトビケラ（Limnephilidae）など）が巣材としても利用する．また，有機物は有機炭素だけでなく，そこに含まれる栄養塩や微量元素などの生元素と共に下流域や沿岸域に輸送されている．そして，輸送された場において，有機物が微生物や水生動物により基質や餌資源として利用される．

生物への有機物供給過程を簡略化して示したものが図12.5である．サイズ別に有機物の一般的な濃度とそれを利用する生物群集を描いたものである．この濃度は，有機汚染のない日本の河川において，流量が安定している状態での一般的な濃度（有機炭素濃度）の範囲である．DOMだと概ね3 mgC/L以下，

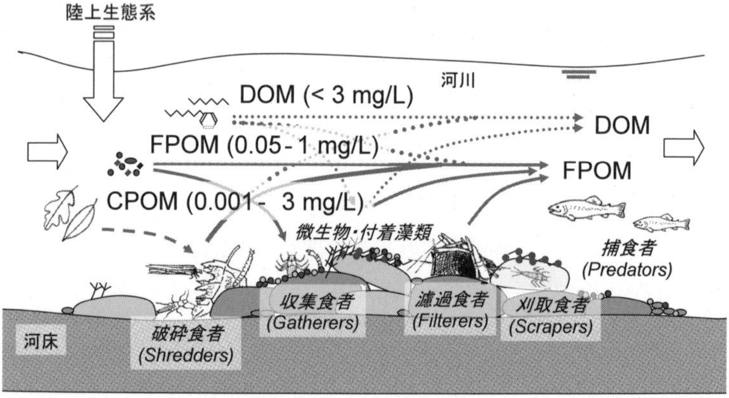


**図12.5**　河床水生生物への有機物（餌資源）の供給

FPOM の場合だとそれ以下で 0.05–1 mgC/L，CPOM だと 0.001–3 mgC/L 以下であることが多い．CPOM を構成する落葉は落葉期に集中して河畔林から供給されるため明確な季節変化を示す．落葉期以外での濃度の相対比としては，DOM 濃度を 100 とすると概ね FPOM が 10，CPOM が 1 となるであろう．

有機物には分画ごとに多くの変換作用が働く（図 12.6）．CPOM は微生物による分解がある程度進んだ後，底生動物の破砕食者（シュレッダー，カクツツトビケラやガガンボなど）に利用される．落葉を餌として利用できる種はトビケラやカワゲラに多いことが知られている．このような動物の餌資源となり，CPOM は破砕，消化，排泄されてより小さな FPOM や DOM へ変化する．その過程で，CPOM の一部が破砕食者や収集食者の個体の構成物質となり，一部は微生物などに完全に分解されて二酸化炭素に変換され，再び藻類や植物の生産に利用されるという形で循環する．また，細菌や真菌類などの微生物が CPOM や FPOM を直接 DOM に分解することも知られており，それ以外にも

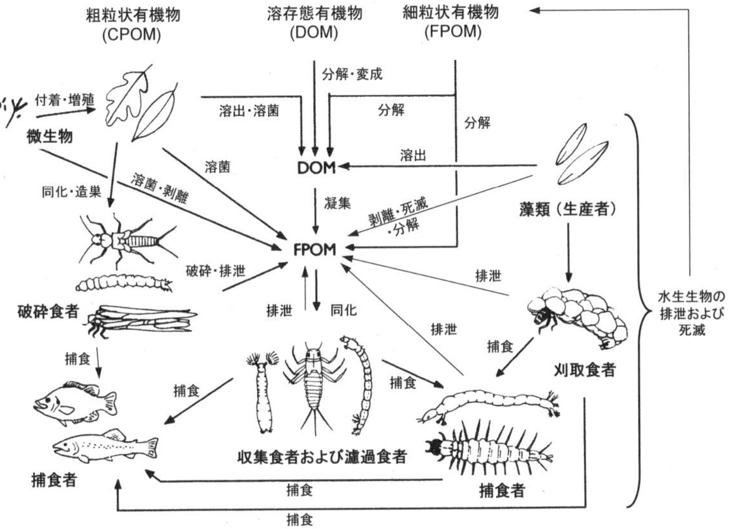


**図 12.6**　河川生態系における有機物の変換過程と生物との関係

（Allan，1995）

河床微生物膜への付着やその剥離も河川の有機物動態を決める重要なプロセスである.

## 3　有機物動態からみた河川生態系

### 3.1　時空間分布

有機物動態の時空間分布を起源に着目して概説する．河川の有機物の中でも，倒流木や落葉は陸上植生由来であり，河川外から来ているという意味で他生性有機物と呼ばれる．それに対して，河川内で生産された有機物，例えば藻類，水生植物，水生動物などに起因するものは自生性有機物と呼ばれる．近年は，人工的有機物（ペットボトル，弁当の空き箱，下水由来の有機物など）を第3の有機物起源とすることもある．これら有機物の発生源を考えると，有機物動態は河川の規模や河岸の土地被覆の影響を受けることが推測できる．

流域スケールで考えると，上流域ではおもに落葉，そして落枝，果実，小動物，土壌などに由来する有機物が多い．中・下流域になると付着藻類や水生植物などの河川内での生産が卓越してくる状況が多い．河川連続体仮説（Vannote ほか，1980）では，環境要因や有機物・エネルギーの流れが上流から下流へと連続的に変化する一つのシステムとして河川を理解する．この仮説は1980年にアメリカで提唱されたが，日本でも上流域は森林地帯が多く，下流に行くほど川幅が広くなるため，河川が連続的に変化する傾向はこの仮説と一致すると考えられる．以下，具体的な調査事例に基づき，流域内での有機物の時空間分布を概説する．

アメリカにおける研究（Webster，2007）で，河川次数1～5の区間を対象として有機物量の調査およびモデル化が行われた．日本の河川次数は最大でも6～7程度と考えられるので，この報告は日本の河川を理解する上でも参考となる．水源から流下方向に約100 kmの区間内において有機物動態や生産量の変化が報告されている．図12.7Aは河川への落葉流入量を示しており，水源から約20-30 km程度までの間に多くの落葉の供給量があり，それより下流では

50 gC/m$^2$/年程度であることがわかる．20-30 km を過ぎたところで河川内の総生産量（GPP）が増加し（図 12.7B），両者の合計をその場に供給されるエネルギーの総量として計算した結果が図 12.7C である．源流付近では落葉供給量が卓越し，約 40 km より下流では藻類生産が卓越することが示されている．また，両者が均衡する 10-40 km の区間では供給エネルギーが比較的少なくなることが示唆されている．以上より，源流域と 40 km より下流では利用できる餌資源が異なり，形成される食物網や優占種が異なることが推測できる．この 40 km というのはリトルテネシー川での事例であり，集水域の地形や植生により変化するが，一つの参考となるだろう．

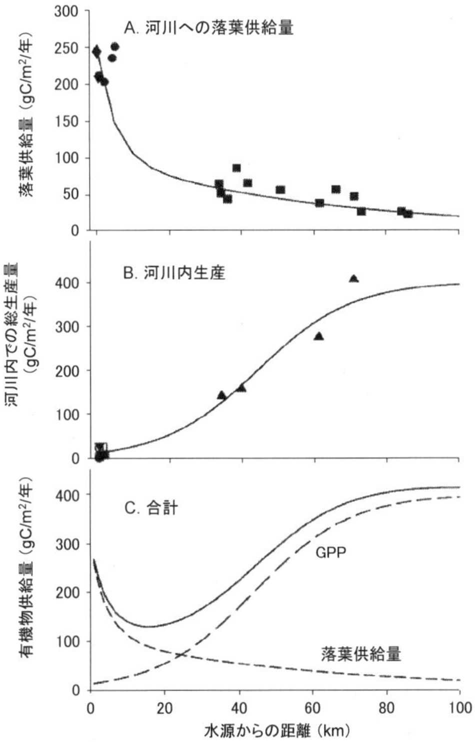


**図 12.7**　流下過程における有機物供給量の変化
リトルテネシー川（アメリカ）での調査結果．（Webster, 2007）

落葉は代表的な他生性有機物であり，河川への移入量は落葉期に集中する．この変化は Kobayashi and Kagaya（2002）により荒川上流（埼玉県）について調査されており，その結果の一部（図 12.8）には，河床に堆積する有機物量の経時変化が，CPOM，落葉，落枝に分けて図示されている．ちなみに対象河川の流量は 30 L/秒程度であり，CPOM は 1-16 mm，落葉は 16 mm 以上と定義されている．これら三つのサイズの有機物を合計して CPOM の総量とすると，上流域では 1 m$^2$ あたり乾燥重量で 1 kg 程度の CPOM が堆積している

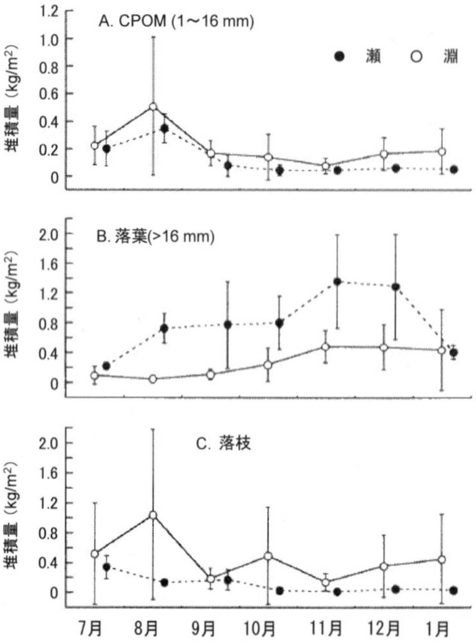


**図 12.8**　CPOM（粗粒状有機物）の河床堆積量の季節変化

荒川上流森林河川の調査結果.（Kobayashi and Kagaya, 2002）

ことがわかる．また，図示されているように，CPOM と落枝については有意な季節的変化はみられないが，落葉は落葉期に対応する季節変化が明確にみられる．さらに，瀬と淵は区別して調査されており，落葉は淵よりも瀬における堆積密度が大きく，また季節的な変動も瀬の方が大きくなっていた．淵では落葉が沈降することにより河床に堆積するが，瀬では河床材の表面に落葉がトラップされる．よって，瀬と淵の落葉堆積量は瀬の水深や両者の配置などにより変化し（中嶋ほか, 2007），瀬にトラップされた落葉は水位変動の影響を受けやすいため季節的な変化が大きくなると推測できる．

FPOM については，中流域（多摩川）での調査結果を紹介したい．多摩川の青梅と立川付近の 2ヵ所で，流量変動とそれに対応した FPOM 堆積量を調査した結果である（図 12.9，細見ほか，2006）．一定の水理条件下で調査した結果であり，上流地点（青梅）は黒，下流地点（立川）は白いプロットで示されている．下流地点には下水処理水が流入しているため，硝酸濃度が 1.1 mg N/L（上流地点）から 3.8 mgN/L（下流地点）へと増加していた．いずれの地点でも FPOM の堆積量は流量変化に対応して変動していたが，下流地点ではその変化の幅が大きい．場所による堆積特性の違いには地形の影響もあるだろうが，下流地点における流量安定時の活発な藻類生産が有機物の供給源として

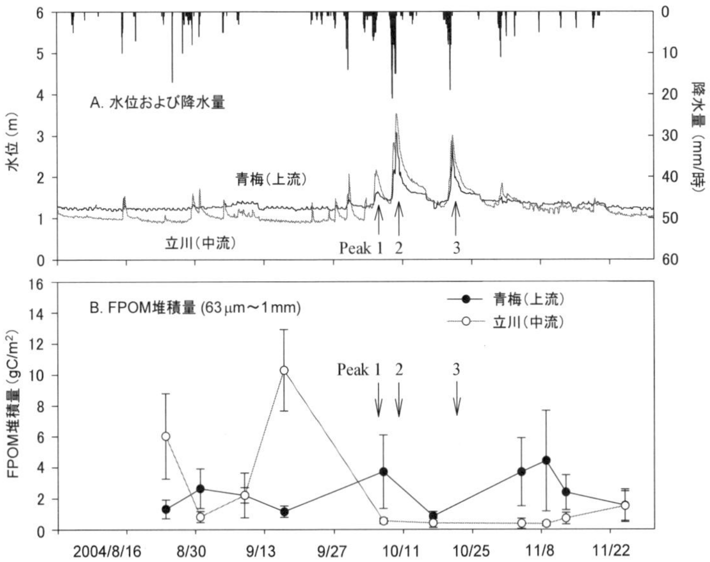


**図 12.9**　FPOM（細粒状有機物）の河床堆積量の変化

多摩川における調査結果.（細見ほか, 2006）

働いたことが, 堆積特性の違いの原因と考えられる. 堆積性 FPOM と底生生物相の対応についても調べられており, 有機物に付着している細菌群集は洪水の直後にその現存量が一時的に減少するが, 洪水後の数日間で回復していた. 底生動物に関しては場所や摂食機能群によって異なる変動がみられているが, 収集食者の現存量と FPOM 堆積量の洪水後の回復が同じタイミングで生じていた. この報告からでは FPOM の堆積が収集食者の定着を促したかどうかは判断できないが, 河床の有機物動態がその場の生物群集と密接な関係にあることが示されている.

## 3.2　流出過程

ここまでは安定的な条件における有機物動態を概説したが, 本項では水位変動に着目して有機物の流出過程をまとめる. 筆者らはイタリアのタリアメント

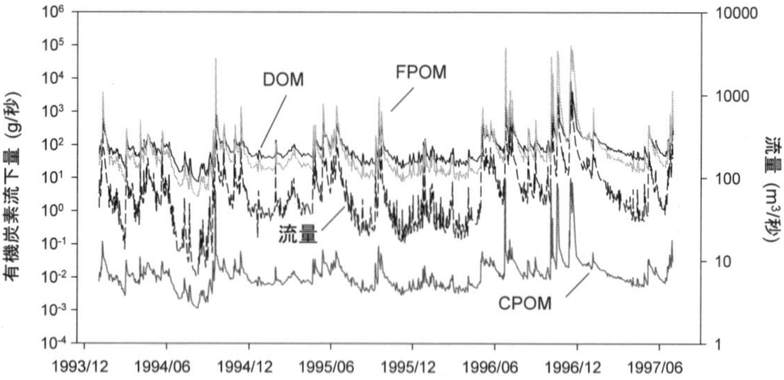


**図 12.10**　流量および有機物流下量の経時変化

タリアメント川（イタリア）における調査結果.

川中流域を対象にして，有機物の主要 3 画分（DOM，FPOM，CPOM）の濃度の流量に対する応答を調査した．この河川の延長は 172 km で，ヨーロッパでは河川の自然再生の目標となるモデル生態系となっている．現地調査での結果に基づき，中流域における有機物のフラックスを推定した結果が図 12.10 である．各粒径の流下量と流量を縦軸に対数表示している．どの季節においても流量が少なく安定している時間帯には，DOM として流下する有機炭素が全有機炭素の 8 割程度を占めていたが，出水時には FPOM 流下量が DOM の 10 倍以上になることが示されている．つまり，FPOM や CPOM の濃度や流下量は，DOM 以上に流量変動に敏感に反応することがわかる．

さらに，この河川において長期間の合計としてどの程度の有機物輸送があるかを分画ごとに推定した．倒流木を除いたデータではあるが，3 年間の合計として DOM で 16 %，FPOM で 84 %，CPOM は 0.0084 % であり，下流域に輸送される有機炭素の形態としては FPOM が多いことが示された．また，FPOM が輸送されるタイミングをみると，洪水時のその輸送量が全期間の輸送量の 9 割近くを占めていることもわかった．このことから下流域，河口域，沿岸域などの生態系との関係を考える場合には，平均流量以上，つまり出水時を含めた物質動態の評価が必要になると言える．

上記の推定に用いた出水時の実測データが図 12.11 である．中流域の調査地

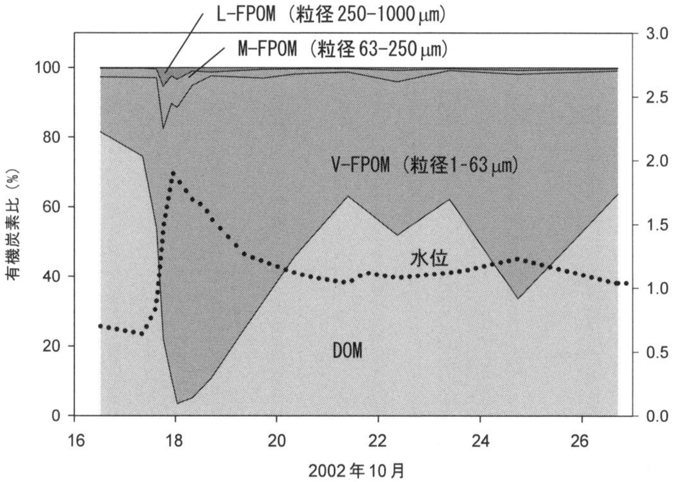


**図12.11**　流量変動に伴う有機物の粒径分布の変化

タリアメント川（イタリア）における調査結果.

点では1.5 m程度の水位上昇であったが，河道幅が広いため流量の増加量は大きく，年に数回程度生じる出水であった．洪水前にはDOMは全有機炭素の約8割程度だったが，洪水時には濁度の増加に伴って水位ピーク時には95 %以上が粒径1-63 μmのFPOMで占められていた．また，63 μm以上の粒状有機物はピークの直前に割合が高くなっており，堆積物の流出過程を考える上で興味深い．

同期間を対象に，FPOMの中でも粒径63-250 μmの起源を安定同位体比や元素組成比などの組成データに基づき推定した．水位変動に応じて有機物の粒径分布だけでなく，その化学組成や起源形態も変化していたことから，FPOMの起源割合が変化していると推定された（図12.12）．流量安定時には藻類由来の有機物が検出されたが，落葉や落枝などが河川内で分解されてFPOMとなった有機物が5割以上を占めていた．そして，流量が増えるほど土壌由来のもの，つまり森林や自然堤防に由来すると考えられる有機物が増加した．この推定手法自体はさらに精度を高める余地があるが，有機物の起源を知ることにより有機物輸送への付着藻類の役割や下流域へ供給される有機物の

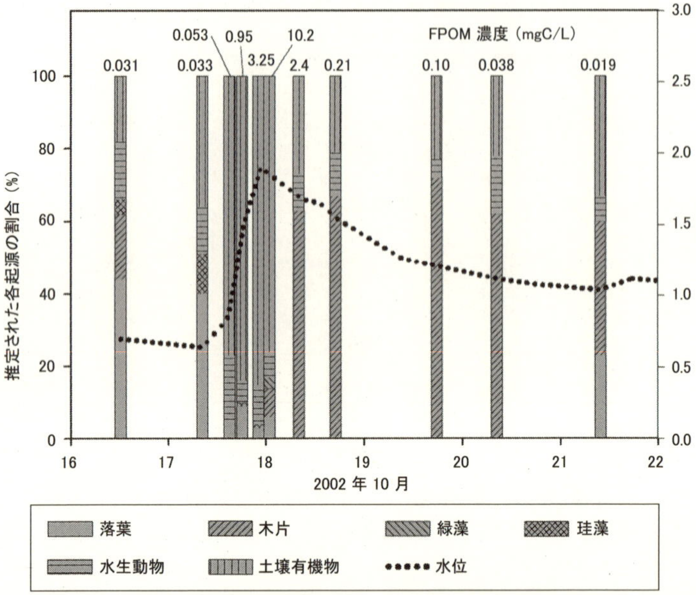


**図 12.12**　流量変動に伴う FPOM 起源の変化

FPOM：63-250 μm．タリアメント川（イタリア）における調査結果，図 12.11 と同期間．

特性を理解できる．特に他生性有機物の相対的な貢献度は，陸上と河川，さらには沿岸域とのつながりに直結するため，河川のネットワーク機能を理解する上で重要である．

一般に，流量に着目すると河川を安定期と撹乱期に区別できる．流量が安定している時は河床や水質が安定しているので，生物的な作用も含め物質の変換が活発になる．もちろん，たえず水は流れているが，生物作用による物質の変換はこのような安定期に卓越するはずである．逆に，流量が増加して洪水のように急激な流量変動が生じているときには，生物作用は余り期待できず，物質輸送が卓越することになる．これは，前章で解説したストックとフローの考え方と関連する．これまでの多くの河川環境評価は生物作用が強い安定期における調査に基づいているが，強い時間変動性は河川生態系の特徴であると言われるように，フローが卓越する時間帯における有機物動態は生態系のつながりや下流域生態系への影響を理解するためには必要となる．河川へのダムの影響を考える上でも，流量安定期の生物群集の観点と出水時の物質輸送の観点をともに意識することが重要である．

なお，現在使われている河川の水質指標の中にも有機物に関連するものがいくつかある．BOD（biochemical oxygen demand），COD（chemical oxygen demand），TOC（total organic carbon），AOC（assimilable organic carbon）などである．AOCは同化性有機炭素で，微生物に分解・同化されるような易分解性の有機物量を示す．また，有機塩素化合物などのように有害物質にも有機物がある．これらはいずれも河川環境管理や水道などの各分野で基準値が設定されており汚染の程度を評価できるが，あくまで水質指標なので河川生態系における有機物動態を知る手掛かりにするには難しい．環境保全や自然再生の要求が高まる中，河川における物質動態を直接的に評価できる環境指標を提案することは重要だろう．

## 4　ダムが有機物動態に与える影響　—揖斐川における事例—

河川の有機物動態は前述したように有機物の供給源によって変化する．よって，ダムは下流河川の流量や土砂などと同様に有機物動態にも何らかの影響を与えると考えられる．本節ではいくつかの調査事例を紹介しながら，ダムが河川の有機物動態に与える影響を記述する．主に対象とするダムは岐阜県揖斐川上流域に位置する徳山ダムである（図12.13）．徳山ダムは総貯水容量約6億6千万 $m^3$ の日本最大の貯水容量を有し，2008年5月に試験湛水および試験放流を終えて運用を開始した．堤体から貯水池の上流端までの距離は約10 kmである．下流河川での流量は毎秒10-20トン程度，河川勾配は約1/150である．筆者らは，このダムおよび周辺河川において2007年の夏から定期的に有機物動態調査を実施してきた（小林ほか，2009）．調査地点は図12.13に示したように，ダムへの流入河川において3地点，ダム湖内に4地点，そしてダム下流部の放流口から約3 km区間に4地点設置して，各地点で主に有機物（浮遊性お

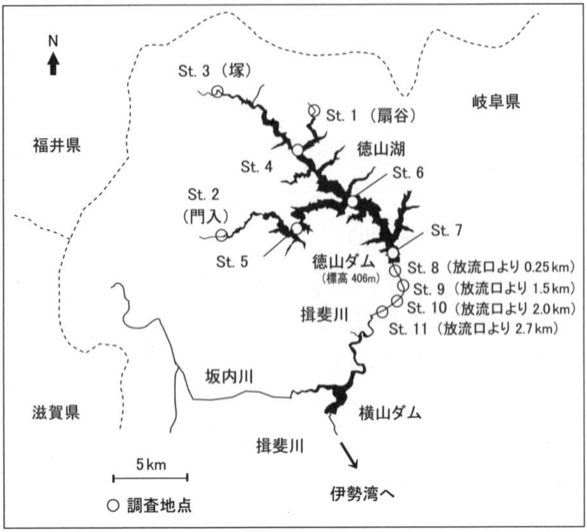


**図 12.13**　徳山ダムおよび揖斐川における調査地点

よび堆積性）と底生生物群集を採取した．河川における調査地点はいずれも森林（河畔林）に覆われているので，樹木からの物質供給が多い森林河川である．

### 4.1　粒径変化

調査地点における粒径別の有機炭素濃度を図 12.14 にまとめた．この図で左側の 3 地点がダムの上流域，右側の 4 地点がダムの下流域である．ここでは CPOM をメッシュ 16 mm のふるいで分けており，16 mm 以上をリター，16 mm 以下を CPOM と記した．粒径 16 mm 以上はそのほとんどが落葉であり陸上由来である．このサイズではダムの直下にあたる St. 8，つまりダムの放流口から 250 m の地点で少なく，流入河川と比べると 1/10 程度に低下，また落葉期には 1/100 以下となっておりその差が顕著であった．ダム下流の 3 km 区間では若干増加する傾向もみられるが，上流と同レベルまで回復しているとは言い難い．ただ，11 月には St. 9 において 0.01 mgC/L 以上であり，調査地点

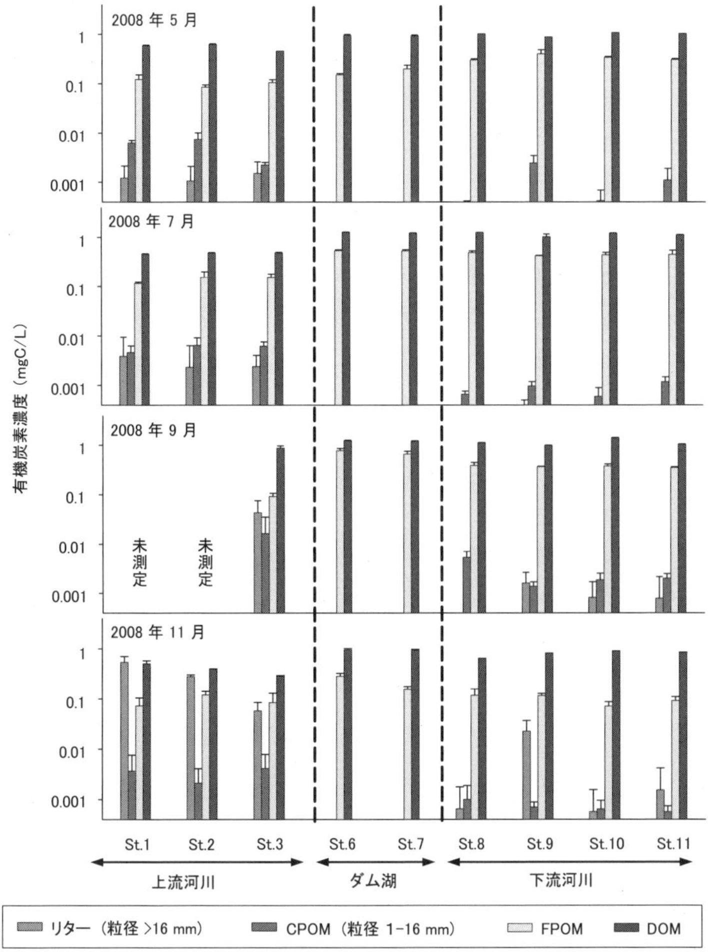


**図 12.14**　徳山ダム上下流での浮遊性有機炭素濃度の変化

周辺の河畔林の繁茂状況やタイミングによっては上流域と同程度の濃度となり，下流河川における濃度の低さは上流河川に比べて広い河道や河畔林を反映しているとも考えられた．粒径 1 mm 以上の CPOM もリターと同様の変化がダム前後でみられた．

一方，1 mm 以下の小さな分画では，FPOM と DOM の両者でダム下流河川での濃度が高かった．FPOM は 9 月までの 3 回の調査時では，上流に比べて 10 倍程度，DOM では 9 月を除いて 2 倍程度の増加があった．これらの分画はダム湖内でも高い値を示したことから，ダム湖内で貯留された CPOM の分解，また湖内における動植物プランクトンの増加などが下流河川の濃度変化をもたらした原因であることが推測できる．これら有機物の粒径分布については他のダムでの調査事例が少ないため，一般化するためには調査事例を蓄積する必要がある．ただし，ダム直下の河川水は貯水池由来の植物プランクトンなどにより濁度が高くなることが多いため，徳山ダム周辺における変化は他のダムでも生じている可能性は高い．また，ここでの事例は栄養塩濃度の比較的低い徳山ダムでの事例であり，富栄養化が生じているダム湖の下流では，有機物の粒径分布はより顕著な変化が生じているだろう．

## 4.2　起源別組成の変化

次にダム湖由来の有機物が下流河川にどの程度含まれるかを，炭素安定同位体比と C/N 比により推定した結果を紹介する（図 12.15）．これは徳山ダムの

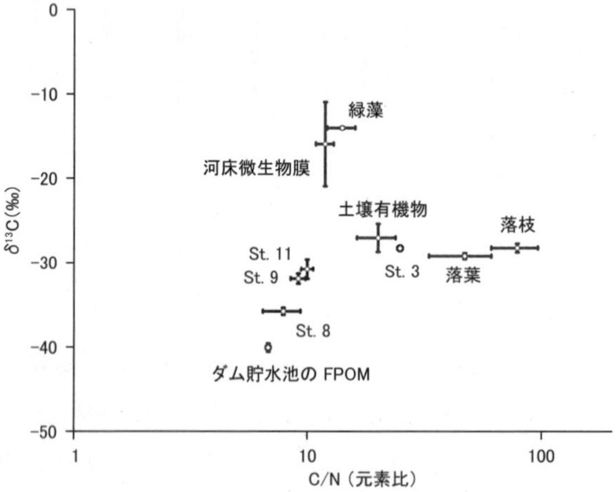


**図 12.15**　徳山ダム下流での FPOM 組成の変化
FPOM：63 μm〜2 mm．2007 年 12 月．（小林ほか，2009）

試験湛水期（2007 年 12 月）の調査結果であるが，流量が同程度であれば運用開始後も同様の変化が生じると考えられる．図 12.15 は粒径 63 μm～2 mm の有機物の起源解析に用いた図であり，表 12.1 がその推定結果である．図の横軸が C/N，縦軸が炭素の安定同位体比（$\delta^{13}$C）である．ダムのプランクトンの安定同位体比は，季節的に変動することが経験的に知られているが，徳山ダムでは 12 月の同位体比が -40 ‰と低かったため，起源推定が可能であった．ここで想定した起源とはダム湖，陸上生態系（他生性有機物），そして河川（自生性有機物）であり，これら三者に由来する有機物の割合を混合モデルにより推定した．St. 8 がダム放流口から 250 m の地点，St. 11 が 2.7 km の地点である．St. 8 ではダム起源の有機物が 8 割程度含まれており，流下するほどその割合が減少して他生性有機物の割合が増加していた．この区間では FPOM 濃度が安定していたため，下流 2.7 km 地点ではダム起源の有機物は約 5 割に減少していることが示された．第 13 章でも同様の調査が紹介されており，ダムに由来する有機物の減少率は 1 km あたり数 %という報告が多い．徳山ダム下流での 1 km あたりの減少率は約 2 割と推定でき，有機物の流下距離が比較的短いと思われる．FPOM のトラップは主に河床で生じることから，この流下距離には河川の瀬-淵構造や水深などが関係すると考えられる．

**表 12.1**　徳山ダム下流における FPOM（粒径 63 μm～2 mm）の起源推定結果（2007 年 12 月）

| | | St. 8 | St. 9 | St. 11 |
|---|---|---|---|---|
| ダム堤体からの距離 | km | 0.3 | 1.5 | 2.7 |
| 他生性有機物 | % | 11 | 14 | 24 |
| 自生性有機物 | % | 12 | 27 | 27 |
| ダム由来の有機物 | % | 77 | 59 | 49 |

### 4.3　流域スケールでの有機物動態への影響

最後に空間スケールを流域に広げて，有機物動態へのダム群の影響を考える．前述した調査結果より，ダムが有機物動態に与える影響はその直下だけに留まらない．流域内には複数のダムが建設されていることが多く，河川流下方向にダムが複数続く場合には，流下する有機物に対する影響が累積的に増加する可能性もある．そこで，徳山ダムの他に三つのダムが本川に建設されている

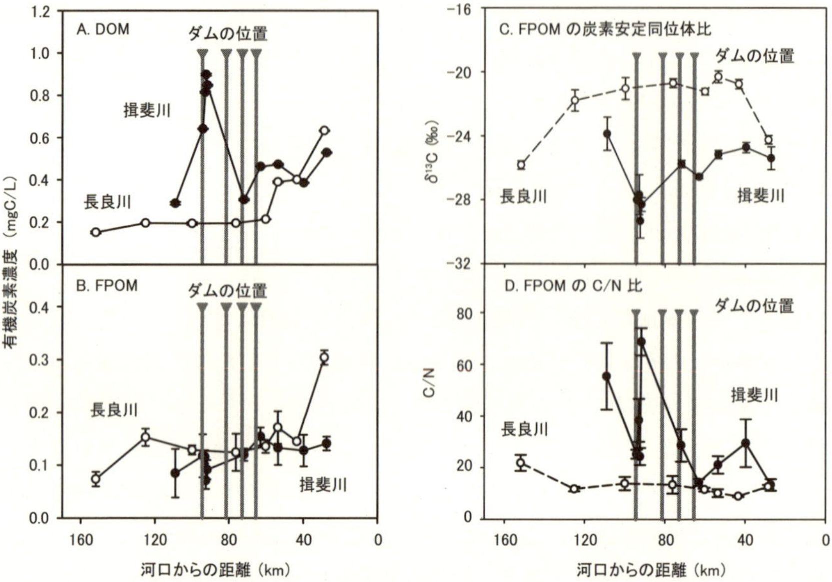


**図 12.16**　流域スケールでの有機物の粒径別濃度と組成の変化
図中のダムは揖斐川にあり，2008 年 12 月の調査結果.

揖斐川を下流域まで流量安定時に調査することにより，ダム群の影響を解明することを試みた．幸いにも隣の長良川では本川にダムがないため比較対象とした．

まず，河川流下方向の DOM と FPOM の濃度の変化を図 12.16A・B に示した．長良川では DOM 濃度は下流の都市域までは安定して 0.2 mgC/L 程度であったが，前述したように徳山ダム下流で高く，最下流に位置する西平ダムでも若干増加していた．ただし，その他のダムでは同様の変化は認められず，ダムの滞留時間や運用期間などにより変化傾向が異なると考えられる．また DOM 濃度が増加したとしても，その影響は下流域までは伝わらず，下流域では同じ濃度レベルで都市域の影響を受けて増加していると推測された.

FPOM 濃度に関しては，徳山ダム前後で増加していたが，その増分は長良川における変動範囲内にあり，流域スケールでは FPOM 濃度にダムの影響は認められなかった．しかし，その組成を炭素の安定同位体比（$\delta^{13}$C）と C/N

比で調べたところ明確な差がみられた（図 12.16C・D）．最も影響が強かったのは徳山ダムであり，その下流において$\delta^{13}$C が -30 ‰，C/N 比が 30 程度に減少していた．両者が減少する原因としては，ダム湖で増殖した植物プランクトンの流下，もしくはダム湖で生じた他生性有機物の分解生成物の流下が考えられる．この調査では両者の貢献度を評価するデータは得られていないが，$\delta^{13}$C が落葉や土壌有機物の値に近いこと，また植物プランクトンの C/N 比は一般に 10 以下であるがダム直下でも 30 程度であったことから判断すると，他生性有機物の分解生成物の貢献が強いと推測できる．いずれにしても両河川で$\delta^{13}$C の値が下流域まで異なっていたことから，ダム群の影響が下流域まで伝わっていることがわかる．ダムからの放流水は濁度が高いため，付着藻類などの自生性有機物が供給されないことも一因と考えられる．

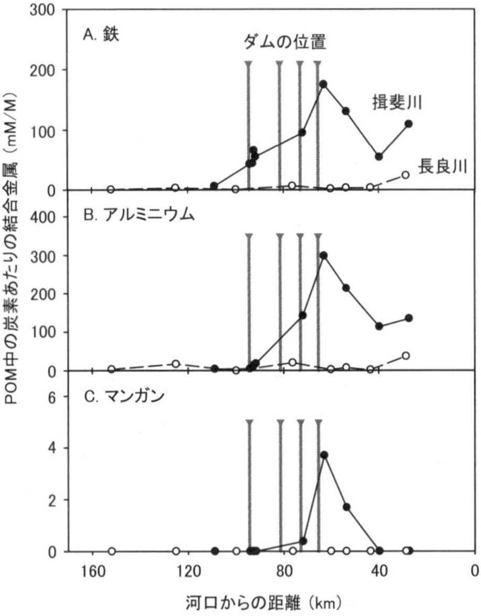


**図 12.17**　ダム群による POM 結合金属量の変化
図中のダムは揖斐川にあり，2008 年 12 月の調査結果．

FPOM は微細な粒子であるため，その表面にさまざまな物質を結合したり，微生物を付着した状態で流下する．また，土壌に由来する場合は，鉱物との混合態であるとも考えられる．よって，FPOM は有機物であるだけでなく，他の物質や微生物の輸送担体（キャリア）でもある．そこで，FPOM の輸送担体としての機能を，金属輸送の観点から上記の調査に併せて評価した．各地点で得られた FPOM から逐次抽出法により金属を抽出して，FPOM 中の有機炭素あたりの金属結合量を分析した．鉄，アルミニウム，マンガンに関する結果が図 12.17 であり，揖斐川と長良川で明確な差がみられた．長良川では最下流地点でのみ金属結合量が若干増加したが，揖斐川ではダムを経るごとに結合量が大きく増加していた．なお，これら金属の溶存態成分では濃度に大きな変化はみられていない．FPOMの濃度，炭素安定同位体比，C/N比ではダムの累積的な影響はみられず，金属結合量が揖斐川のダム群で単調に増加していたことから，FPOMの輸送担体としての役割がダムを通過するほどに強くなっていたことを意味する．図12.16に示したように$\delta^{13}$Cの値が徳山ダムから下流にかけて-25‰以下であったことから，分解が進行した他生性有機物，つまりフミン物質と同様の化学特性を有する物質がダムから供給されており，各ダム貯水池の湖内や湖底で金属成分が供給されて，金属含有量が増加したと考えられる．再度，FPOMの起源を考察してみると，植物プランクトンの金属含有量が100倍以上変化することは考えにくいため，やはりフミン物質のような分解産物が貯水池内で化学的な作用を受けた可能性が高い．

以上，河川の有機物動態はダムの影響を受け，その粒径分布だけでなくその由来や化学構造が変化している事例を示した．有機物の主要な機能である餌資源と輸送担体の観点からダムの影響を評価したが，ダム直下の数km区間での変化から，流域スケールでの物質輸送の変化まで影響が及ぶことがわかる．また，FPOM中に他生性有機物の割合が高いということは，流域内の森林生態系から有機物が多く供給されていることを示しており，森林と河川のつながりが確認できる．紹介した事例では，ダムにより有機物動態が変化するが，興味深いことにダムのある河川では森林由来のFPOMが増加しており，ダムにより森林と河川のつながりが強化されている可能性がある．さらに，有機物の輸送担体としての機能を考えると，生元素や有害物質の輸送量の変化は河口域や沿岸域の生態系にも影響を与える．現時点では河口域や沿岸域における生物生産にダム群が与える影響は十分に解明されていないが，環境面からのダムの評価にはこのような流域スケールでの視点も重要になるだろう．

## 5　今後の課題と展望

河川生態系においては，有機物は河川環境と水生生物相を仲介する機能を持つ．有機物動態がダムにより変化すると，当然，水生生物群集にも影響が伝わることになる．本章で紹介した調査事例は有機物動態の一部であり，一般的な知見を得るためには地形，勾配や流量，流況などに応じた調査が必要となる．また，貯水池の貯水量や回転率などのダム特性によっても流下する有機物は変化するため，ダム特性との対応も評価する必要があるだろう．そして，日本のほとんどの河川には揖斐川のように複数のダムが建設されている．今後は，ダムの個別影響だけでなく，流域スケールでダム群を総合評価することも重要だろう．有機物動態はダム群と下流域（河口域や沿岸域を含む）の生態系の関係を解明するために有効となる．

謝辞：徳山ダムを含む揖斐川での調査は財団法人ダム水源地環境整備センター（WEC応用生態研究助成）および岐阜県の助成を受けて実施した．また，ダム調査は独立行政法人水資源機構の協力を受けて実施した．ここに謝意を表します．

### 文献

Allan, J. D.(1995) : Stream Ecology : Structure and Function of Running Waters. Kluwer Academic Publishers, Dordrecht.

細見暁彦・吉村千洋ほか（2006）：多摩川における洪水前後の河床微細有機物の動態とその底生動物群集構造への影響．土木学会論文集G，62：74-84.

Kobayashi, S. and T. Kagaya（2002）: Differences in litter characteristics and macroinvertebrate assemblages between litter patches in pools and riffles in a headwater stream. Limnology, 3 : 37-42.

小林慎也・吉村千洋ほか（2009）：森林域において河川の粒状有機物動態に及ぼす試験湛水期のダムの影響．土木学会論文集G，65：237-245.

中嶋崇志・浅枝　隆ほか（2007）：森林小河川における落葉堆積形態の分類と機構特性．応用生態工学，10：131-139.

Vannote, R. L., G. W. Minshall, et al.（1980）: The river continuum concept. Canadian Journal of Fisheries and Aquatic Sciences, 37 : 130-137.

Webster, J. R. (2007) : Spiraling down the river continuum : stream ecology and the U-shaped curve. Journal of the North American Benthological Society, 26 : 375-389.
吉村千洋・谷田一三ほか（2006）：河川生態系を支える多様な粒状有機物．応用生態工学, 9：85-101.

（吉村千洋）

# 第13章

# ダム下流河川における栄養塩・一次生産者の様相

## 1　はじめに

筆者らのグループは，長良川（岐阜・三重県），天塩川（北海道），球磨川（熊本県）などのダム・堰問題の現場で，主として，水質や，浮遊藻類・付着藻類などの一次生産者（基礎生産者，primary producer）の調査を行ってきた．ダムの環境影響は多岐に及ぶものであり，一つの現象や，特定の生物群のみを取り上げることは，問題を矮小化，専門化することであるとの批判を，研究者からも現場からも浴びたことがある．しかし，河川の物理，化学的環境をすべて記載し，生息する全生物の生活史全体からダムの影響を考えることが望ましいのはもちろんであるが，現実的には不可能である．そこで，系全体を視野に入れて，ごく限られた生物に現れた変化を指標として，系全体に及ぼす影響を推定する手法が採られる．例えば，クマタカなどの猛禽類の生息がダム工事の際に注目されるのは，前提として対象の地域の食物連鎖網が想定されており，その頂点に位置する猛禽類へ影響が及ぶようであれば，その下位の生物にも何かが起こっていることがわかるからである．一方，食物連鎖網の下位に位置する一次生産者，例えば河川では付着藻類の種類や量，生産速度を測定すれば，それを消費する動物の生活への影響がみえてくるはずである．当然のことながら，生産の範囲で消費者は生活しなければならない．ダム下流の一次生産者や，それが利用する栄養塩を調べるのは，そのような意味を持っている．

本章では，ダム下流の水質や一次生産者の変化を，ダムが運用されている各地の河川の現場観測に基づき記述する．また，一次生産者の変化が，それに依存する魚類や水生昆虫などの底生生物にどのように影響するのか考えてみたい．引用した資料は，できるだけわが国で観測され，その観測現場に立ち会えたものとした．いずれも，ダムの建設や運用に懸念を持つ各地の漁民や市民とともに得たものである．

## 2　ダムの流出物による河川環境の変化

### 2.1　冷濁水

#### 2.1.1　水温変化

本書の序章でも述べたように，水温の低下は，水稲やアユ（*Plecoglossus altivelis*）などの魚類の成長阻害を引き起こすとともに，光合成速度や呼吸速度に影響し，河川の微生物活性を低下させる．様々な酵素反応が温度に依存することは既によく知られている．魚類などの大型の生物についても，「餌の喰いが悪い」や「遡上・降下の時期が遅れる」などの生理的な変化は，釣師などには経験的に知られている．

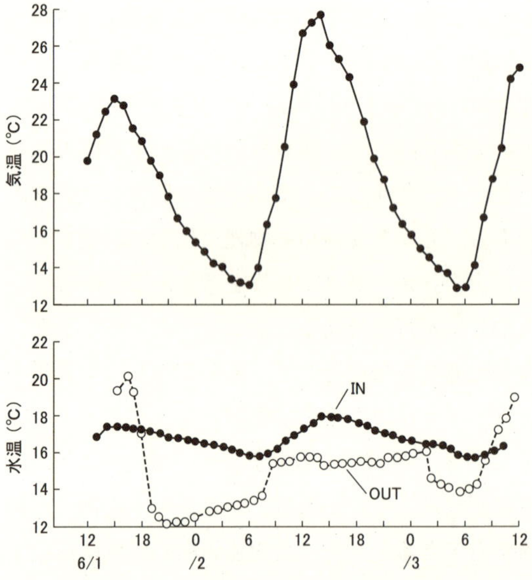


**図 13.1**　市房ダム（球磨川）直下流の水温の日変化（2001年6月1日〜3日）

ダム流入水（IN）にみられる気温と連動した規則的な日変化は，ダム下流（OUT）では全く解消され，ダムの放水時（1日18：00頃）に著しく水温が低下する．（村上ほか，2003）

### 1）深層水の放流による水温低下

ダムからの冷水の放流は，水温躍層より深い層の水の放流によることが多い．つまり，水温成層が発達し，しかも底層放流型の大型の貯水ダム特有の現象である．図 13.1 は，市房ダム（球磨川）直下流の水温の日変化を示す．ダムの放流が始まる時間から，急速に水温が低下していることが読み取れる．近年，選択取水施設が整備され，冷水の放流事故は少なくなっているものの，問題がすべて解消したわけではない．例えば，田植えの時期など，多量の水が必要とされる場合，ダムの水位が著しく低下し，表層の取水口が使えず，底層の非常用取水口が開けられ，冷水が放流されることもある（村上ほか，2003）．

### 2）暗渠通水による水温低下

上流のダム湖の水が，発電などのために暗渠を通り，下流に放流される場合も，日照による水温の上昇が妨げられ，下流の放流口付近での，水温の一時的な低下や，上流の水温との逆転が生じることがある（図 13.2）．この型の水温

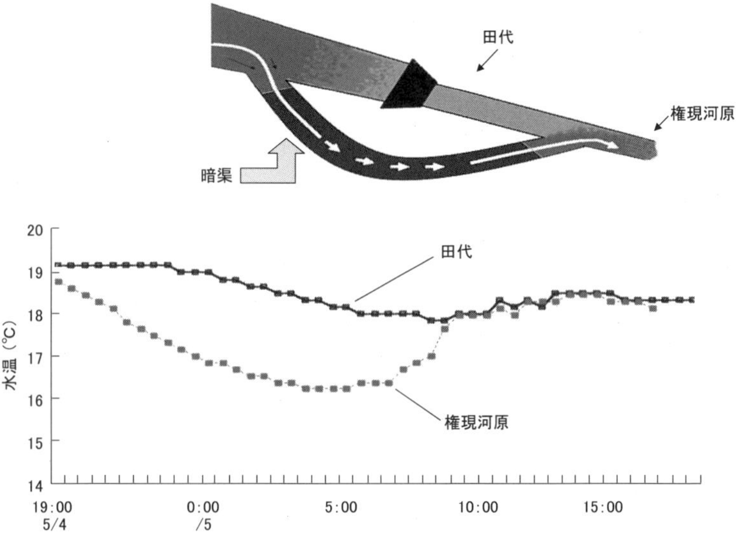


**図 13.2**　川辺川（球磨川支川）下流部の水温の日変化（2001 年 5 月 4 日〜5 日）
暗渠を通じて放水される時間帯（4 日 19：00〜）には，放水地点（権現河原）の水温が，上流地点（田代）と比べ低下する．放水が止まれば（5 日 10：00 頃）水温異常は解消する．

低下も，1960年代からよく知られている（例えば，河川水温調査会研究部，1964）．

本項では，主として春から夏にかけてのダムの運用による水温低下の問題を取り上げたが，ダムが水温に及ぼす影響は，それに限られるわけではなく，冬から春にかけての水温の上昇や，水温の日較差の消失なども考慮すべきであろう．前者については，水温に依存する飽和酸素濃度の低下および群集呼吸の増加による酸素不足や，有効積算温度により決まる水生昆虫の羽化時期の狂いが懸念される．後者については，活着期の稲への影響はよく知られているが（例えば，市村ほか，1962），河川生物への具体的な環境影響についてはほとんど議論されていない．

### 2.1.2　濁水放流の長期化

#### 1）ダム下流での濁水放流長期化の実態と機構

流程が短く，傾斜の急な日本の河川では，大概の場合，多量の降雨による濁りは数日で解消されるが，水温成層が発達する大型のダム湖では，シルト・粘土などの粒子の沈降速度が低下し，長期間ダム湖内に浮遊するため，ダムの放流口から継続的に濁りが流出することがある．例えば，佐久間ダム（長野県）下流の天竜川では，透視度が80 cm以上に達し，肉眼的にも水が澄んでいる

**表13.1**　天竜川（二俣町付近右岸）の透視度の経年変化

| 年 | 透視度の頻度分布 | | | | | 平均(cm) | 観測回数(日数) |
|---|---|---|---|---|---|---|---|
| | 0–19 cm (%) | 20–39 cm (%) | 40–59 cm (%) | 60–79 cm (%) | 80 cm– (%) | | |
| 2001 | 24.4 | 24.7 | 15.9 | 15.9 | 19.0 | 46 | 352 |
| 2002 | 14.2 | 16.7 | 34.0 | 22.8 | 12.2 | 50 | 359 |
| 2003 | 21.3 | 25.4 | 37.8 | 8.0 | 7.4 | 41 | 362 |
| 2004 | 29.2 | 24.6 | 26.8 | 12.8 | 6.6 | 39 | 366 |
| 2005 | 3.8 | 10.4 | 29.3 | 34.0 | 22.5 | 62 | 365 |
| 2006 | 13.1 | 21.4 | 22.5 | 21.6 | 21.4 | 53 | 365 |
| 2007 | 16.2 | 33.7 | 26.8 | 11.8 | 11.5 | 44 | 365 |
| 2001-2007 | 17.4 | 22.4 | 27.6 | 18.2 | 14.4 | 48 | 2,534 |

ダムの下流では，肉眼的に濁りがみられない透視度（80以上）が観察される頻度は非常に低い．（井口ほか，2010）

と感じられる観測日数は，年間で 60 日以下である年が多い（井口ほか，2010；表 13.1）．

出水の後の濁りの回復過程を，ダムが運用されている川とない川とを対照させて，経時変化を観測すれば，その差は明瞭である．図 13.3 は，球磨川本川（大規模ダムあり）と本川とほぼ同規模の支川・川辺川（大規模ダムなし）合流点での水位と透視度の連続観測の記録である．多量の降水直後，河川水が濁るのは両河川で共通であるが，ダムのない川辺川では，降雨後，水位の低下とともに透視度は急速に回復していくのに対して，ダムが運用されている球磨川本

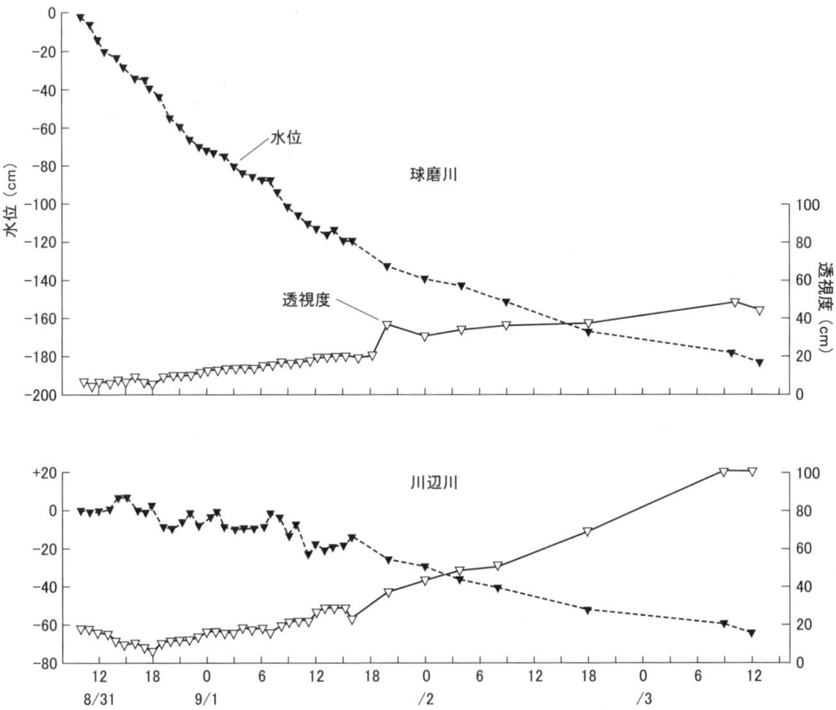


**図 13.3**　球磨川本川（大規模ダムあり）と支川・川辺川（大規模ダムなし）合流点での水位と透視度の経時変化（2002 年 8 月 31 日〜9 月 3 日）

ダムのない川辺川では，約 3 日で濁りは回復するが，上流にダム（市房ダム）がある球磨川では，3 日後も透視度は低く，肉眼でも濁りが認められる．

川では，降水後3日を経過しても，透視度は50 cm程度までしか回復しない．もちろん，河川の濁りは，ダムの運用だけではなく，集水域の降水量分布や土地利用にも影響されるため，ダム運用の寄与のみと即断することはできず，さらに観測例を集めて解析する必要がある．

#### 2）濁度制御の効果と限界

濁度制御の手段としての選択取水は，濁度が高い水層が限定され，清水層がある場合には，下流の濁度制御に有効である．しかし，水質管理の目標は濁度だけではなく，水温や植物プランクトンの制御も含まれる．その際，制御しようとする三つの要素をすべて満足する水層が必ずしもあるとは限らない．また，冬季，水位が低下し，水温成層が解消された時期に全層に濁りが生じる場合には有効でないことはもちろんである（九州電力株式会社土木部，1974）．

清水バイパス，あるいは濁水バイパスとは，ダム上流の河川の濁りを，ダム湖を経由せずに流し，ダム湖が長期間濁ることを防いだり，またダム湖が濁った場合，上流の清水を直接下流に流すなどの操作により，下流河川の濁りを制御しようとするものである．バイパス施設の運用開始後，旭ダム（奈良県）では，同ダムが位置する支川の濁りが見られる期間が大幅に減少したが（森本，1999），全水系の濁水制御に成功したわけではなく，本川の十津川では，他のダムの影響により，濁りが顕著なままである．また，旭ダムが，揚水ダムという特殊な運用のダムであることにも注意する必要がある．同ダムでは，清水バイパスの運用の初年度，流入水量の約50%がダムを経由することなく，下流に流されている（竹中ほか，2002）．これは標高の異なる二つのダム湖での水の移動のみで，新規の流入水に頼らずに発電ができる揚水ダムだからできる操作である．

### 2.2　栄養塩の一時的な捕捉と洪水時の流出

Entz, B. が明らかにしたアスワン・ハイ・ダム（エジプト）が地中海沿岸漁業に及ぼした影響は，井出（1994）の紹介により，わが国でも広く知られるようになった．ダムが栄養塩を一時的に貯留し，内湾において植物プランクトン

**表 13.2**　天竜川二俣町付近の窒素，リン濃度の経年変化

| | 窒素 | | リン | | dN/dP | 観測回数 |
|---|---|---|---|---|---|---|
| | 溶存態窒素(dN)(mg/L) | 総窒素(TN)(mg/L) | 溶存態リン(dP)(mg/L) | 総リン(TP)(mg/L) | | |
| 2001 | 0.84 | 0.95 | 0.019 | 0.034 | 4.4 | 12 |
| 2002 | 0.85 | 0.97 | 0.013 | 0.024 | 6.5 | 12 |
| 2003 | 0.70 | 0.89 | 0.009 | 0.024 | 7.8 | 11 |
| 2004 | 0.82 | 0.94 | 0.014 | 0.028 | 5.6 | 8 |
| 2005 | 0.71 | 0.87 | 0.013 | 0.023 | 5.5 | 10 |
| 1952-1953 | 0.28 | — | 0.010 | — | 2.8 | 12 |

佐久間ダム運用以前（1950年代）の観測結果に比べ，窒素／リン比が大きくなっている．集水域からの窒素／リン比の時代的な変化が少ないとすれば，ダム湖でリンが選択的に捕捉されている可能性がある．1952-1953年観測の溶存態窒素，リンは，それぞれ硝酸態窒素とアンモニア態窒素の総和，リン酸態リンの値であるため，総溶存態の窒素，リンに比べ，若干低い値となる．小林（1960），井口ほか（2010）を基に作成．

から始まる食物連鎖に沿った物質の流れを小規模にしてしまうことで，プランクトンに依存するイワシの漁獲量が減少するという過程は，人工のパウエル湖（米国）が建設された後，下流のミード湖の漁獲が減少したとの観察（Kimmelほか，1990）とも符合するものであり，わが国での海苔などの内湾漁業への影響の懸念にも繋がった．

ダムでの栄養塩の捕捉効果は，沈澱や吸着，あるいは植物プランクトンの取り込みによるが，元素ごとに異なっている．Solteroほか（1973）のビッグホーン・ダム（米国）での観測では，ダムを通過した河川水では，溶存の無機態窒素や珪酸に比べ，リン酸イオンの減少率が大きいことが示されている．また，井口ほか（2010）は近年の，天竜川の佐久間ダム下流の窒素・リン濃度を，同ダム運用以前の観測資料と比較し，溶存態窒素濃度が著しく増加しているのに対し，溶存態リン濃度がほとんど変わらないため，集水域からの窒素／リン負荷比が変わらないことが前提であるが，ダム湖でリンが選択的に除去される可能性を指摘している（表13.2）．天竜川では，窒素の80％以上が溶存態で供給されるのに対し，溶存態リンは全負荷量の50％に過ぎない．懸濁態のリンは，ダム湖では沈殿により除去されやすく，ダム下流での総リン負荷量の減少はさらに大きいと考えられる．

一方，ダム湖内に捕捉された栄養塩は，洪水時に，堆積物とともに下流に流

出する．宇野木（2003）は，洪水時に，瀬戸石，荒瀬のダムが連続する球磨川の下流で，化学的酸素要求量（COD），総窒素，総リンの負荷量が，上流のそれと比べ，それぞれ，2.7倍，1.9倍，2.3倍と急激に増加し，流域に他の大規模な負荷源がないことから，両ダム湖の堆積物が流出したものと考えている．この解釈は，八代海（不知火海）の漁民の，出水後に赤潮が発生するとの主張とも一致し，興味深い．栄養塩不足による内湾漁場の衰退と過剰な栄養塩供給の結果である赤潮とは，一見，矛盾するようであるが，いずれも，ダムが内湾の栄養塩供給に及ぼす影響であろう．

### 2.3　プランクトンの形の懸濁態有機物の流出

プランクトンの流出は，ダム下流で取水する浄水場の濾過池の閉塞，上水の着臭などの問題を引き起こし（田中，1996），また懸濁物食の水生昆虫が増加するなどの河川生物群集への影響も懸念される（谷田・竹門，1999）．しかし，ダム湖でのプランクトン発生についての研究の進展と比較して，流下したプランクトンの河川内での挙動は未だ明らかではない．おそらく，その濃度は流下とともに減少し，顕著な環境への，また利水への影響は，ダム下流のある範囲に限定されたものになると考えられる．

止水域由来のプランクトンの河川での挙動の研究は，既に1930年代に着手されており，河川に流出したプランクトンは，急速に河川水中での密度が減少することが知られている（Chandler, 1937; Reif, 1939）．わが国でも，Murakamiほか（1994），片山ほか（2003）が，ダム湖ではないが，諏訪湖（長野県）から流出する植物プランクトンが天竜川での流下に従い，減少する過程を観測している．天竜川での密度減少率は，30 km，60 kmの流下で，湖由来の珪藻類を主とする植物プランクトンが，クロロフィル*a*量として，それぞれ，50％，90％が消失する程度であるが（Murakamiほか，1994），村上ほか（2008）の愛知県の渓流での観測では，上流の溜池で発生した渦鞭毛藻類の約80％がわずか0.6 kmの流下で消失することが示されている．流下する藻類のサイズ，河川の形状，流速，流路での水草や水生昆虫の生息密度などが関係するものと思われる．減少速度は，河川ごとに一様ではないことが予想される．

ダムが連続する河川で，上流から流下する剥離した付着藻類や植物プランクトンが下流のダムで沈澱除去されるのか，異なる栄養条件下で他の種と交代するのか，またはさらに同様な種が増殖を続けるのかは，興味深い問題である．阿賀野川水銀中毒事件（いわゆる新潟水俣病事件）裁判に際して，水銀を取り込んだ付着藻類や浮遊藻類の，ダムを介した流下が争点となったこともある（川那部，1971；福島，1971a）．福島（1971b）は，1970年代までの流下藻類の研究を総括した優れた総説を著したが，その問題について，明確な答えを出すには至っていない．村上ほか（2000）は，旭川（岡山県）のダム放流水と下流の河口堰湛水の顕微鏡観察の結果から，上流のダムで発生した羽状珪藻類（ホシガタケイソウ；*Asterionella formosa*）が下流域では，中心珪藻類（ヒメマルケイソウ；*Cyclotella meneghiniana*）と交代する現象を観察しているが，一方，野崎（2007）は，ダムが連続する矢作川（愛知県）で，ホシガタケイソウの河川水中での密度が下流に向かい増加することを明らかにし，ダム湖やダム間の流水中で同種が増殖する可能性のあることを示した．

## 3　河川の一次生産者への影響

### 3.1　付着藻類の種類組成

ダム下流の水温，濁度，栄養塩供給の変化が，主として付着藻類が担う一次生産に変化を引き起こすことは確かであろうが，環境要因と付着藻類の変化の因果関係を実証した研究は乏しい．ダム下流の付着藻類の種類組成の調査記録は少なからずあるものの，その解釈は様々である．例えば，森下・森下（2000）は，西南日本のダム湖の下流にヒゲモ（*Homeothrix janthina*；藍藻類）が優占する例が多いことから，何らかのダムの影響を示唆している．一方，渡辺（1968, 1974）は，吉野川（奈良県），九頭竜川（福井県）でのダムによる濁りと付着藻類の調査において，同種の優占を認めながら，むしろ清水の指標として扱っている．野崎・内田（2000）は，矢作川（愛知県）でのカワシオグサ

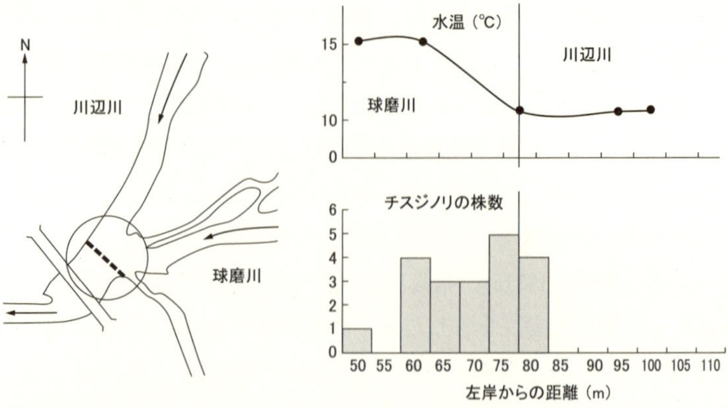


**図 13.4**　球磨川・川辺川合流点の水温とチスジノリの分布（2000 年 2 月）
チスジノリの株数は，1 m 幅の河川横断ライン（左図中の破線）で計測したもの．（村上ほか，2007）

（*Cladophora glomerata*；緑藻類）の優占の事例をダムによる河床の撹乱頻度の低下と関連付けて論じているものの，同時に，撹乱頻度の低下が付着藻類を消費する底生生物群集の密度を高く維持し，それらの摂食によりカワシオグサが制御される例（Power，1992）も紹介し，因果関係の解明が容易ではないことを強調している．

大型の付着藻類は，肉眼でも確認できるため，河川の環境勾配の指標としてわかりやすい．図 13.4 は，球磨川・川辺川合流点での，水温とチスジノリ（*Thorea okadae*；紅藻類）の分布を示したものである（村上ほか，2007）．チスジノリは低緯度地帯起源とされており，冬季の河川水温が 5 ℃以下に下がる河川には分布しない．両河川で，栄養塩濃度に明瞭な差はないが，球磨川では，ダム貯水により，川辺川に比べ，冬季の水温が約 2.5 ℃高くなる傾向がみられ，チスジノリは，球磨川・川辺川合流後も，水温の高い球磨川由来の河川水が流れる左岸側に沿って分布していることが示されている．

### 3.2　付着藻類の現存量と生産速度

河床の石礫上に発達する付着藻類の現存量は，河川内での礫の位置や部位に

**表 13.3**　球磨川・川辺川合流点での付着藻類の現存量の比較

| | 球磨川（左岸側） | （中央） | 川辺川（右岸側） |
|---|---|---|---|
| 2001年7月 | | | |
| クロロフィル a（μg/cm） | 0.11 ± 0.06 | 0.18 ± 0.11 | 0.44 ± 0.13 |
| フェオ色素（μg/cm） | 0.03 ± 0.02 | 0.03 ± 0.02 | 0.05 ± 0.03 |
| クロロフィル／フェオ色素比 | 3.8 | 5.2 | 8.9 |
| 検体数 | 10 | 10 | 10 |
| 2001年10月 | | | |
| クロロフィル a（μg/cm） | 16.4 ± 11.7 | 18.0 ± 8.9 | 9.7 ± 6.2 |
| フェオ色素（μg/cm） | 5.0 ± 2.4 | 4.7 ± 2.8 | 1.9 ± 6.2 |
| クロロフィル／フェオ色素比 | 3.3 | 4.7 | 5.2 |
| 検体数 | 10 | 10 | 10 |

地点，季節ごとの変動が大きく，一定の傾向は認められない．（村上，2005）

より大きく異なるし，また遷移の過程のどの時期に採集したか，つまり，付着被膜が洪水などで剥離した後の経過時間にも影響される．表13.3は，ダムが運用されている球磨川と大規模なダムがない川辺川の付着藻類の現存量を比較したものであるが，同一の採集日，地点であっても測定値の偏差は大きく，また季節による差も大きいため，ダム運用と付着藻類現存量の関係は明確ではない（村上，2005）．

河床の付着藻類の現存量分布が不均一であるため，河川での一次生産（基礎生産）の測定は，湖沼などの止水で使われる明瓶・暗瓶法よりも，Odum（1956）に始まる溶存酸素濃度の日変動を利用した測定方法

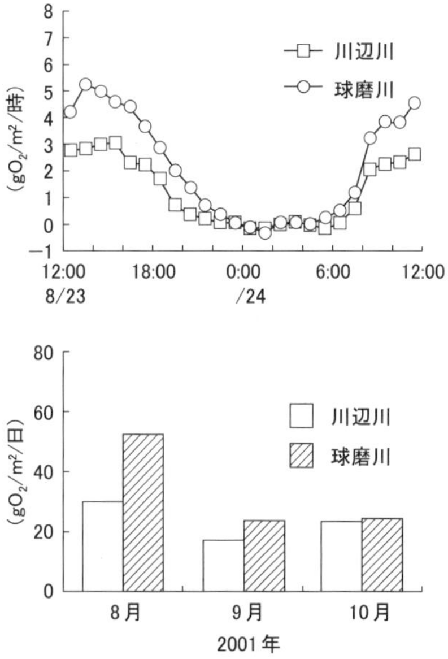


**図 13.5**　球磨川と川辺川の一次生産速度の比較（2001年8月〜10月）

上：時間ごとの一次生産速度の変化．下：日単位の一次生産速度の月ごとの変化．（村上，2005）

が優れている面もある．一方，この方法では，一次生産者の分類群や生活の形を問わず，河床の生産の全体が測定されるため，特定の生物，例えばアユの餌となる付着藻類に及ぼす影響を直接に示すことはできない．図 13.5 は，球磨川・川辺川での一次生産速度を測定した一例である．ダム下流の球磨川での生産が大きいが，これは，河床に繁茂したコカナダモ（*Elodea nuttallii*；水草，トチカガミ科）の寄与が大きいためである．河床の撹乱頻度の低下が，水草の侵入を促進したものと思われるが，ダム運用との具体的な因果関係の解明には至っていない（村上，2005）．

## 4　一次生産者の変化と魚類，水生昆虫

一次生産者の変化が，消費者である魚類や水生昆虫の生活に影響することは，河川の食物連鎖網から予想されるが，観察事例は乏しい．本節では，ダム下流にみられるアユの消化管内容物の特徴や，プランクトンなどの懸濁物に依存する造網型トビケラ（毛翅目）幼虫の分布から，ダムによる一次生産者の変化を介して生じる消費者への影響を考える．

### 4.1　ダム下流でのアユの消化管内容物

3.1 項で述べたように，ダム下流の河川では，森下・森下（2000）が観察したようにヒゲモ（*Homeothrix janthina*；藍藻類）が優占することが多く，従って，アユの消化管も珪藻類に代わり，同種が詰まっていることが多い．図 13.6 は，天竜川・船明ダム（静岡県）の上流と下流のアユの消化管の内容物を示したものである．上流では，珪藻類が主に喰われているが，下流で捕獲されたアユの消化管には，ヒゲモが充満している．同様な結果を程木ほか（2003）は，球磨川・川辺川水系で報告している（図 13.7）．Abe ほか（2001）は，ヒゲモの優占を，過剰な摂食圧によるものとしているが，球磨川でのアユの放流密度は 0.1 匹/$m^2$ に過ぎず，成魚の摂食速度と図 13.5 に示した一次生産速度とを比

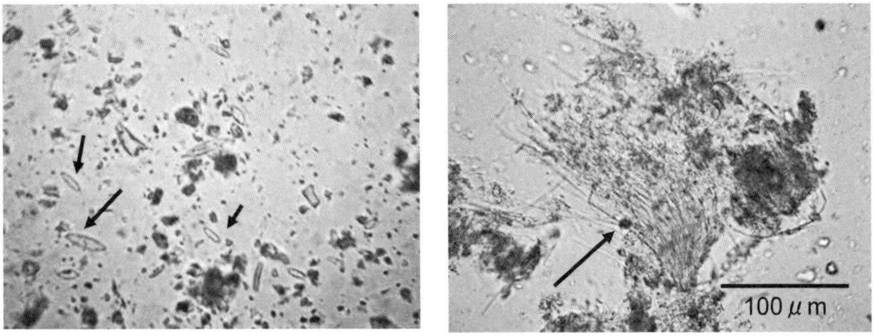


**図 13.6**　天竜川・船明ダムの上流（左）および下流（右）で捕獲したアユの消化管内容物の比較

ダム上流では珪藻類の被殻（↓），下流では糸状の藍藻類（*Homeothrix janthina*）が認められる．消化管内容物の有機物含量（強熱減量）は，砂粒を多く含む前者が 21%，後者は 45% であった．

較すれば，摂食圧だけでは説明できない．

夏に捕獲されたアユがヒゲモを専食することは，矢作川（愛知県）でも観察されているが（内田，2002），餌の違いにより，成長に差が生じるには至らないようである．程木ほか（2003）の計測結果では，体長，体重に有意な差はなく，わずかに肥満度に差がみられるに過ぎない．

### 4.2　ダム下流での造網型トビケラの優占

ダム下流で造網型トビケラが優占することについては，御勢（1966），古屋（1998），谷田・竹門（1999），岩館ほか（2007）などが，既に詳述している．また中井（1988）は，天竜川支川の三峰川にダムが運用されて以来，天竜川本川に加え，三峰川でもザザムシ（ヒゲナガカワトビケラ；*Stenopsyche marmorata*）漁が行われるようになったことを紹介し，ダムと造網型トビケラとの因果関係が無視できないことを示している．

上流に止水域を持つ河川で採集された造網型トビケラの消化管内に止水域由来のプランクトンが充満していることから（図 13.8），餌となる懸濁態有機物の供給量の増加が造網型トビケラ優占の一因となっていると考えられるが，大

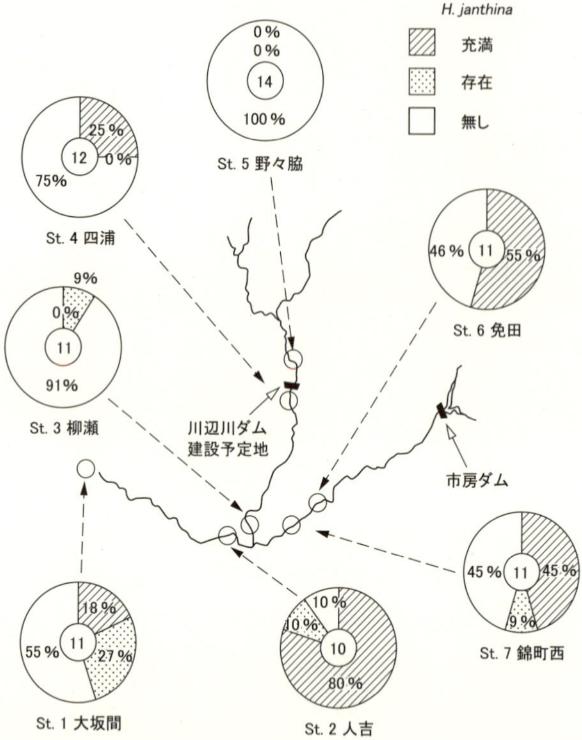


**図 13.7**　球磨川・川辺川水系でのアユ消化管内容物の藻類組成（2009 年 9 月）

川辺川では珪藻が喰われているのに対して，球磨川では糸状藍藻類（*Homeothrix janthina*）を喰っているアユの比率が高い．内側の円は，検体数を示す．（程木ほか，2003）

型のヒゲナガカワトビケラについては，ダム下流で砂などの河床材料が流出することにより，造巣のための礫間隙が新たに創られることや，著しい水位変化による河床の干出への耐性なども，有利に働いている可能性もある（岩館ほか，2007）．

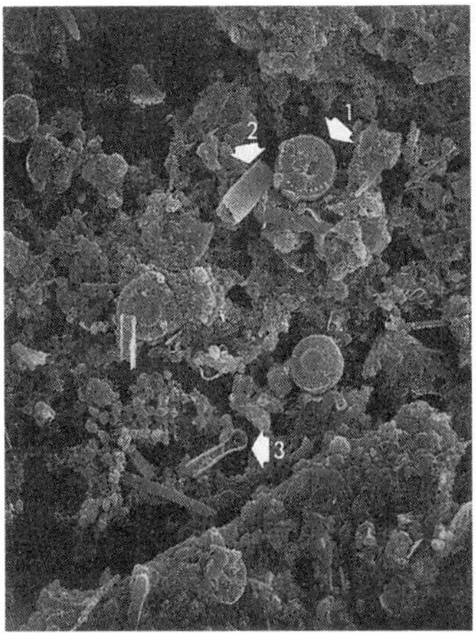

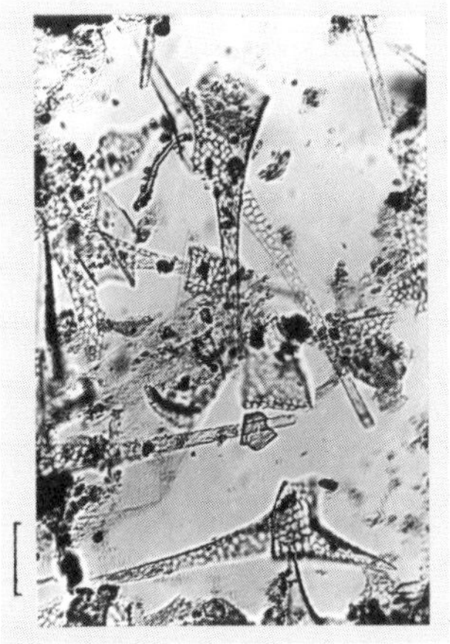

**図 13.8**　天竜川および定光寺川で採集されたコガタシマトビケラ（*Cheumatopsyche brevilineata*）の消化管内容物

左：天竜川，諏訪湖由来のプランクトン（1；*Cyclostephanos* sp., 2；*Aulacoseira granulata*, 3；*Asterionella formosa*）の破片がみられる．（村上，1996）右：定光寺川，上流の溜池で発生していた渦鞭毛藻類（*Ceratium hirundinella*）の破片が充満している．（村上ほか，2008）

## 5　今後の課題と展望

ダム湖の栄養塩や一次生産の研究は，水源の富栄養化障害を懸念する水道事業者が，主として生物的な面から取り組んできたが，栄養塩や一次生産者のダム湖内での挙動を理解するのに必要な水の動きや水温成層などの物理的な研究は，ダム湖の管理者のそれにみるべきものが多い．一方，ダム下流の生物影響については，水産，環境の研究者が携わってきた．それらの研究は，1950年代から独自の発展を遂げたものの，相互に成果が引用されることは少なく，また，ダム建設に対して異なった立場を取る研究者間の意見の交換はさらに乏しかったように思われる．今後，1）ダムが運用されている河川で起こっている様々な現象を記載し，2）ダムとの因果関係を具体的に明らかにし，3）それが人の生活と河川環境の維持に致命的なものであるかを検討していく過程が必要であろう．

本章で紹介したダムが下流の河川の栄養状態や一次生産に及ぼす影響，そしてそれらが魚や水生昆虫などに及ぼす影響予測の大筋は，今までの河川の陸水学の知識や漁民の経験とは矛盾するものではないと考える．しかし，現れた変化の記載は断片的であり，因果関係の立証は不十分である．さらなる資料の集積と解析とが必要である．

一方，ダム建設予定地域，また運用後障害が生じている河川で要求されていることは，今，使える知識と技術で，どこまで確かな影響予測や，障害機構の解明と対策の立案ができるかであり，将来のより進んだ知識を待つ余裕はない．調査資料の不足を理由に，必然判断までには至らないと口を閉ざすことは，研究者の判断としては理解できる面はあるものの，社会が期待している態度ではない．漁民や地域住民などの懸念の多くは，裏づけとなる観測資料が不足し，論理も怪しげなものがあることは確かである．専門家は，それらの欠陥を指摘するとともに，蓋然性を伴うにしろ，最悪の事態を想定して，それを市民に伝達し，予防措置を講じる義務があると考える．これまでの，議論への専門家の参加は前者に偏し，結果的には，専門家以外による環境影響の危惧が科学的な根拠を欠くとの事業者側の論理を補佐してきたように思われる．環境影響評価制度の充実，河川整備計画の策定過程への住民参加などを通じて，それらの態度は問い直されるべきであろう．

謝辞：本章の観測資料は，全国のダム問題に関わる漁民，市民の方々の援助により得られたものである．調査に協力いただいた大林夏湖さん，岩館知寛さん（天塩川），秋山雄司組合長を始めとする天竜川漁業協同組合の皆さん，服部典子さん（天竜川），田尻紀子さん，つる詳子さん，吉村勝徳さん（球磨川）に深く感謝したい．

**文献**

Abe, S., K. Uchida, et al. (2001) : Effects of grazing fish, *Plecoglossus altivelis*, on the taxonomic composition of freshwater benthic algal assemblages. Archiv für Hydrobiologie, 150 : 581–595.

Chandler, D. C. (1937) : Fate of typical lake plankton on stream. Ecological Monograph, 7 : 445–479.

福島　博（1971a）：証言．法律時報1971年7月号：349-365.
福島　博（1971b）：河川の流下藻類について．横浜市大論叢自然科学編，22：34-61.
古屋八重子（1998）：吉野川における造網型トビケラの流呈分布と密度の変化，とくにオオシマトビケラ（昆虫，毛翅目）の生息域拡大と密度増加について．陸水学雑誌，59：429-441.
御勢久右衛門（1966）：旭川の水生昆虫の研究—とくにダム湖との関連において—．日本生態学会誌，16：176-182.
程木義邦・村上哲生・東　幹夫（2003）：球磨川水系におけるアユ成魚の体形と胃内容物の比較．吉田正人・大野正人（編）川辺川ダム計画と球磨川水系の既設ダムがその流域と八代海に与える影響（自然保護協会報告書No. 94），pp. 11-20.
市村一男・戸狩義次ほか（1962）：稲と水温（座談会記録）．水温の研究，6：69-83.
井出慎司（1994）：Entz, B. アスワンハイダム湖（その建設が及ぼした影響）；抄訳．土木学会誌，79(50)：50-52.
井口　明・谷高弘記ほか（2010）：天竜川下流（静岡県）の透視度と栄養塩負荷の変動．陸の水，43：1-6.
岩館知寛・程木義邦ほか（2007）：天塩川水系岩尾内ダム直下流におけるヒゲナガカワトビケラ（*Stenopsyche marmorata* Navas）の優占．陸水学雑誌，68：41-49.
河川水温調査会研究部（1964）：新日向川発電所建設に伴う水温変化に関する調査報告．水温の研究，7：252-257.
片山幸美・中山恵介ほか（2003）：移流拡散モデルを用いた天竜川の藍藻Microcystisの動態解析．陸水学雑誌，64：121-131.
川那部浩哉（1971）：証言．法律時報1971年7月号：267-264.
Kimmel, B. L., O. T. Lind and L. J. Paelson (1990): Reservoir primary production. In K. W. Thornton, B. L. Kimmel, F. E. Payne (eds.) Reservoir Limnology: Ecological Perspectives, pp. 133-193. Wiley, New York.
小林　純（1960）：日本の河川の平均水質とその特徴に関する研究．農学研究，48：63-106.
九州電力株式会社土木部（1974）：一ツ瀬貯水池における濁水長期化現象とその軽減対策について．大ダム，70：32-34.
森本　浩（1999）：旭ダムバイパス排砂システムの運用実績と効果について．大ダム，167：46-51.
森下郁子・森下雅子（2000）：ダム湖の生態．環境技術，29：906-911.
村上哲生（1996）：河川生態系；一次生産の視点から．海洋と生物，106：371-374.
村上哲生（2005）：ダム建設と運用による河川の水温異常とその生物影響．平成15年度~平成16年度科学研究費補助金（基盤研究（C）(2)）研究成果報告書.
村上哲生・服部典子・程木義邦（2003）：球磨川水系に見られる河川の水温異常の観測．吉田正人・大野正人（編）川辺川ダム計画と球磨川水系の既設ダムがその流域と八代海に与える影響（自然保護協会報告書No. 94），pp. 3-10.
Murakami, T., C. Isaji, et al. (1994): Development of potamoplanktonic diatoms in down-

reaches of Japanese rivers. Japanese Journal of Limnology, 55：13–21.
村上哲生・菅野美緒・中川香菜子（2008）：止水棲プランクトンの河川での挙動；正伝池・定光寺川水系（愛知県）での観測事例．名古屋女子大学紀要・家政・自然編，54：55–61.
村上哲生・加藤由紀子・程木義邦（2007）：球磨川のチスジノリ（紅藻類；*Thorea okadae* Yamada）．不知火海・球磨川流域圏学会誌，1：49–53.
村上哲生・西條八束・奥田節夫（2000）：河口堰．講談社，東京.
中井一郎（1988）：長野県伊那地方特産「ザザムシ」とその生物組成．大阪教育大学附属高等学校池田校舎研究部研究紀要，20：41–46.
野崎健太郎（2007）：矢作川での濁りの原因となる羽状珪藻．*Diatom*, 23：137.
野崎健太郎・内田朝子（2000）：河川における糸状緑藻の大発生．矢作川研究，4：159–168.
Odum, H. T.（1956）：Primary production in flowing waters. Limnology and Oceanography, 1：102–117.
Power, M. E.（1992）：Hydrologic and trophic controls of seasonal algal blooms in Northern California rivers. Archiv für Hydrobiologie, 125：385–410.
Reif, B（1939）：The effect of stream conditions on lake plankton. Transactions of the American Microscopical Society, 58：398–403.
Soltero, R. A., J. C. Wright and A. A. Horpestadt（1973）：Effects of impoundment on the water quality of the Bighorn River. Water Research, 7：343–354.
竹中秀夫・大東秀光・阿部　守（2002）：旭ダムバイパス放流設備の運用実績．ダム技術，193：99–102.
田中和明（1996）：ろ過障害．佐藤敦久・眞柄泰基（編）『上水道における藻類障害』，pp. 8–12．技報堂出版，東京.
谷田一三・竹門康弘（1999）：ダムが河川の底生生物へ与える影響．応用生態工学，2：153–164.
内田朝子（2002）：矢作川中流域におけるアユの消化管内容物．矢作川研究，6：5–20.
宇野木早苗（2003）：球磨川水系のダムが八代海に与える影響．吉田正人・大野正人（編）川辺川ダム計画と球磨川水系の既設ダムがその流域と八代海に与える影響（自然保護協会報告書 No. 94），pp. 53–69.
渡辺仁治（1968）：大和吉野川における付着藻類と濁度．日本水処理生物学会，4：9–11.
渡辺仁治（1974）：九頭竜川水系の付着生物に及ぼす濁りの影響．陸水学雑誌，35：78–81.

（村上哲生・程木義邦）

# 第14章

# 河床地形の生態機能とダム影響の軽減対策のあり方

## 1 はじめに

貯水ダムが河川生態系に与える影響については，1）貯水池に湖沼特有の生物相や物質循環が形成され富栄養化することによって生じる影響，2）貯水池と堤体が回遊性動物，土砂，栄養塩，有機物などの連続性を遮断することによって生じる影響，3）ダムの流況制御が河川の撹乱体制を変化させることによって生じる影響に整理できる．ダム下流域の生態系では，これらの影響過程が組み合わさって，地形や微生息場構造の変化が生じるとともに，貯水池で生産された粒状有機物（POM：particulate organic matter）が大量に流下することによって，生物群集の種組成や食物網構造に大きな影響を与えると考えられる．

近年は，このような河川生態系への影響が明らかになったことによって，漸くそれらの影響を軽減するための対策が検討されるようになった．たとえば，貯水池のフラッシュ放流と置土を組み合わせた土砂還元事業は現在までに全国20カ所以上のダムで実施されている（角・藤田，2009）．とはいえ，その多くはいまだ規模の小さい実験的なものに限られており，実質的な下流河川環境の改善を図るには，より規模の大きな土砂還元や流況改善によって，本格的に撹乱体制の復元を進める必要がある．そして，現場からの要請として，供給土砂の量や質の目標を設定する手法や事業効果を評価する手法が求められている．

(池淵, 2009).

こうした要請にこたえるためには, 劣化した河川生態系の改善条件を明らかにする応用生態工学的な研究を進める必要がある. とりわけ, 土砂還元事業については, 貯水ダムの堆砂対策, 土砂資源管理, 海岸や沿岸地形再生も含めた国土形成などの要請があり, 将来的な必要性はきわめて高い. したがって, 河川生態系の再生や自然保護の観点からも, 事業の基本的な考え方を明確にするとともに, 供給土砂の量や質を選定する際の検討方法やモニタリング手法を具体的に提示しておく必要がある. また, 日本の河川においては, 治山ダム, 山腹工, 砂防ダム, 流路工, 頭首工, 堰堤, コンクリート護岸, 護床工, 帯工などの構造物によっても, 土砂の侵食と堆積が妨げられており, 貯水ダムのない流域であっても土砂動態が劣化した河川が多いのが実状である. したがって, 全国的に展開されつつある総合土砂管理事業を好機と捉えて, 健全な河川生態系を再生するための事業に位置づけていくことが賢明と思われる.

本章では, このような背景のもとに, 河川の地形の果たす生態系機能について再確認した上で, 貯水ダムが引き起こす環境問題を軽減するために目標とすべき河床地形について考察する.

## 2　河床地形の生態機能

### 2.1　河床地形の類型

河川に生息・生育する動植物の種組成や分布は, 様々な空間スケールの河川の地形に対応させて捉えられてきた. これは, 河川の階層的な構造が, 物理的な環境条件の違いを通じて動植物の生息・生育を規定し, 有機物の生産・移動滞留・分解などの物質循環過程を特徴づけているためと考えられる. 河川の地形は, 一般に流域・流程（セグメント）・蛇行区間（リーチ）・瀬–淵・微生息場の空間スケールで階層的に捉えることができる (Frissell ほか, 1986). 流程については, 勾配や河床材料（底質）の粒径分布などから, 源流河道, 山地渓流河道, 扇状地河道, 中間地河道, 自然堤防河道, デルタ河道に分類されている

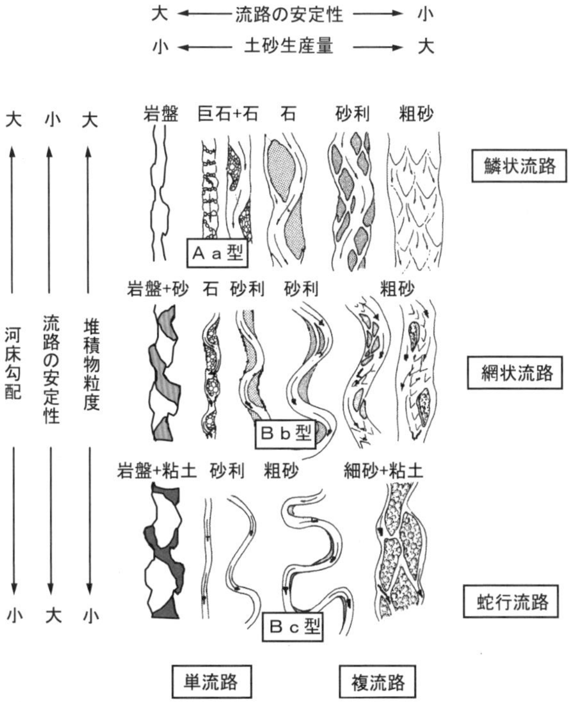


**図 14.1**　河道形態の変異と河床勾配，底質粒度，土砂生産量の関係

地形の名称については本文を参照．ダム下流では土砂供給が減少し粗粒化が起こるため，河道の地形は基本的に図の右側から左側へ変化していく．またダム上流の背水波及域では河床上昇が起こり，河道の地形は図の左側から右側へ変化していく．3節参照．Church（1992）を改図．

（竹内ほか，2004）．また，蛇行区間の地形は，流路幅スケールの波動によって形成される中規模河床波と呼ばれる地形に該当し，その中の地形要素である砂礫堆や瀬-淵の構造は洪水時に河床に発生する波動に対応している．このためこれらの蛇行区間の平面形状は，河道幅と水深の比，土砂移動量，粒径，勾配などで多様な変異を示し，流路の分岐によって単流路と複流路に分けられ，さらに直線流路，蛇行流路，網状流路，鱗状流路などに分類される（Church, 1992）（図 14.1）．

可児（1944）は，河道における淵の配置から，蛇行の直線部にも複数の淵が並ぶA型と，屈曲点に一個だけ淵があるB型に分け，ついで瀬の縦断形状を階段状早瀬（a型），白波の立つ早瀬（b型），波立たない瀬（c型）に分けて，両者の組み合わせから，Aa型，Bb型，Bc型，Aa-Bb型移行型の計4タイプの河床地形を区別した．Aa型は，ステップと呼ばれる階段状早瀬と淵の組み合わせに対応しており，源流河道や山地渓流河道に典型的な地形である．また，Bb型は中間地河道や自然堤防河道などの蛇行部にみられる．いっぽう，Bc型は，自然堤防河道の平坦部やデルタ河道にみられる．図14.1にあてはめると，可児の河床型はいずれも適度の土砂生産がある場合に形成され，土砂の生産が極度に多いときや少ないときには必ずしもあてはまらない．

生息場スケールの地形には，滝，小滝／荒瀬，早瀬／浅瀬，平瀬，淵，副流路，本流，背水域／ワンド，タマリなどが区別されている．これらの定義は必ずしも一致してはいないが，局所的な河床勾配（S）と底質の最大粒径（d）と最大水深（D）の比の組み合わせによって，滝（S>0.04，D/d<1.0），小滝／荒瀬（S＜0.10，D/d＞1.0），早瀬／浅瀬（S＜0.04，D/d＞1.0），平瀬（S＜0.02，D/d>1.0）と定義されることもある（Church, 1992）．また，淵については，その成因によってM型（蛇行型），R型（岩型），S型（基底型），D型（ダム型），O型（三日月湖型），B型（交互砂洲型）などが類型化されている（竹内ほか，2004）．蛇行型は，河道区間の各蛇行点に発達する淵，岩型や基底型は蛇行区間の位置に関わらず岩の側方侵食や下方侵食により形成される淵，ダム型はダムの堰上げによって上流にできる緩流域，三日月湖型は旧河道が現河道に合流する地点にできる背水（バックウォーター），交互砂洲型は交互砂洲の下流側の深掘れ部分に該当する．

さらに，微生息場の類型としては，基盤岩，巨石，飛沫帯，モス（苔）マット，沈水根，流倒木，ダム型リターパック，早瀬の浮き石，平瀬のはまり石，河床間隙水域，岸際の浮き石，砂礫堆岸際，淵の岸際で細砂底や砂泥底の場所，堆積型リターパック，岸際の抽水植物群落，沈水植物体などがあげられる（太田・高橋，1999）．このうち，石礫の状態については，浮き石，載り石，はまり石（沈み石）が区別されている（竹門ほか，1995）．水生動物の生息場の環境条件として，水深，流速，粒度のように測定が容易な要因を用いることが多かったが，微生息場にとって浮き石／はまり石比（Takemon and Nakanishi, 1998）や石礫の下の隙間（礫下間隙）の大きさ（小野田・遊磨，2007）のような「底質の状態」を示す条件も重要である．これらの，微生息場の類型は，それぞれ瀬や淵の特定の位置にみられるので，地形を管理する立場では，生息場スケールに付随する環境要素として扱うことになる．

## 2.2　生息場機能と物質循環機能

前項で取り上げた生息場に関わる地形類型は，植物の種子の分散と定着場や発芽場（崎尾・山本，2002）として，あるいは動物の産卵場，生育場（棲み場），餌場，隠れ場（竹門ほか，1995；竹門，2007）として働く結果，河川の生物群集の種組成や分布様式の決定条件ともなる．河川の地形は，このような生息場機能と同時に，有機物の生産や分解の場として河川生態系の物質循環を規定する機能ももっている．有機物の分解や生産は生物の所業であることを考えれば，両者は本来不可分のものではあるが，生物に主体をおく場合と物質に主体をおく場合とで，別機能として評価することができる（図14.2）．例えば，砂洲の地形は粒状有機物の捕捉機能が高いことは，それらを餌とする底生動物にとって砂洲は餌場や棲み場としての価値が高いことを意味する．また，砂洲の間隙水域の透水性が高く，呼吸ストレスがかからないだけの溶存酸素の供給があることも，好気性の底生動物にとっては不可欠の生息場条件で

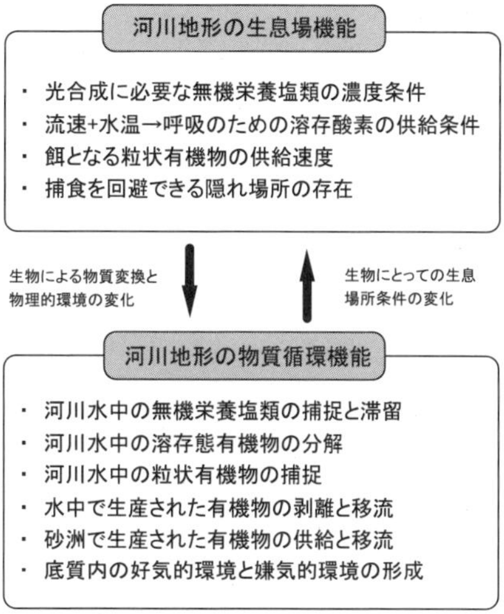

河川地形の生息場機能
・光合成に必要な無機栄養塩類の濃度条件
・流速+水温→呼吸のための溶存酸素の供給条件
・餌となる粒状有機物の供給速度
・捕食を回避できる隠れ場所の存在
生物による物質変換と物理的環境の変化
生物にとっての生息場所条件の変化
河川地形の物質循環機能
・河川水中の無機栄養塩類の捕捉と滞留
・河川水中の溶存態有機物の分解
・河川水中の粒状有機物の捕捉
・水中で生産された有機物の剥離と移流
・砂洲で生産された有機物の供給と移流
・底質内の好気的環境と嫌気的環境の形成


**図14.2**　河川地形の生態機能

生息場機能と物質循環機能は相互に影響し合う関係にある．

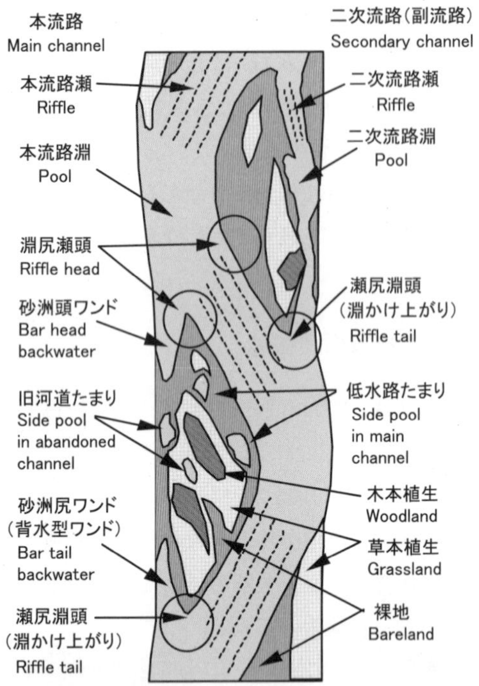


**図 14.3**　瀬-淵スケールにみられる生息場類型

あり，間隙の多い砂礫で形成された砂洲が生息場として好適である．これを物質循環機能からみると，透水性の高い砂洲は有機物の分解速度も高いと評価することができる（竹門，2007)．

生息場に関わる瀬-淵スケールの類型を図 14.3 に示しておく．

## 3　貯水ダムによる河川の地形変化の影響と生態的変化

貯水ダムの下流では，土砂供給が制限される結果，底質が粗粒化し固化する現象（アーマー化）が知られている．また，川底の石や岩の表面に，藻類や有機物・シルトが沈着する付着層が厚く発達することも多い．こうした物理的環境の変化は，河床間隙など生息場機能にも影響を与えることが予測される．ダム下流域にみられる底質環境の変化と生態に与える影響についての詳細は，谷田・竹門（1995）や竹門（2009）を参照されたい．

貯水ダムは下流だけではなく，上流側にも影響を与える．貯水ダムの上流側では，背水域に土砂堆積が進行し河床の上昇が起きる．これに伴い，流路の複列化が生じ，鱗状流路や網状流路の発達も頻繁に観測される（図 14.1 参照）．このような地形の変化が生物相や物質循環に与える影響については，あまり研究されてこなかった．ここでは，京都市鴨川上流の鞍馬川の砂防ダムの上流で行われた研究例を紹介する（竹門ほか，2007）．

流況変動による撹乱の作用が生息場に及ぼす影響について調べるため，増水の低減過程において堆積物の分布変化を調べた．その結果，平水時には淵尻の瀬頭および淵頭の蛇行内側でそれぞれ他生性有機物（陸域から供給される落葉落枝など）と自生性有機物（河川で生産される藻類など）が多く堆積していた．また，小規模増水とその低減過程において堆積粒状有機物量の経時変化を調べたところ，淵頭の蛇行内側では常に有機物が多く堆積していたのに対して，淵尻の瀬頭では増水により有機物が一度流出し，減水後再び堆積する現象が確認された．したがって，淵尻の瀬頭では流況変動による侵食堆積を受けやすく，ここでは餌資源の供給や再配置，河床への溶存酸素供給が生じやすいと考えられた．

## 4　貯水ダムの生態系影響を軽減する方途

### 4.1　生態系影響軽減対策の類型

貯水ダムが河川生態系に与える影響を軽減するための対策は，問題を生じる原因過程ごとに考えられる（図 14.4）．まず，貯水池の富栄養化問題については，貯水池管理の課題としてその軽減対策を検討することになる（図 14.4 の左側の対策）．一般には，曝気装置で貯水池内に水循環を起こし水温成層を壊すことによって，有光層に定位する植物プランクトンを分散させるとともに水温

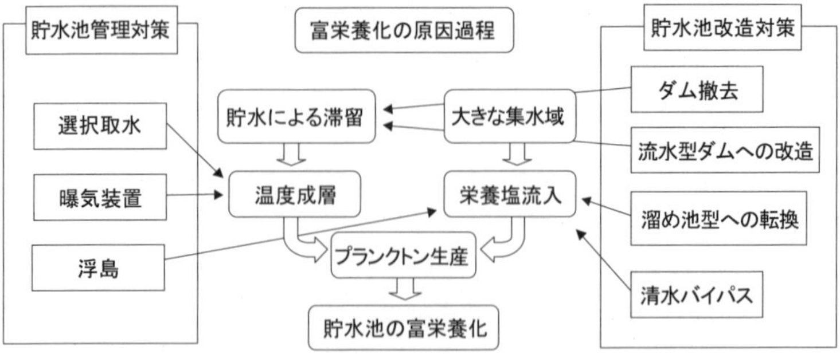


**図 14.4**　貯水ダムの富栄養化軽減対策

低下による生産速度の低下を目指す対策や，水面上に造成した浮島に抽水植物群落を発達させて貯水池内の栄養塩を吸い取る対策などが実用化されている．しかし，これらの対策によって期待される植物プランクトン生産量の減少は総量に比べて少なく，根本的な対策にはなっていない．とくに集水域面積の大きな貯水ダムの場合には，流域からの栄養塩を集積することが避けえない．いっぽう，ダム下流生態系の保全からみても，貯水池生産由来の有機物ではなく山地渓流由来の栄養塩や有機物を供給することが要請されている．したがって，河川の流水環境を分断させない形態に貯水池そのものを改造する方法を検討する必要がある（図 14.4 の右側の対策）．これにより，貯水池の富栄養化対策とダム下流生態系保全の双方の課題を解決することができる．貯水ダム自体を継続的に利用する必要がある場合には，清水バイパスによって本川ないし支川の流入水を直接下流へ導水する方法が合理的である．たとえバイパス建設のための初期投資が大きくても，将来の湖内水質対策経費が削減されることを加味すれば，長期的には安上がりになることは明らかである．さらに，根本的な解決は，本川を堰止める貯水池自体をなくすことである．利水ダムは支川の集水域面積の小さい場所に建設する溜め池型ダムに集約して，本流のダムを撤去する方針が望ましい．多目的ダムの場合には，治水専用の流水型ダムに改造することも考えられる．これらの対策は，栄養塩や有機物の連続性遮断の影響を軽減するだけではなく，回遊性動物の移動阻害の解消を通じて生物多様性の保全と回復にも繋がる（図 14.5）．

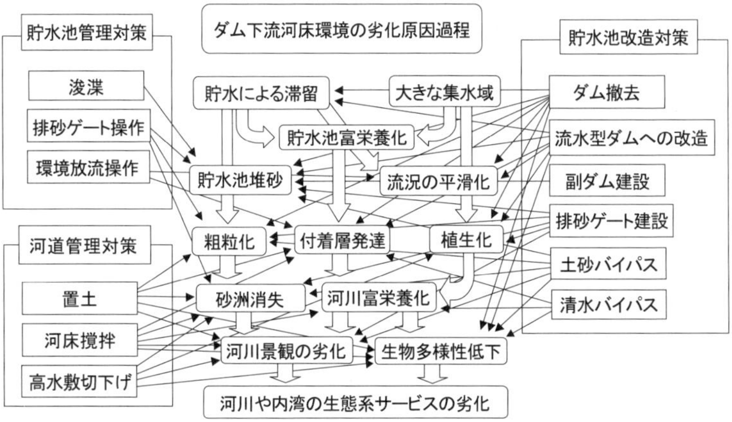


**図14.5**　貯水ダムの下流生態系への影響軽減対策

いっぽう，貯水ダムの下流生態系への影響軽減対策のうち河床環境に関する項目については，図14.5のようにまとめることができる．土砂の連続性確保のための対策には，貯水ダムの排砂ゲートや上流の副ダムから貯水ダム下流への土砂バイパス，置土による土砂還元と貯水池のフラッシュ放流の組み合わせなどがあげられる．また，建設年代の古い発電ダムの中には，既に満砂状態のダムも多く存在する．こうしたダムでは，増水時にはゲートの高さまで河床が上昇し，掃流砂がそのまま下流へ流出する場所も少なくない．このようなダムでは，取水口の管理に支障のない範囲でダム堆砂を容認し増水時の排砂を促すような対策が考えられる．

河川の流況制御の改善対策については，基本的には必要な維持流量を確保することと，人為的に平滑化された流況に自然に近い撹乱を与えることが検討課題となる．双方を含めて環境放流（E-flow）のあり方として研究や実施事例が蓄積されている（Robinson ほか，2003；Huckstorf ほか，2008；Poff and Zimmerman，2010 など）．

## 4.2　生態系機能再生のための地形管理手法の確立に向けて

河川環境の多面的機能を永続させるためには，流水および流送土砂による侵食堆積過程で形成維持される生息場構造が鍵となる（竹門，2007）．動植物個体群にとっての生息場選好性を定量的に評価する手法として，PHABSIM（physical habitat simulation model）や HEP（habitat evaluation procedure）が知られている（田中，2006）．これらは，生息場への選好性を HSI（habitat suitability index）によって関数化することで，生息場を物理環境条件へ翻訳して評価することができる．河川生態系は，生息場の環境条件が水深，流速，底質といった物理的条件に規定されやすい特徴があるため，PHABSIM や HEP などの生息場評価法を適用しやすい環境であると言える．とくにダムの環境維持流量の設定に際しては，PHABSIM に基づく IFIM（instream flow incremental methodology）が活用されてきた歴史がある（Bovee ほか，1998）．ただし，河川の地形が作り出す生息場条件の中には，生息環境を考慮した流況や土砂動態の管理に活用しやすい道具があるはずである．それを探し出すことが今後の課題だろう．

### 文献

Bovee, K. D., B. L. Lamb, et al. (1998) : Stream habitat analysis using the instream flow incremental methodology. U. S. Geological Survey, Biological Resources Division, Information and Technology Report, USGS/BRD-1998-0004.

Church, M. (1992) : Channel morphology and topology. In P. Calow and G. Petts (eds.), The Rivers Handbook, pp. 126-143. Blackwell Scientific Publications, Oxford.

Frissell, C. A., W. J. Liss, et al. (1986) : A hierarchical framework for stream habitat classification : viewing streams in watershed context. Environmental Management, 10 : 199-214.

Huckstorf, V., W. C. Lewin, and C. Wolter (2008) : Environmental flow methodologies to protect fisheries resources in human-modified large lowland rivers. River Research and Applications, 24 : 519-527.

池淵周一（編著）(2009)：ダムと環境の科学 I　ダム下流生態系．京都大学学術出版会，京都．

可児藤吉（1944）：渓流棲昆虫の生態．可児藤吉全集（1970）所収．思索社，東京．
小野田幸生・遊磨正秀（2007）：魚類生息環境としての河川河床の動態．土と基礎，55(3)：33-40.
太田猛彦・高橋剛一郎（編著）（1999）：渓流生態砂防学．東京大学出版会，東京．
Petts, G. E. (2009) : Instream flow science for sustainable river management. Journal of the American Water Resources Association, 45 : 1071-1086.
Poff, N. L. and J. K. H. Zimmerman (2010) : Ecological responses to altered flow regimes : a literature review to inform the science and management of environmental flows. Freshwater Biology, 55 : 194-205.
Robinson, C. T., U. Uehlinger, and M. T. Monaghan (2003) : Stream ecosystem response to multiple experimental floods from a reservoir. River Research and Applications, 20 : 359-377.
崎尾　均・山本福壽（2002）：水辺林の生態学．東京大学出版会，東京．
角　哲也・藤田正治（2009）：下流河川への土砂還元の現状と課題．河川技術論文集，15：459-464.
竹門康弘（2007）：砂州の生息場機能．土と基礎の生態学．土と基礎，55(2)：37-45.
竹門康弘（2009）：ダム下流河川の底質環境と底生動物群集の変化．池淵周一（編著）『ダムと環境の科学Ⅰ　ダム下流生態系』，pp. 147-176．京都大学学術出版会，京都．
竹門康弘・今井義仁ほか（2007）：増水低減過程における微細土砂・粒状有機物・底生動物の河床分布動態．京都大学防災研究所年報，50B：773-780.
Takemon, Y. and K. Nakanishi (1998) : Reproductive success in female *Neolamprologus mondabu* (Cichlidae) : influence of substrate types. Environmental Biology of Fishes, 52 : 261-269.
竹門康弘・谷田一三ほか（1995）：棲み場所の生態学．平凡社，東京．
竹中秀夫・大東秀光・阿部　守（2002）：旭ダムバイパス放流設備の運用実績．ダム技術，193：99-102.
竹内俊郎・中田英昭ほか（編）（2004）：水産海洋ハンドブック．生物研究社，東京．
田中　章（2006）：HEP 入門―〈ハビタット評価手続き〉マニュアル―．朝倉書店，東京．
谷田一三・竹門康弘（1999）：ダムが河川の底生生物へ与える影響．応用生態工学，2：153-164.

（竹門康弘）

# 第 15 章

# ダム下流河川の植生の動態

## 1　はじめに

本章で扱う内容は，ダムの下流河道における植生の生態的変化である．ダムができると，それまで下流河川に流れていた土砂が貯水池内に溜まり，下流に供給されにくくなるが，これは，下流河川の植生にとってどのような意味を持つのだろうか．また，多目的ダムの場合，洪水調節が目的の一つであり，出水時には一時的に水を貯留し，下流の流量を減少させることで，治水効果を発揮する．こうした流況制御は，下流の植生にどのような変化を与えるのであろうか．ここでは，ダム下流河川の植生変化について，土砂と流況制御に着目した事例を紹介する．

この章では二つのダムを取り上げる．一つ目は二瀬ダム（荒川水系，埼玉県秩父市）で，このダムの近くに筆者の実家があるため，帰郷した折の休日を利用して調査した．次のダムは，今，筆者が住んでいる近傍の三春ダム（阿武隈川水系，福島県三春町）であり，ダム湖やその上下流，周辺地域を研究フィールドとして調査してきた．二瀬ダムと三春ダムは，いずれも国土交通省が管理する多目的ダムである．

まず，ダムの下流の状況を簡単に説明する．図 15.1 に示した 2 枚の写真は，東日本のある河川で同じ場所を同じアングルで撮影したものであるが，一方は上流にダムができる前，一方はダムができた後のものである．どちらがダムのできた後の河川かわかるだろうか．ここまで本書を読まれた方にはおわかりか

**図 15.1**　ダム下流の河道景観の変化（口絵 23）

もしれないが，左の写真が，まだ河川を堰き止める前の状況であり，右の写真は河川を堰き止めた後の状況である．写真をよく見比べると，各々の写真の右側（右岸側）に洲があるが，右の写真では砂利や小石がなくなり，大きな石が増えている．流量が異なるため，単純に比較はできないが，右の写真は洲が小さくなったようにみえる．さらに，洲の奥にわずかであるが，植生が発達してきたようにもみえる．

こうした状況の変化は，植生にどのような影響を与えるのかをみていきたい．

## 2　試験湛水後まもなくの影響

三春ダムの下流河川の事例（浅見ほか，2001）を紹介する（図 15.2）．三春ダムは，1996 年（平成 8 年）10 月に試験湛水を開始し，翌 1997 年（平成 9 年）12 月に終了，1998 年（平成 10 年）4 月に管理に移行した．筆者らは試験湛水が始まる前の 1995 年（平成 7 年）から，ダム下流の 2 地点で植物群落の変遷を追跡調査してきた．調査地点は，ダム直下から約 500 m の「堤体直下地点」，ダム堤体から 2 km 程度下流の「斉藤地点」であり，堤体からこの 2 地点までの間，支川の流入はない．

流況の特徴をみると（図 15.3），とくに試験湛水を開始した 1996 年 10 月から 1998 年 7 月までの約 1 年 9 カ月間の流量は，最大でも 20 $m^3$/秒程度であ

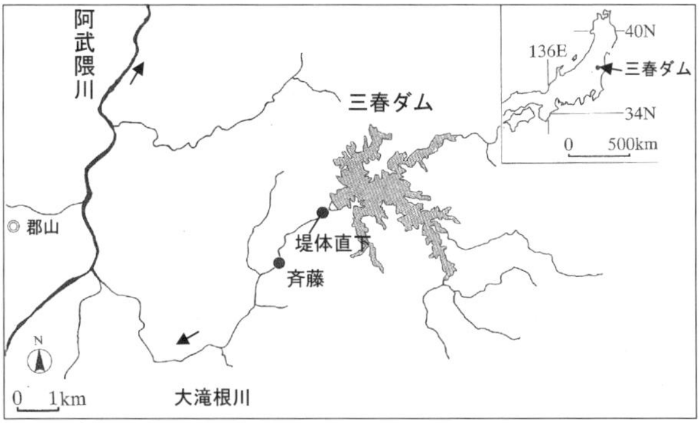


**図15.2**　三春ダムの位置と調査地点

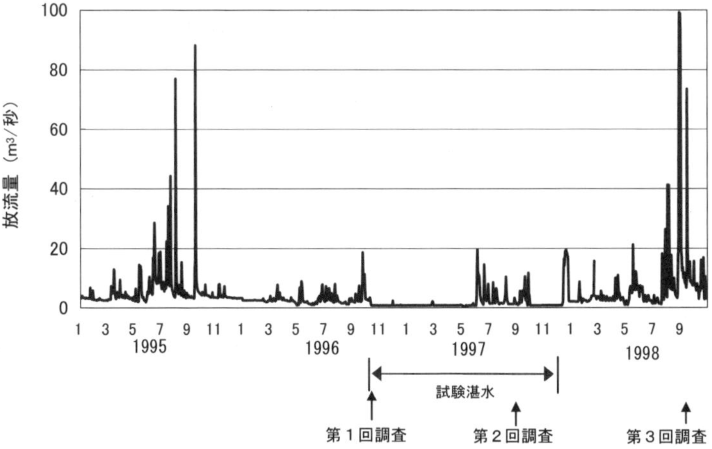


**図15.3**　1995-1998年における三春ダムの放流量と植生調査の時期
試験湛水は1996年10月に開始し，1997年12月に終了した．その間放流量は20 m³/秒を越えることはなかった．植生調査は3回実施し，いずれも秋である．浅見ほか（2001）を基に作成．

り，1996年10月12日から1997年6月2日までは1.0 m³/秒を越えることはほとんどなかった．20 m³/秒は三春ダムでは，年数回以上みられる流量である．

堤体直下地点の地形の変化を図15.4に示した．破線で示したラインがダム運用開始前の寄洲の地表高（と水位）であり，その後，実線で示した1998年

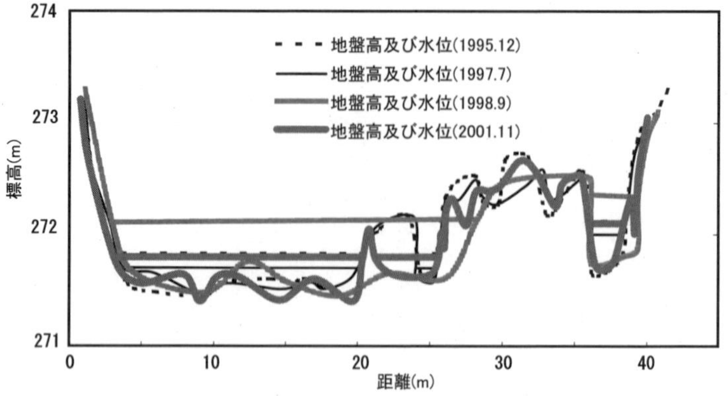


**図 15.4**　三春ダムの堤体直下トランセクトにおける 1995 年から 2001 年にかけての地表面の変化

水平線は調査時の水位を示す．浅見ほか（2001）を基に作成．

のように洲は水際から侵食されていた．その変化を図 15.5 に平面的に示した．この洲全体が少しずつ削られ，植生の発達している範囲が減少した．一方，群落のタイプに着目すると，ツルヨシ（*Phragmites japonica*）群落の繁茂していた範囲は少なくなったが，ノイバラ（*Rosa multiflora*）やフジ（*Wisteria floribunda*）などの群落は増えていた．

全体の植物群落の面積は，3 カ年で減少したが，ノイバラ群落などは増加した．植物群落の全体面積が減った原因は，土砂が供給されないために砂洲がやせたことにあり，この傾向は下流 2 km の斉藤地点でも確認された．ただし，砂洲の少し高い部分は削られておらず，この比高の高い部分に，乾性立地に生え，もともと水際部には少ないノイバラなどの植物群落が拡大していた．それに対して，比高の低いところに発達していたツルヨシ群落は，砂洲の侵食に伴い減少した．

さて，その後の三春ダムであるが，河岸の侵食と河床材料粗粒化を防止する目的で，1999 年 5 月より，図 15.6 に示すように土砂還元を開始した（山下ほか，2006）．還元する土砂は貯水池に堆積したものを利用し，1 回あたり 1,000–2,000 $m^3$ を置土し，出水時に流下するようにしている．置土場所は堤体

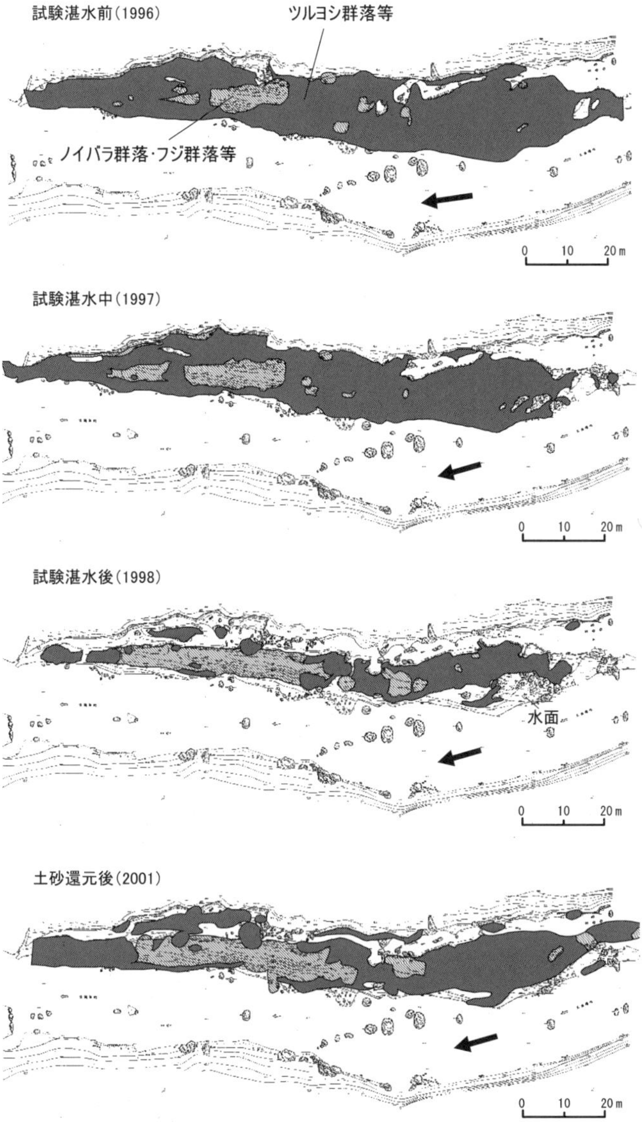


**図 15.5**　堤体直下における 1996 年から 2001 年にかけての植生の変化
浅見ほか（2001）を基に作成.

図 15.6　1999 年に三春ダムで行った土砂還元と土砂の流下状況

図 15.7　三春ダム下流の斉藤地点の高水流況

から約 200 m の位置であり，植物調査を実施した「堤体直下地点」より上流側である．1998 年の植物調査の後，2001 年にも同様な調査を行ったが，この間，2 回，計 2,000 $m^3$ の土砂を還元した．図 15.4 の断面図，図 15.5 の平面図をみても，土砂還元後の 2001 年は，一度やせた洲も回復傾向にある．河床材料についても，一時粗粒化していたが，回復傾向にある．三春ダムではその後も下流河川の状況を監視しながら，継続して土砂還元を行っており，1999 年 5 月から 2007 年 5 月までに計 19 回，のべ 21,600 $m^3$ を還元している．

筆者らが所属する研究所では，下流 2 km の斉藤地点において，1995 年より 1 日 1 回，継続して写真を撮影している．この地点は，100 $m^3$/秒の洪水にな

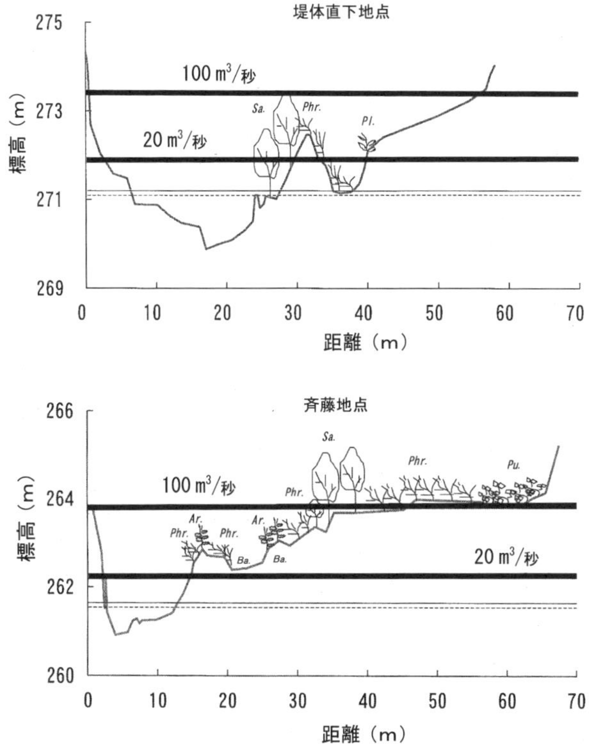


**図 15.8**　堤体直下地点ならびに斉藤地点における水位と植生変化との関係（1996-1998 年）

断面模式図は，地形，水位，植生配分を示しており，地形および植生は 1996 年 10 月の状況を示している．

━━━━：100 m³/秒と 20 m³/秒の水位

――――：1987-1996 年の平水流量見合いの水位

- - - - - -：1997-1998 年の平水流量見合いの水位

*Sa.*：ヤナギ群落，*Phr.*：ツルヨシ群落，*Pl.*：アズマネザサ・ニッコウザサ群落，*Pu.*：クズ群落，*Ar.*：ヨモギ群落，*Ba.*：自然裸地．

ると洲の上まで冠水する（図 15.7）が，この規模の流量は，年に 1-2 回程度の割合で発生している．この規模の洪水と冠水が，この洲上の植生を破壊していたが，試験湛水期間を含む 1996 年 10 月～1998 年 7 月の 1 年 9 カ月の間は，年数回以上あった 20 m³/秒規模の出水を超えることがなかった．断面図に，この二つの水位を重ねてみると，20 m³/秒を超えるラインより高い場所の低木などは全く撹乱を受けず，生育できることがわかる（図 15.8）．つまり，試験湛水前までは，100 m³/秒を超える洪水で，洲上の植生が破壊されていたが，試験湛水期間からしばらくは 20 m³/秒を超える出水がなくなったため，ノイバラ群落などは破壊されることなく，面積を拡大させたと考えている．

## 3　ダム建設 40 年後の様相

### 3.1　樹林化の促進と種組成の変化

次に，二瀬ダムの事例（Azami ほか，2004）を紹介する（図 15.9）．二瀬ダムは 1961 年（昭和 36 年）の完成であり，ダムができてからすでに 40 年以上が経過している．調査区間はダムの下流区間とダムのない支川に設定した対照区間の 2 区間であり，調査した時点では対照区間にはダムはなかった．集水域面積の比は，二瀬ダムの集水域面積を 1 とすると対照区間は約 0.7 であり，ほぼ似たような河川（流域）規模である．両区間は山地の河川であり，航空写真では影になることがあるが，大久保地点と小双里地点は河道幅がやや広く河原が発達しており，航空写真では影が少なく，はっきりと地形や植生が写ってい

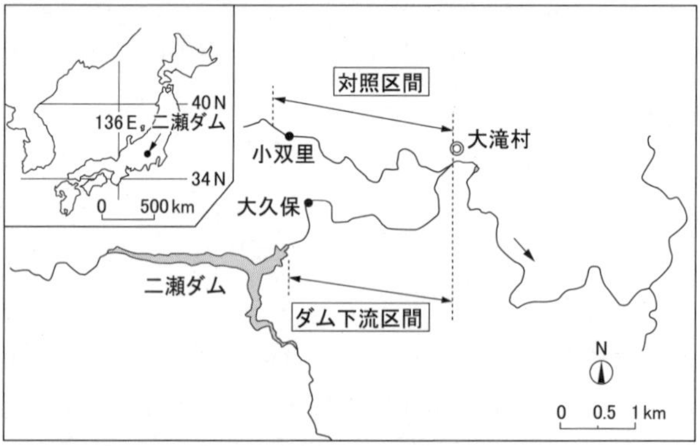


**図 15.9**　二瀬ダムの位置と調査地点

Azami ほか（2004）を基に作成．

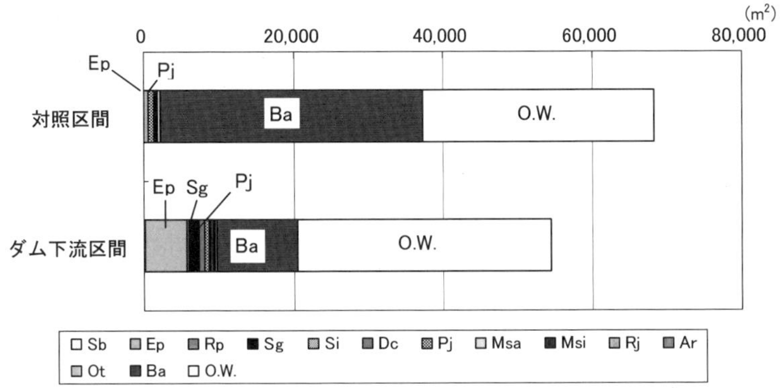


**図 15.10**　群落面積の比較

Sb：バッコヤナギ群落，Ep：フサザクラ群落，Rp：ハリエンジュ群落，Sg：ネコヤナギ群落，Si：イヌコリヤナギ群落，Dc：ウツギ群落，Pj：ツルヨシ群落，Msa：オギ群落，Msi：ススキ群落，Rj：イタドリ群落，Ar：ヨモギ群落，Ot：その他，Ba：自然裸地，O.W.：開放水域．Azami ほか（2004）を基に作成．

た．そのため，長期にわたる経年変化の追跡が可能であった．

二つの区間では全川を踏査して，ネコヤナギ（*Salix gracilistyla*）群落，フサザクラ（*Euptelea polyandra*）群落，ツルヨシ群落，自然裸地などの分布を把握し，現存植生図を作成した．各群落の面積をグラフにすると（図 15.10），ダムのない対照区間では河原のほとんどが自然裸地で，木本群落はフサザクラ群落が若干存在するが，わずかであった．それに対してダム下流区間は，自然裸地が少なく，樹林の比率が多く，特にフサザクラ群落が多かった．

### 3.2　流況からの考察

ダム下流で樹林が増えた理由を，対照区間とダム下流区間の二つの河川の流況から考えてみることにする．二瀬ダムの 10 カ年にわたる月平均の流入量と放流量を図 15.11 に示した．4 月は差があるものの，それ以外の月はほぼ同じであり，平均の流量で考えた場合，ダムの影響はなさそうである．

次に，出水について考えてみる．日本のほとんどの地域で言えることだが，梅雨の時期と台風の時期に大きな出水があり，急激な流量増加を経験する．二

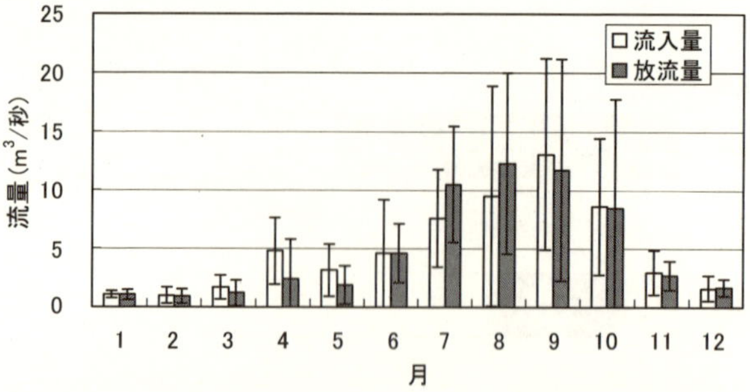


**図 15.11**　1991-2000 年の二瀬ダムにおける月平均流入量および月平均放流量

Azami ほか（2004）を基に作成.

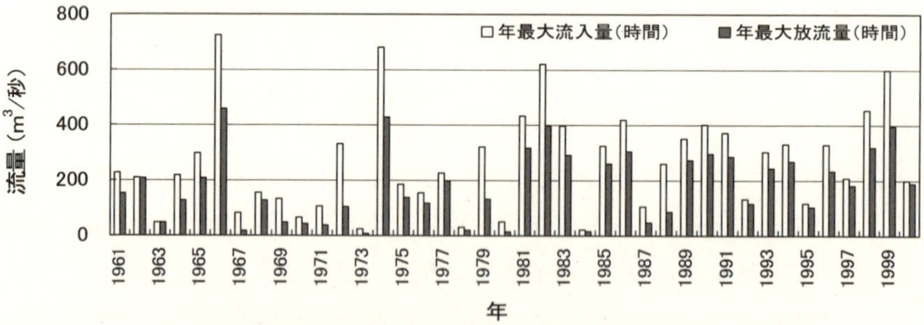


**図 15.12**　1961-2000 年の二瀬ダムにおける年最大流入量および年最大放流量

二瀬ダムは 1960 年 11 月に試験湛水を開始し，1961 年 12 月に終了した．Azami ほか（2004）を基に作成.

瀬ダムが完成した 1961 年以降の年最大流入量と年最大放流量を図 15.12 に示した．二瀬ダムは洪水調節を一つの目的としており，流入量が大きいときには，下流を守るために洪水調節として放流を制御する．このため，大きな流入量のときには，放流量と流入量の差が広がる．対照区間の流量を考えてみると，流域の降雨に応じ流量が増加するが，ダム下流区間については流量が制御され，特に大きな出水時の流量制御の効果が大きく，その代わり，下流河川の撹乱のエネルギーは減少することになる．

ダムができる前とその後で，植生がどのように変わってきたかを，航空写真

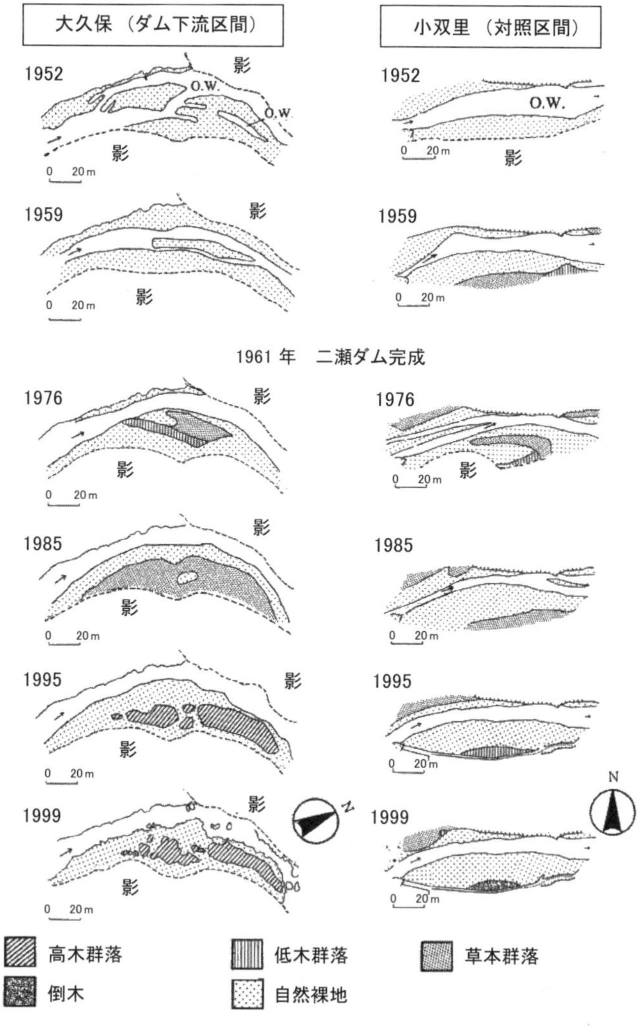


**図 15.13**　大久保（ダム下流区間）と小双里（対照区間）におけるダムの建設前後の植生の変化

1999 年は現地踏査で植物群落を把握し，それ以外は航空写真の判読により作成した．図中の“影”は写真では日影により判読できない範囲である．Azami ほか（2004）を基に作成．

**表 15.1**　大久保と小双里における樹木の DBH 階級別個体数

| DBH（cm） | 大久保（ダム下流区間） | | | | | | 小双里（対照区間） | | | | | |
|---|---|---|---|---|---|---|---|---|---|---|---|---|
| | 5≦ | 7.5≦ | 10≦ | 12.5≦ | 15≦ ＜17.5 | 計 | 5≦ | 7.5≦ | 10≦ | 12.5≦ | 15≦ | 計 |
| スギ<br>*Cryptomeria japonica* | 1 | 1 | ・ | ・ | ・ | 2 | ・ | ・ | ・ | ・ | ・ | 0 |
| オニグルミ<br>*Juglans ailanthifolia* | ・ | ・ | ・ | ・ | ・ | 0 | 1(1) | ・ | ・ | ・ | ・ | 1 |
| バッコヤナギ<br>*Salix bakko* | 24(5) | 13(2) | 12 | 2(1) | ・ | 51 | ・ | ・ | ・ | ・ | ・ | 0 |
| ヤシャブシ<br>*Alnus firma* | ・ | 1 | 1 | 1 | ・ | 3 | ・ | ・ | ・ | ・ | ・ | 0 |
| ヤマハンノキ<br>*Alnus hirsuta* var. *sibirica* | ・ | 1 | ・ | 1 | 1 | 3 | ・ | ・ | ・ | ・ | ・ | 0 |
| クマシデ<br>*Carpinus japonica* | 3(1) | ・ | ・ | 1 | ・ | 4 | ・ | ・ | ・ | ・ | ・ | 0 |
| ケヤキ<br>*Zelkova serrata* | 1 | 2 | ・ | ・ | ・ | 3 | ・ | 1(1) | ・ | ・ | ・ | 1 |
| フサザクラ<br>*Euptelea polyandra* | 28(2) | 3 | ・ | ・ | ・ | 31 | 4(4) | 2(2) | ・ | ・ | ・ | 6 |
| カツラ<br>*Cercidiphyllum japonicum* | 2 | 2 | ・ | ・ | ・ | 4 | ・ | ・ | ・ | ・ | ・ | 0 |
| ハリエンジュ<br>*Robinia pseudoacacia* | ・ | ・ | 1 | 1 | 1 | 3 | ・ | ・ | ・ | ・ | ・ | 0 |
| クマノミズキ<br>*Cornus macrophylla* | 1 | ・ | ・ | ・ | ・ | 1 | ・ | ・ | ・ | ・ | ・ | 0 |
| オオバアサガラ<br>*Pterostyrax hispida* | 1 | ・ | ・ | ・ | ・ | 1 | ・ | ・ | ・ | ・ | ・ | 0 |
| 計 | 61(8) | 23(2) | 14 | 6(1) | 2 | 106 | 5(5) | 3(3) | 0 | 0 | 0 | 8 |

（ ）内の値は，地表面からの角度が 30° 未満で，倒伏個体とした樹木の個体数を示す．サンプルの採取面積は，大久保が約 900 m$^2$，小双里が約 150 m$^2$ であった．

から検討してみる（図 15.13）．ダム下流の大久保地点は，二瀬ダムが完成するまでは，自然裸地と流路（開放水域 O.W.）の地点であり，対照区間の小双里地点も同じような状況であった．大久保地点では，ダムができた後に，低木群落や高木群落が目立つようになってきた．一方，対照区間に設置した小双里地点は，木本や草木はみられたが，拡大することはなかった．

航空写真だけではなく，両地点に生育している樹木を 1 本ずつ，樹種の他，樹高と太さ（胸高直径：DBH）もすべて調べた．表 15.1 に調査結果を示したが，大久保地点で 106 本の樹木が存在していたのに対し，小双里地点では少なく 8 本であった．種としては，バッコヤナギ（*Salix bakko*）とフサザクラが多かった．（ ）の中の数値は，1999 年（平成 11 年）8 月の洪水で倒れた樹木であり，翌年の春に，芽が出なかったため，枯死と判断したものである．ダム下

1999年5月（洪水の3ヶ月前）

1999年8月（洪水に伴う放流中）

**図 15.14**　二瀬ダム下流の大久保地点の河道景観（口絵 24）

流の大久保地点では106本のうちの11本が枯死して倒れたが，ほかの樹木はすべて生き残った．一方，対照区間の小双里地点では8本すべてが枯死して倒れていた．

図15.14の左はこの1999年8月の洪水の3カ月前の大久保地点の状態であり，右の写真は洪水のピークから1日後に撮影したものである．洪水ピーク時はさらに増水していたと思われる．このときのダムへの最大流入量は約630 $m^3$/秒であったが，ダム下流への放流は418 $m^3$/秒であり，ダムの洪水調節により，3分の1をカットしたことになる．

この洪水で，先程の写真の樹木がどのように冠水し，どの程度の流水のエネルギーを受けたのか，横断面と樹木の位置，形状から計算した（図15.15）．計算法については後で触れるが，洪水調節のない対照区間にはフサザクラがあり，この樹木は洪水後に倒れていたが，計算上も倒れる結果となった．一方，ダム下流の大久保地点では断面上の樹木4本はすべて倒れずに生き残った．放流量制御後の418 $m^3$/秒の水位は実線で示してあるが，もし洪水調節をしないで約630 $m^3$/秒が流れていたら，点線まで水位が上がったはずであり，その水位差は0.8 m である．山地河川での0.8 m の水位の違いは大きく，樹木はかなり大きな水勢を受けたはずである．

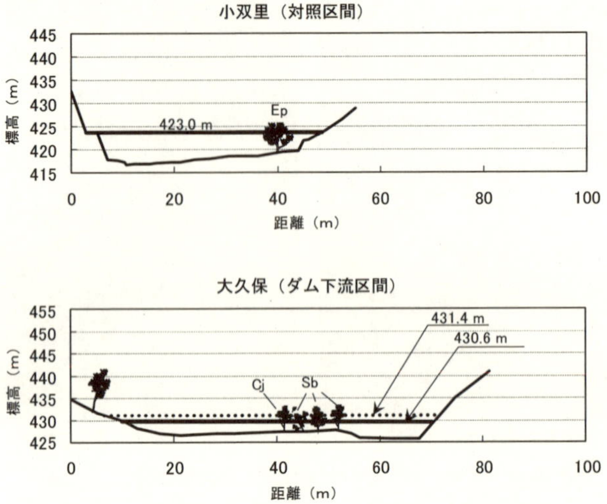


**図 15.15**　大久保（ダム下流区間）と小双里（対照区間）における 1999 年 8 月に発生した洪水の水位（実線）

大久保地点では二瀬ダムによる洪水調節後の放流量 418 $m^3$/秒における水位を示し，点線はダムによる洪水調節を行わなかったとした場合の流量 630 $m^3$/秒が流下した場合の水位を示す．小双里は洪水調節を行っておらず，流量 415 $m^3$/秒の水位を示す．Ep：フサザクラ，Sb：バッコヤナギ，Cj：カツラ．

**表 15.2**　大久保（ダム下流区間）と小双里（対照区間）におけるダムによる洪水調節に伴う樹木の倒伏の可能性

| 調査地 | 種 | | *Mc*（kg･m） | *Mw*（kg･m） | |
|---|---|---|---|---|---|
| | | | | ダムによる洪水調節あり | ダムがない場合 |
| 小双里 | 1 *Euptelea polyandra* | フサザクラ | 144 | — | 216→× |
| 大久保 | 2 *Salix bakko* | バッコヤナギ | 102 | 87→○ | 190→× |
| | 3 *Salix bakko* | バッコヤナギ | 207 | 72→○ | 215→× |
| | 4 *Salix bakko* | バッコヤナギ | 176 | 136→○ | 375→× |
| | 5 *Cercidiphyllum japonicum* | カツラ | 226 | 192→○ | 451→× |

倒伏限界モーメント（*Mc*）は，図 15.15 に示した樹木に対して計算しており，流水による外力モーメント（*Mw*）は，ダムによる洪水調節がある場合とダムがない場合について各々算出した．$Mc > Mw$：倒伏しない（○），$Mc \leq Mw$：倒伏する（×）．

ダム下流の大久保地点において，洪水調節をせずに点線まで水位が上がった場合，樹木が倒れるかを試算した（表15.2）．この試算には，リバーフロント整備センター（1999）が提供している計算法を用いた．まず，個々の樹木がどの程度の水流に耐えられるかという，倒伏限界モーメント（*Mc*）を求める．木の倒れやすさは胸高直径と相関があり，太い樹木ほど倒れにくい．これを胸高直径から求める計算式があり，測定値に基づき個々の樹木について倒伏限界モーメントを求めた．

もう一つの数値は，洪水が来たときに個々の樹木にかかる圧力から求まる外力モーメント（流水外力モーメント：*Mw*）であり，洪水調節のあったときの流量418 $m^3$/秒で，どのくらいの圧力が個々の樹木にかかるかを求めた．この値は木の枝の張り方などで異なり，幹の下方に枝が張っていると洪水の圧力を多く受け倒れやすくなる．現場では，枝がどこからどのように生えているかを一本一本調査した．

小双里および大久保地点について，ダムのある場合とない場合の計算結果を表15.2に示した．*Mw*の左側の数値は，洪水調節があった流量418 $m^3$/秒での計算値である．*Mw*が*Mc*より小さければ倒れないことを意味するが，例えば，「3. バッコヤナギ」は*Mc*が207 kg·mのため*Mw*が72 kg·mでは倒れず，「5. カツラ」（*Cercidiphyllum japonicum*）は*Mc*が226 kg·mであり*Mw*が192 kg·mでも倒れないことになる．これらの樹木は現実に洪水後も倒れなかったので，計算結果は実態と合致している．ダムのない小双里地点においては流域面積比で流量を変えて計算したが，「1. フサザクラ」は*Mc*が144 kg·m，*Mw*が216 kg·mで倒れる結果となった．実際にも計算どおりに倒れている．

もし洪水調節されずに，約630 $m^3$/秒の流量がダム下流に流されたらどうなっていただろうか．大久保地点で洪水調節をしない場合を試算したが，四つの樹木とも，*Mc*より*Mw*の方が大きくなり，すべての樹木が倒れるという計算結果になった．これは，ダムが洪水調節をすることで流水外力モーメントが緩和され，ダム下流の樹林は破壊されずに樹林化が促進されることを意味している．

### 3.3　土砂供給からの考察

ダム下流の土砂供給の減少がもたらす影響に話を移す．図 15.16 は，二瀬ダムの下流の 500 m 大久保地点のバッコヤナギとフサザクラの林である．林床を調査すると，図 15.16 右下のように石だらけの林床だった．このような石礫がゴロゴロした林床では，ヤナギの実生（幼植物）は確認できなかった．大久保地点の中で下流側へ移動して林床をみると，少し粒径が細かくなり砂利となったが，ヤナギの実生は全く見つからなかった（図 15.16 右上）．このヤナギ林には，クマシデ（*Carpinus japonica*），ケヤキ（*Zelkova serrata*），イヌシデ（*Carpinus tschonoskii*）といった，一般的な山の中にある植物の実生が生えていて，河川の中流域などに発達するヤナギ林とは違っていた．クマシデやケヤキ

**図 15.16**　二瀬ダム下流の河道景観と林床（口絵 25）

は砂利だけの上に種子が落ちても育たないが，ヤナギ類より乾燥に強いために砂利のすき間にある土に適応し定着したと考えられる．

ヤナギの種子が定着し発芽する立地は，湿った泥の堆積した場所である．バッコヤナギに近縁のエゾノバッコヤナギ（*Salix hultenii* var. *angustifolia*）による発芽実験では，エゾノバッコヤナギは湿潤なところほど発芽率がよく，角礫まじりシルトで乾燥した立地では発芽がみられなかった（柳井・菊沢，1991）．現在の大久保地点には，シルトが堆積する湿った立地はみられず，ヤナギ類の種子の発芽定着が可能な立地は存在しない．二瀬ダムの下流では，そのような場所がなくなり，現状のままでは将来的にもヤナギの実生が定着することは困難と考えられる．

一方，ダムが存在しない対照区間の小双里地点の樹林についても調査してみたが，倒れていた樹木の地表面の土壌をみると落葉の下には細粒土砂があり，フサザクラの実生が生えていた．ダムがない川は，出水時に樹木をなぎ倒すが，一方で土砂も運搬され堆積していく．これにより，フサザクラなどが発芽可能な立地が提供される．ところが，ダムの下流は土砂供給がないので，経時的に植物群落や樹種構成も変わる可能性がある．最初はヤナギ類が生えるが，やがて細かい土砂が流出してなくなり，ヤナギ類の実生は生えづらくなる．今後も生育基盤が破壊されず維持されれば，やがてはクマシデ，ケヤキなどが優占する樹林に遷移すると予測される．ダム下流では樹林化が進むだけでなく，樹種の転換も起こると考えられる．

自然河川では，洪水で樹林が破壊されても，どこかに細粒土砂が溜る．洲の形が変わることもあるが，土砂も堆積し，そこには，ヤナギ類などが定着可能な立地も形成される．こうした動態があるのがダムのない自然河川の特徴である．一方，ダムで制御された下流河川では，いったん定着した樹木は洪水調節があるので，なかなか倒されず長く生き残ることになる．堤体直下から流入河川合流部までは，細粒土砂や砂利は減少し，湿った土壌で発芽するヤナギなどは生えづらくなる．やがては，樹種の違う植生に変化したり，何も生えない大きな石からなる河原へと変わっていく．

ダムの下流河川のもう一つの変化は，次のようなものもある．これは，ある程度の川幅があり河原が発達した場合に起こる現象である．ダム下流では流量も制限されるために，みお筋が固定し，河原の変化が少なくなる．多くの貯水ダムは，ウォッシュ・ロードに代表される微細浮遊砂成分は通過させるため，河原は，微細浮遊砂成分を捕捉する（中村，1999）．河原に植生があると，ダムを通過して運搬される微細浮遊砂成分はトラップされやすくなり，ますます植生が繁茂しやすくなる．一方，河床は，出水時に移動可能な粒径の河床材料が流されるものの，その後は土砂が供給されないために河床は低下し，結果的に，氾濫原は段丘化する（中村，1999）．一度，段丘化すると，植生は破壊されにくくなり，樹林化は進みやすくなると考えられる．

## 4　今後の課題と展望

今回，紹介した2ダムは，いずれも，堤体直下から支川が合流するまでに調査地点を設定しており，ダムの影響が生じやすい場所であった．ダム下流河川は，下流に行くに従い，支川を合流させ，河口まで下っていく．支川からは水や土砂が供給されるため，ダムの影響は，徐々に緩和されると考えられる．現時点では，植生に対して，どの程度の支川合流で，どの程度の影響緩和になるのかは，まだ，詳細はわかっていないと思われる．

また，河川の特性も配慮して，ダムの影響を議論する必要がある．河川によっては土砂生産量が少ない上，河床勾配が急で岩が多く，移動可能な河床材料が少ない河川もある．そのような場所にダムが造られた場合には，今回の事象とは異なると考えられる．

今後は，河川の特徴を踏まえ，ダムの影響範囲とその原因を見極めることが重要と考えている．河川によっては，砂利採取など，ダムとは別の人工的な要因で，河川環境が変化していることもあるので注意が必要である．

**文献**

浅見和弘・齋藤　大ほか（2001）：三春ダム下流河川の植生変化．植生学会誌，18：1-121.
Azami K., H. Suzuki, et al.（2004）: Changes in riparian vegetation communities below a large dam in a monsoonal region: Futase Dam, Japan. River Research and Applications, 20: 549-563.
リバーフロント整備センター（1999）：河川における樹木管理の手引き．山海堂，東京．
中村太士（1999）：水辺林の更新動態に与えるダムの影響．応用生態工学，2：125-139.
柳井清治・菊沢喜八朗（1991）：播種実験によってみられたヤナギ属 3 種の発芽および生残特性．日本生態学会誌，41：145-148.
山下洋太郎・木村康文ほか（2006）：土砂還元による河床の再生—三春ダムでの取組み—．土木技術，61(4)：60-66.

（浅見和弘）

# おわりに

本書の企画の根幹は，故西條八束先生（1924-2007，名古屋大学名誉教授，元日本陸水学会会長，元日本自然保護協会参与など）が立てられた．西條先生は，日本の陸水学の戦後世代のリーダーで立役者であり，そのジェントルマンの風貌と立ち居振る舞いは，学会の貴公子として私の学生時代（1970年代）から広く知られていた．私自身は，残念ながら一緒に仕事をする機会はなかったが，国内外の多くの陸水学のプロジェクトを主導され，世界的な業績を残されたことは，改めて述べるまでもないだろう．

西條先生が，ダムに関心を持たれたのは，漏れ聞くところによると，長良川河口堰の建設反対の運動に関わられてからという．サツキマスをシンボルフィッシュにした反対運動は，著名な作家，釣り愛好家，研究者や学生を巻き込んだ大運動だった．河口堰計画を進めた当時の建設省も，トップの河川技術者を長良川の担当，とくに環境問題の担当に充てた．厳しい反対運動のなかで建設は強行され，河口堰は1995年に完成したが，河川技術者や河川管理者もその運動のなかで「環境」を学んだ．温厚な西條先生は，旗を掲げて反対運動の先頭に立たれることはなかったが，科学者の立場から厳しく適切な意見を述べられてきたことは，河口堰推進・反対の両方の立場の人たちからともに聞いた．もちろん，西條先生の姿勢には，反対派としては物足りなさを感じた人もいたかもしれない．河口堰反対運動は，堰をとりまく環境の科学的な長期モニタリングという，やや皮肉な科学的成果も生んだ．そして，河口堰完成後も，長良川の環境を見続けて，アドバイスを続けられた数少ない研究者のなかに，西條先生がおられた．反対の立場にありながら，建設サイドの技術者や管理者からも，もっとも信頼されていた研究者は，先生だったともいう．

この運動のなかで，西條先生は日本のダムの環境科学，欧米に比べて歴史の比較的浅い日本のダム科学に，危惧をいだかれたと思われる．その答えの第一弾が，先生が中心となって米国のテキスト “Reservoir Limnology” を翻訳した

『ダム湖の陸水学』(2004 年，生物研究社) にあたる．序章でも紹介されているが，ダム湖そのものの陸水学については，この書はぜひとも参照されたい本のひとつである．先生とともにこの書を翻訳した本書の共編者の村上も序章で語るように，米国のダムの環境科学や陸水学が，気候も環境も異なる日本のダムやダム湖に適用できるかどうかということの検証はぜひ必要である．ダム湖内の陸水学・湖沼学には，日本のダム湖としての個性はとくにないと村上はみているようだ．いずれにしても，今回の本の企画には，『ダム湖の陸水学』の翻訳刊行が背景にある．

西條先生の提案を受けて，まずは日本陸水学会大会 (2004 年新潟) において「陸水生態学と環境工学から見た日本のダム湖の課題と総括」と題してシンポジウムを企画・開催した．その後，企画をさらに深めて，2007 年から 2008 年にかけて本書の基礎となった 1 年にわたる研究会を「日本型ダム湖陸水学の構築プロジェクト」のテーマのもとで開催した．

本書のもととなる原稿は，上記プロジェクトの記録と発表素材を下敷きにした．編者が無理を言ってほとんど改訂していただいた方もいるし，かなり強引に書き換えさせていただいた点もある．短い再編集の時間にもかかわらず全面的に協力していただいた各章の著者に深く感謝する．

この本を編んだ 2009 年は，ダムにとっても予想以上に激動の年となった．政権の交代によって，多くのダム事業の見直しと中止が行われた．なかでも，ダム本体を除けばほぼ完成に近かった群馬県・八ッ場ダム，熊本県・川辺川ダムの凍結は，マスコミに多数の記事を提供した．このような激動の時代にこそ，ダム湖とダム河川の環境科学の立場から，山から海まで，あるいは流域一貫として，冷静に科学的に見直すことが不可欠なように私には思われる．本書がその端緒になることを切望する．

日本型の，あるいは日本あるいは東アジアモンスーン地帯の島嶼型 (半島なども含む) 地域のダム湖に，環境科学的あるいは生態学的な固有性があるかどうかを知るには，まだ多くの研究が必要であろう．しかし，湖内の陸水学の共通性の高さに比べて，下流河川の生態系や水と土砂の動態には，流況や動態など，やはり大きな異質性があるように感じたのは，編者の一人の谷田だけだろうか．

ちなみに，巨大ダム，とくに利水を中心としたダムの建設は，地球規模でみれば中緯度高圧帯の内陸の乾燥地帯において先行的に行われてきた．北米やオーストラリアの乾燥地帯の農業は，巨大ダムと地下水の利用に依存しており，それが今は大きな水収支の問題を起こして，地球的規模の環境問題になっている．アジアの中緯度乾燥地域でも，開発にともないダムが建設・計画されている．中緯度に多雨地域があるのは，アジアモンスーンの影響を受ける東アジアの照葉樹林域など，世界的にはごく限られた地域であり，日本などのダム湖はこの稀有な地域に建設されている．次の成書では，日本などの東アジア沿岸域のダム湖の特性の，普遍性と特異性について，さらに踏み込んだ議論の構築をしたい．

この本を編むにあたって，20 年以上前に読んだ森下郁子先生の『ダム湖の生態学』（1983 年，山海堂）を紐解いた．日本の「ダム湖生態学」は奈良女子大学の津田松苗先生がはじめたものだが，津田先生はトビケラと河川が専門であり，正統派陸水（湖沼）学からみれば，多少の異端だったかもしれない．当時の正統派湖沼学は，物質循環の一般法則の解明が主眼で，ダム湖の研究もその延長線上にあった．その視点からみれば，記載的で類型学的な見方が大きい『ダム湖の生態学』には，個別性を越えた総合的（あるいは陸水学的）な視野に欠けているという批判があるかもしれない．しかし，やはり国内だけでなく世界のダム湖を，自分の足と感性でみた森下先生の言葉は重い．米国の巨大ダム湖で，多くの生態学の研究者が加わったダム計画でも，予想もしなかった生態学的反動やブーメラン効果があったという．日本のダム湖生態学の端緒となった『ダム湖の生態学』も，またこの時点で読み直されるべき本の一つであろう．

本書の企画から刊行に至るまで，精神的および資金的な援助も含めて，西條八束先生にお世話になった．先生の熱意がなければ，本書の完成はなかったと確言できる．先生にこの本をお目にかけることができなかったのが，編者である谷田と村上のもっとも大きな心残りである．また，西條先生に本書の企画について紹介していただいた前琵琶湖博物館館長（京都大学名誉教授）の川那部浩哉先生にも感謝する.

陸水学会新潟大会のシンポジウムの開催についても，西條先生に全面的な援助を頂いた．本書に収録できなかった，このシンポジウムの内容は下記のとおりである．記して，講演をいただいた方に感謝の意を表す.

「陸水生態学と環境工学から見た日本のダム湖の課題と統括」（所属は当時）

コンビナー　谷田一三（大阪府立大学総合科学部）

ダム貯水池の環境水理　大久保賢治（岡山大学環境理工学部）

ダム湖の富栄養化現象と水利用　中本信忠（信州大学繊維学部）

ダム下流河川におけるダム影響と生態系　谷田一三（前出）

沿岸域へのダムの影響　杉本隆成（東海大学海洋研究所）

2007 年から 2008 年にかけて開催した研究会「日本型ダム湖陸水学の構築プロジェクト」の企画運営については，河川環境管理財団の河川整備基金（国民的啓発運動）を使用した．本プロジェクトの時期と開催場所は次のとおりである.

第 1 回研究会　(2007 年 9 月 26 日，名古屋大学)

第 2 回研究会　(2007 年 11 月 16 日，大阪府立大学)

第 3 回研究会　(2008 年 2 月 19 日，名古屋大学)

第 4 回研究会・シンポジウム　(2008 年 4 月 19 日，東京大学弥生キャンパス)

財団法人ダム水源地環境整備センター（WEC）は，水源地生態研究会議・研究会を通じて，ダムの水源地域（森林と社会），ダム湖の生態系，ダム下流河川の生態系，猛禽類など，ダム湖の生態系の基礎研究の進展に大きな役割を果たしてきた．編者の一人の谷田は，WEC の理事として，センターの持つ多くの情報，資材，人材を使わせていただいた．また，WEC の研究員・一柳英隆博士には，本書の基礎となった「日本型ダム湖陸水学の構築プロジェクト」の運営や，本書口絵写真（1-1～1-3，2，3，15）の提供をしていただくなど，全面的な支援をしていただいた.

名古屋大学出版会の神舘健司さんには，研究会会場の設営や事務連絡など，担当編集者を越えた支援をいただいた．氏の熱意とアイデアがなければ，本書は完成していなかったと思われる．ニッセイ財団には，本書の刊行助成を採択していただいた．この助成金がなければ，本書の刊行は極めて困難だった．

2010 年 1 月

谷田　一三

# 索　引

## ア　行



## カ　行

## サ　行

### タ　行

## ナ　行



## ハ　行



## マ　行

## ヤ　行



## ラ・ワ行



## A-Z

# 執筆者一覧（執筆順）

村上　哲生（名古屋女子大学　家政学部，序章・2 章・13 章）
岩田　智也（山梨大学大学院　医学工学総合研究部，1 章）
伊佐治知明（名古屋市　上下水道局，2 章）
広谷　博史（大阪教育大学　教育学部，3 章）
高村　典子（国立環境研究所　環境リスク研究センター，4 章）
浅見　和弘（応用地質㈱　応用生態工学研究所，5 章・15 章）
梅原　　徹（㈱建設環境研究所，兵庫県立大学大学院（専門職）　緑環境景観マネジメント研究科，6 章）
林　　義雄（㈶仙台市公園緑地協会　仙台市太白山自然観察の森　自然観察センター，7 章）
福島　路生（国立環境研究所　アジア自然共生研究グループ，8 章）
谷田　一三（大阪府立大学大学院　理学系研究科，9 章）
中村　智幸（水産総合研究センター　中央水産研究所，10 章）
青木　伸一（豊橋技術科学大学　建築・都市システム学系，11 章）
吉村　千洋（東京工業大学大学院　理工学研究科，12 章）
程木　義邦（京都大学　生態学研究センター，13 章）
竹門　康弘（京都大学　防災研究所，14 章）

《編者紹介》

谷田一三（たにだ かずみ）

1949年生
1979年　京都大学大学院理学研究科博士課程中途退学
現　在　大阪府立大学大学院理学系研究科教授・理学博士

村上哲生（むらかみ てつお）

1950年生
1973年　熊本大学理学部卒業
現　在　名古屋女子大学家政学部教授・博士（理学）

**ダム湖・ダム河川の生態系と管理**

2010年6月20日　初版第1刷発行

定価はカバーに
表示しています

編　者　谷　田　一　三
　　　　村　上　哲　生

発行者　石　井　三　記

発行所　財団法人　名古屋大学出版会

〒464-0814　名古屋市千種区不老町1名古屋大学構内
電話(052)781-5027/FAX(052)781-0697


印刷・製本　㈱クイックス　ISBN978-4-8158-0640-8
乱丁・落丁はお取替えいたします。